“十四五”时期国家重点出版物出版专项规划项目
半导体与集成电路关键技术丛书
微电子与集成电路先进技术丛书

芯片制造——半导体工艺与设备

陈　译　陈铖颖　张宏怡　编著

机 械 工 业 出 版 社

本书着重介绍了半导体制造设备，并从实践的角度出发，选取了极具代表性的设备进行讲解。为了让读者加深对各种设备用途的理解，采用了一边阐述半导体制造工艺流程、一边说明各制造工艺中所使用的制造设备及其结构和原理的讲解方式，力求使读者能够系统性地了解整个半导体制造体系。

本书可作为从事集成电路工艺与设备方面工作的工程技术人员，以及相关研究人员的参考用书，也可作为高等院校微电子、集成电路相关专业的规划教材和教辅用书。

图书在版编目（CIP）数据

芯片制造：半导体工艺与设备/陈译，陈铖颖，张宏怡编著. —北京：机械工业出版社，2021.7（2024.8 重印）

（半导体与集成电路关键技术丛书 微电子与集成电路先进技术丛书）

ISBN 978-7-111-68881-5

Ⅰ.①芯… Ⅱ.①陈… ②陈… ③张… Ⅲ.①芯片-半导体工艺 Ⅳ.①TN430.5

中国版本图书馆 CIP 数据核字（2021）第 158658 号

机械工业出版社（北京市百万庄大街 22 号 邮政编码 100037）

策划编辑：江婧婧 责任编辑：江婧婧 杨 琼

责任校对：郑 婕 封面设计：鞠 杨

责任印制：邓 博

北京盛通数码印刷有限公司印刷

2024 年 8 月第 1 版第 8 次印刷

169mm×239mm · 12.25 印张 · 236 千字

标准书号：ISBN 978-7-111-68881-5

定价：69.00 元

电话服务 网络服务

客服电话：010-88361066 机 工 官 网：www.cmpbook.com

010-88379833 机 工 官 博：weibo.com/cmp1952

010-68326294 金 书 网：www.golden-book.com

封底无防伪标均为盗版 机工教育服务网：www.cmpedu.com

前　言

1958年9月12日，美国德州仪器实验室的杰克·基尔比（Jack Kilby）成功地实现了把电子元器件集成在一块半导体材料上的构想。这一天，被视为集成电路的诞生日。60多年来，集成电路技术与产业的飞速发展，推动电子信息产业成为世界各国的战略性支柱产业，深刻影响着社会与国民经济的快速发展；集成电路及其相关产品由此成为信息时代的国之重器、经济高质量发展的富国之鼎、保障国家安全的安邦至宝。目前，集成电路产业正处于变革创新、快速发展的新阶段。

我国的半导体集成电路研究几乎和世界同时起步。但是经过几十年的风雨与磨难，才终于迎来了产业大发展的春天。国家制定了发展微电子技术的各项优惠政策，与国际接轨的集成电路制造厂纷纷成立，海外学子开始回流，国内许多其他专业的学生也在向微电子专业迁移。这预示着我国半导体集成电路产业的明天必将灿烂辉煌。

本书着重介绍半导体的制造设备。但是，半导体制造设备名目繁多，用途也多种多样，因此，本书从实践的角度出发，选取了具有代表性的设备进行讲解。另外，为了让读者加深对各种设备用途的理解，采用了一边阐述半导体制造工艺流程、一边说明各制造工艺中所使用的制造设备及其结构和原理的讲解方式，力求使读者能够系统性地了解整个半导体制造的体系，并产生兴趣与共鸣。

全书共分为9章。第1章通过历史产品和工艺发展的描述，介绍了集成电路的发展历史，并在此基础上介绍半导体的全貌，使读者能够鸟瞰整个半导体工业。第2章介绍了集成电路制造工艺及生产线，对实际生产环境（无尘室）、工艺间的各个系统功能做了详细的介绍。第3章主要介绍了晶圆的制备与加工，详细介绍了从原材料“硅”到晶圆的加工过程、主流技术以及所涉及的设备。第4~8章是本书的核心部分。该部分将半导体制造工艺主要划分为加热工艺、光刻工艺、刻蚀工艺、离子注入工艺和薄膜生长工艺五大部分，并对每部分中所涉及的设备进行了详细的论述，完成一个对完整工程流程的实现。第9章介绍了集成电路的后道工艺，重点介绍芯片的封装工艺及设备。

本书可作为从事集成电路工艺与设备方面工作的工程技术人员，以及相关研究人员的参考用书，也可作为高等院校微电子、集成电路相关专业的规划教材和教辅用书。

由于作者水平有限，书中难免有不准确或错误的地方，恳请同行专家及广大读者提出宝贵的意见与建议，在此表示由衷的感谢。

编　者

2021 年 4 月

目录 »

第1章 »

导　论

1.1 集成电路的发展历史

1.1.1 世界上第一个集成电路 ★★★

集成电路（Integrated Circuit，IC）对一般人来说也许会有陌生感，但其实我们和它打交道的机会很多。计算机、电视机、手机、取款机等，数不胜数。除此之外，在航空航天、医疗卫生、交通运输、武器装备等许多领域，几乎都离不开IC的应用。在当今这个信息化的社会中，IC已经成为各行各业实现信息化、智能化的基础。无论是在军事还是民用上，它都起着不可替代的作用。所谓IC是指通过一系列特定的加工工艺，将晶体管、二极管等有源器件和电阻器、电容器等无源元件，按照一定的电路互连，“集成”在半导体（如硅或砷化镓等化合物）晶片上，然后封装在一个外壳内，从而执行特定功能的电路或系统。从外观上看，它已成为一个不可分割的完整器件，IC在体积、重量、耗电、寿命、可靠性及电性能方面远远优于晶体管元件组成的电路，目前为止已广泛应用于仪器仪表及电视机、录像机等电子设备中。

最初，电子设备的核心部件是电子管，电子管控制电子在真空中的运动。1879年，美国发明家托马斯·阿尔瓦·爱迪生（Thomas A. Edison）点亮了第一只有实用价值的电灯。1880年1月27日，爱迪生申报了发明电灯的专利。1904年，英国发明家约翰·安布罗斯·弗莱明（J. A. Flemimg）在研究“爱迪生效应”的基础上，在只有灯丝的“灯泡”里加了一块金属板（阳极），发明了真空二极管并取得专利。此后，真空二极管在无线电技术中被用于检波和整流。

1907年，美国发明家德·福雷斯特·李（De F. Lee）在二极管中加入了一个格栅，制造出第一个真空电子三极管。三极管集“放大”“检波”和“振荡”功能于一身，这使得它成为无线电发射机和接收机的核心部件。在1918年，美国一年内就制造了100多万个电子管，这已经是第一次世界大战（1914～1918年）前的50多倍。在20世纪50年代中期，家用收音机均由电子管构成。

1946年，美国宾夕法尼亚大学研发了世界上第一台电子数字积分计算机（Electronic Numerical Integrator and Computer，ENIAC）。冯·诺依曼（Von Neumann）是该研发团队成员之一。ENIAC占地面积约170mm^2，质量达30t，功耗为150kW，包含了17468个电子管；每秒可执行5000次加法运算或400次乘法运算，计算速度是继电器计算机的10倍、手工计算的20万倍。

电子管的主要缺点是加热灯丝需耗费时间，延长了工作的起动过程；同时灯丝发出的热量必须时时排出，且灯丝寿命较短。以ENIAC为例，几乎每15min就可能烧掉一个电子管，导致整台计算机停止运转；而至少还要花费15min以上的时间，才能在17468个电子管中寻找出损毁的那一个。因此，ENIAC的平均无故障工作时间仅为7min。为此，人们迫切希望一种不需要预热灯丝的、耗能低的、能控制电子在固体中运动的器件来替代电子管。

1946年，美国贝尔实验室成立了由肖克利（Willam B. Shockley）、巴丁（John Bardeen）和布拉顿（Walter H. Brattain）组成的固体物理学研究小组（见图1.1）。1947年12月16日，布拉顿和巴丁点接触型锗晶体管实验成功，这是世界上第一个晶体管，如图1.2所示。初步测试的结果显示，该器件的电压增益为100，上限频率可达10000Hz。

图1.1　晶体管发明者（左起：肖克利、巴丁、布拉顿）

布拉顿想到它的电阻变换特性，即它是靠一种从“低电阻输入”到“高电阻输出”的转移电流来工作的，于是将其取名为Trans-resister（转换电阻），后来缩写为Transistor。

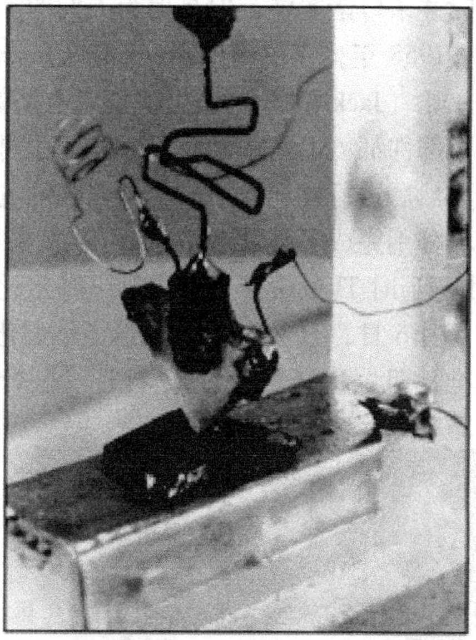

图1.2 世界上第一个晶体管

1948年，肖克利提出了PN结型晶体管的理论，并于1950年与斯帕克斯（Morgan Sparks）和戈登·蒂尔（Gordon Teal）一起成功研制出锗NPN晶体管。晶体管的发明开创了微电子学科的先河。晶体管与电子管相比，其优点是寿命长、耗电少、体积小、无须预热、耐冲击和耐振动，因此很快得到市场的青睐。1953年，助听器作为第一个采用晶体管的商业化设备投入市场。

1954年，第一台晶体管收音机 Regeney TR1投入市场，仅包含4个锗晶体管。到1959年，在售出的1000万台收音机中，已有一半使用了晶体管。1954年1月，贝尔实验室使用684个晶体管组装了世界上第一台晶体管数字计算机（Transistor Digital Computer，TRADIC）。

1957年，IBM开始销售使用了3000个锗晶体管的608计算机，这是世界上第一种投入商用的计算机。与使用电子管的计算机相比，IBM 608计算机的功耗要低90%，它的时钟频率是100kHz，支持9条指令，两个9位BCD数的平均乘法运算时间仅为11ms，质量约为1t。

虽然IBM的608晶体管计算机的质量仅为ENIAC的1/30，但1t的质量限制了它的应用场景。20世纪60年代初，诞生了一台能够进行四则运算、乘方、开方的计算器，其质量和一台21in[⊖] CRT电视机相当，体积也远远超过算盘和计算尺。

为此，美国国家标准局（NBS）以及美国空军和海军都致力于电子装备小型化的研究与开发工作。在美国进行电子装备小型化的发展过程中，主要有三个方面的工作：①陆军支持信号公司从事微型模块的工作，在已有陶瓷基片上进行元器件的小型化和集成；②海军重点支持薄膜技术；③空军支持称为“分子电子学”的集成工作。

1952年，英国科学家达默（G. W. A. Dummer）在英国皇家信号和雷达机构（Royal Signal & Radar Establishment）的一次电子元器件会议上，首先提出并描述了集成电路的概念。他说：“随着晶体管的出现和对半导体的全面研究，现在似乎可以想象，未来电子设备是一种没有连接线的固体组件。”虽然达默的设想

⊖ 1in（英寸）=0.0254m。

当时并未付诸实施，但是他为人们的深入研究指明了方向。

1958 年，在德州仪器（Texas Instruments，TI）负责电子装备小型化工作的基尔比（Jack Kilby）提出了集成电路的设想：“由于电容器、电阻器、晶体管等所有部件都可以用一种材料制造，我想可以先在一块半导体材料上将它们做出来，然后进行互连而形成一个完整的电路。”1958 年 9 月 12 日和 9 月 19 日，基尔比分别完成了移相振荡器和触发器的制造和演示，标志了集成电路的诞生（由于当时 TI 的生产条件限制，基尔比的集成电路是由锗晶体管构成的）。1959 年 5 月 6 日，TI 公司为此申请了小型化的电子电路专利（专利号为 No. 3138744，批准日期为 1964 年 6 月 23 日）。基尔比和第一个集成电路专利如图 1.3 所示[1]。

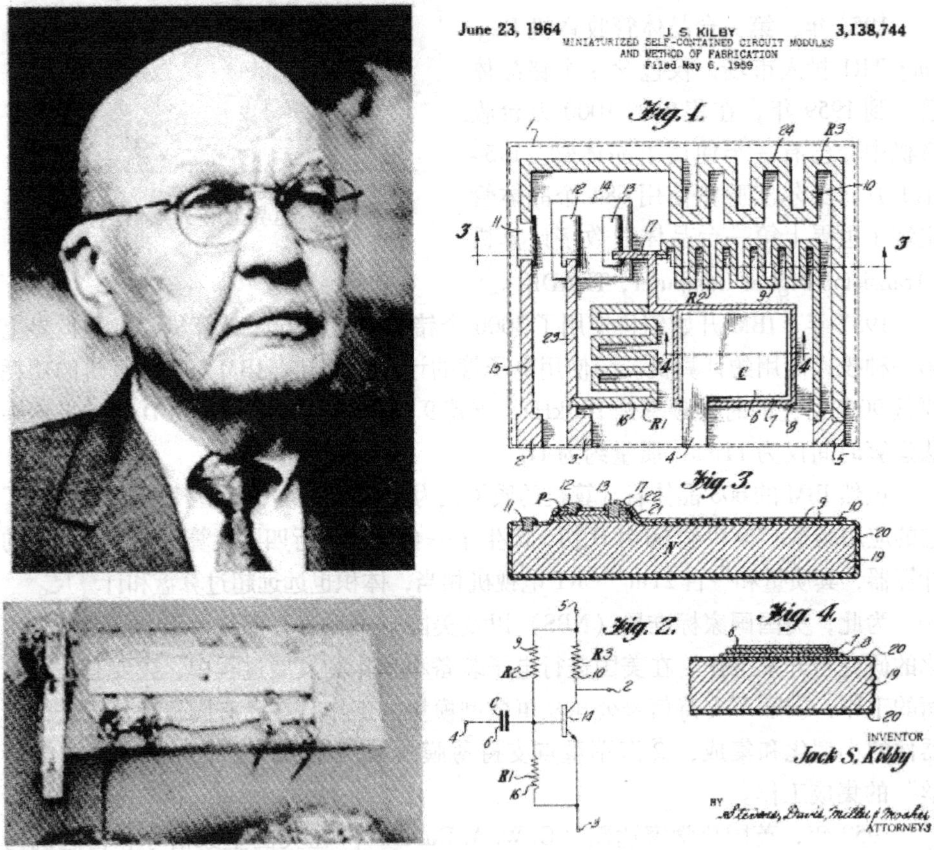

图 1.3　基尔比和第一个集成电路专利

在 TI 公司申请了集成电路发明专利的 5 个月以后，仙童公司（Fairchild Co.）的诺伊斯（Robert N. Noyce）申请了基于硅平面工艺的集成电路专利（专利号为 No. 2981877，批准日期为 1961 年 4 月 25 日）。诺伊斯和平面集成电路专利如图 1.4 所示。诺伊斯的发明更适合集成电路的大批量生产。

2000 年，基尔比被授予诺贝尔物理学奖。诺贝尔奖评审委员会曾评价基尔比“为现代信息技术奠定了基础”。遗憾的是，诺贝尔奖不颁给已故之人，而诺伊斯于 1990 年 6 月 3 日辞世，因此未能获此殊荣。

当我们看到第一枚集成电路样品时，我们会对它的简陋与粗糙感到惊讶，但其中蕴含的博大精深的智慧却永远值得我们深思。

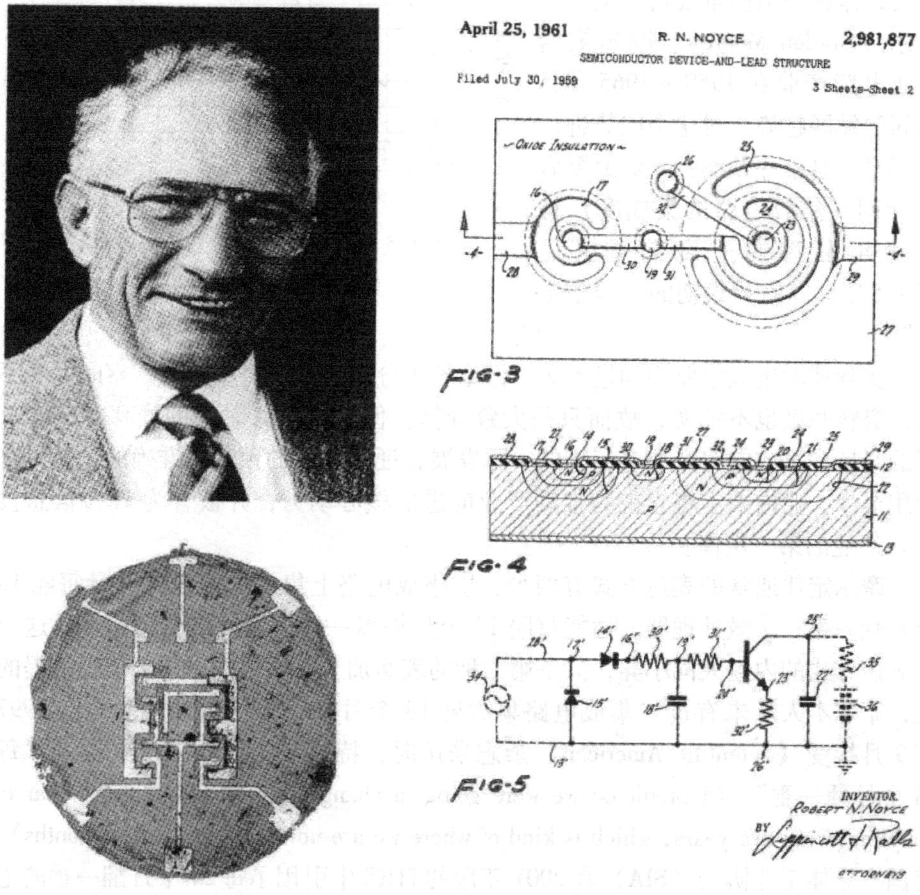

图 1.4　诺伊斯和平面集成电路专利

1.1.2　摩尔定律 ★★★

工艺微缩是集成电路制造技术发展的最重要的特征之一。工艺微缩表现为随着工艺能力的提高，可以加工出更小尺度的器件，这也就意味着在相同面积的芯片上可以集成更多的器件。

1965 年 4 月 19 日，曾创造了“electronics”一词的美国著名电子技术杂志《Electronics》刊载了一篇题为“Cramming More Components onto Integrated Circuits”（让集成电路承载更多的元器件）的论文，作者即是仙童公司的戈登·摩尔（Gordon Moore）。摩尔依据集成电路产业在 1959 ~ 1965 年 6 年间的发展趋势，对这个趋势进行了观案、总结并预测：“至少今后 10 年间（集成电路的集成度）将以每年翻番的速度前进（见图 1.5）”，这就是最初的“摩尔定律”[2]。

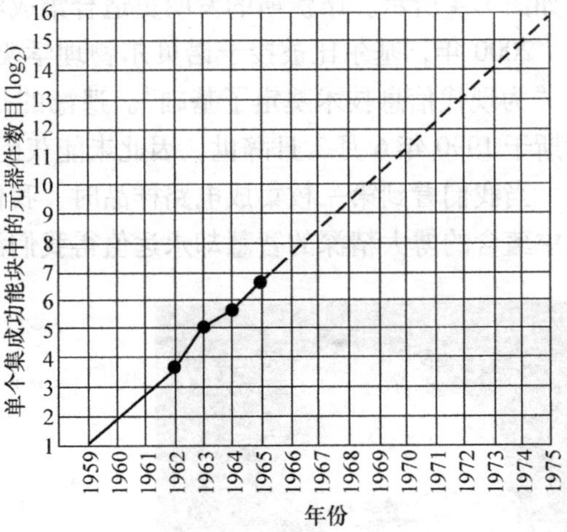

图 1.5　1965 年发表的“摩尔定律”
（资料来源：Intel）

实际那时集成电路刚问世不久，但增长十分迅速。当时摩尔的观察时间并不长，资料基础也不扎实，故而只是大致推算。但是，随着时间的推移，Intel 公司的坚持和集成电路产业多年来的实际发展，证明摩尔的预测是准确的，且一直沿用至今。业内人士将它视为推动产业前进的核心动力，并被誉为 IT（信息技术）产业的第一定律。

摩尔定律通常的表达方式有两种：①集成电路上集成的元器件数量每隔 18 个月翻一番；②微处理器的性能每隔 18 个月提高一倍，而价格下降一半。这两种表达方式的内涵大同小异，只是第二种的表达加上了价格的因素。值得一提的是，摩尔本人从未有过“集成电路集成度 18 个月翻一番”的表述。他在 1997 年 9 月接受《Scientific American》杂志采访时，特别声明他从来没有说过“每 18 个月翻一番”（I predicted we were going to change from doubling every year to doubling every two years, which is kind of where we are now. I never said 18 months）。美国半导体工业协会（SIA）在 2001 年版的 ITRS 中引用了每 24 个月翻一番的论点，并将其一直延伸至 2020 年。

摩尔定律持续生效在很大程度上应归功于半导体加工工艺微细化方面的不断进步。半导体工艺的微细化大约是加工尺寸每 3 年缩小 60% ~ 70%，如果加工尺寸缩小 60%，芯片面积就能缩小近 1/3，从而得以实现摩尔定律表达的集成度几乎每 18 个月翻一番的规律。纵观半导体工艺微细化的发展速度，从 0.1μm 开始变得缓慢，到 30nm 后的发展速度更进一步放慢，如图 1.6 所示。

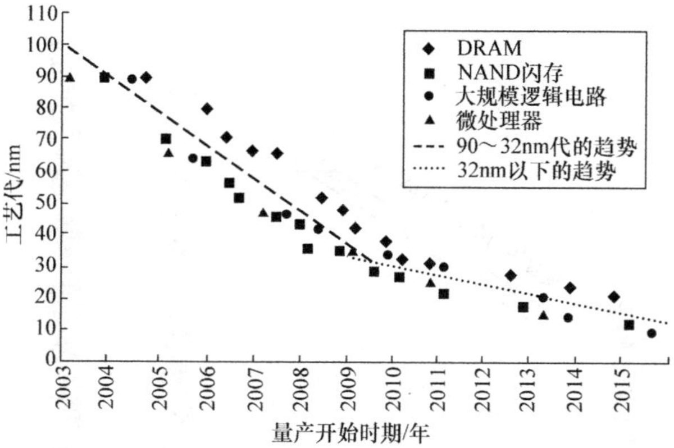

图 1.6 半导体加工工艺的发展

摩尔定律诞生至今已有50余年了，并一直沿用到现在，受到了业界的普遍认可和赞誉。它几乎影响了电子产业的所有领域，涵盖电子元器件的尺寸、价格、密度和速度，产品的性能和存储容量，传感器的敏感度、时钟速度甚至图像芯片的像素等。正是因为集成电路上的晶体管数量成倍增长，使芯片能够承载越来越复杂的电路系统。电子产品不仅变得越来越小，而且实现性能提升、节约能源、价格更便宜，从而推动了信息技术革命，催生了笔记本电脑、智能电话、可穿戴设备等。一台计算机的价格比起40年前，已然便宜了许多，而一部智能手机拥有的计算能力，已经超过了20世纪90年代计算机科学家使用的工作站。

1.1.3 集成电路的产业发展规律与节点 ★★★

纵观微电子学科50余年来的发展，微电子技术、产业和市场的进步表现出如下规律。

（1）在微电子设计、制造、封装、材料和设备等技术不断进步的推动下，微电子产业规模迅速扩大。图1.7展示了1999～2021年间，世界半导体市场销售额的变化。可以看出半导体市场销售额呈上升趋势，特别是1999年至2019年间的复合年均增长率（GAGR）高达5%以上。

（2）半导体市场表现出的另一个特点是增长率有规律地波动，即约每3～5年呈现一次“M”形的变化，如图1.8所示。出现半导体市场增长率的波动原因很复杂，但主要原因是市场牵引和投资带动的技术驱动。1991～2019年世界GDP增速的变化与半导体产业增速变化的关系如图1.9所示。

（3）半导体产品制造技术约10年跨上一个新的台阶，见表1.1。

（4）微电子典型产品从研发到量产大约需要10年的时间，如图1.10所示。集成电路从研发到量产约需10年的典型案例如图1.11所示。

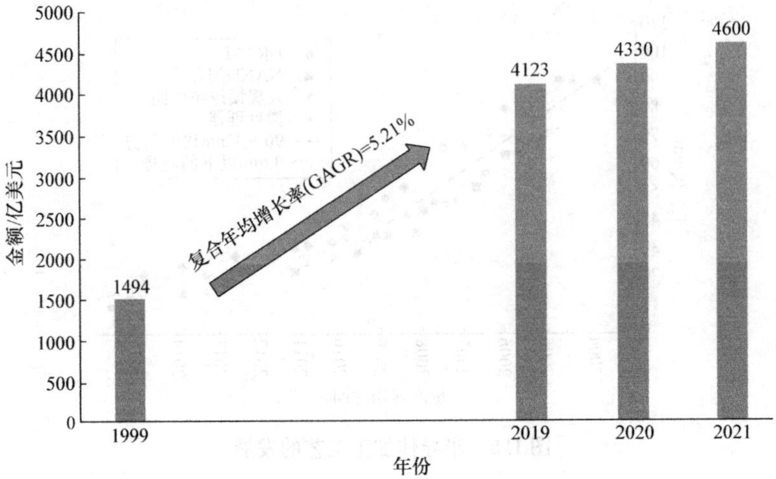

图 1.7　1999 ~ 2021 年世界半导体市场销售额的变化

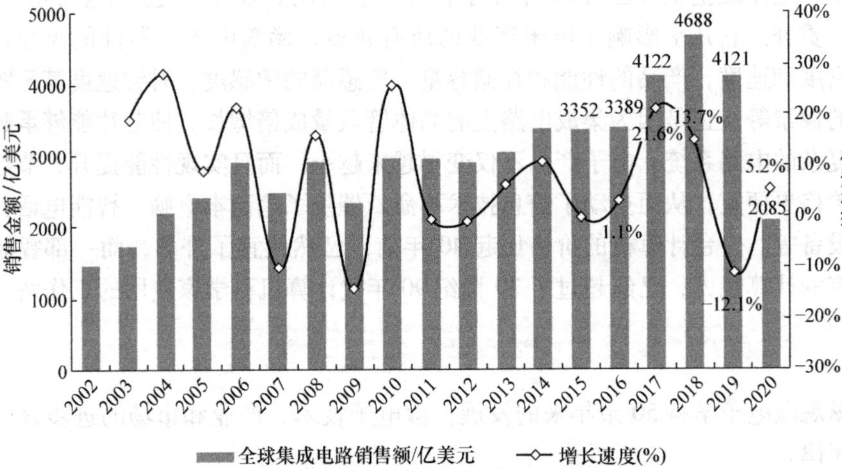

图 1.8　世界半导体市场和增长速度的变化

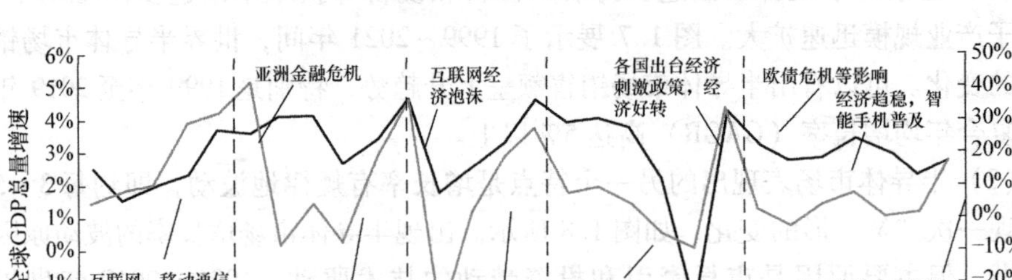

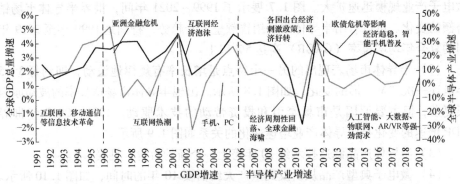

图 1.9　1991 ~ 2019 年 GDP 增速的变化与半导体产业增速变化的关系

表 1.1 半导体产品制造技术约 10 年更新一代的技术进步

阶段	第一代	第二代	第三代	第四代	第五代	第六代
技术产生的年份	1965 ~ 1975 年	1975 ~ 1985 年	1985 ~ 1995 年	1995 ~ 2005 年	2005 ~ 2015 年	2015 ~ 2025 年
主流光刻技术光源	汞灯	g 线	i 线	KrF	ArF	EUV、EPI
代表性光源波长	多波长	436nm	365nm	248nm	193nm（浸没式 DPT）	13.5nm
特征尺寸	3 ~ 12μm	1 ~ 3μm	0.35 ~ 1μm	65nm ~ 0.35μm	22 ~ 65nm	7 ~ 22nm
存储器	1 ~ 16KB	16KB ~ 1MB	1 ~ 64MB	64MB ~ 1GB	1 ~ 16GB	1TB 以上
CPU 产品（以 Intel 为例）	从 4004 到 8080	从 8086 到 286	从 386 到 486	Pentium	Core	
CPU 字长/bit	4、8	8、16	16、32	32、64	64	
CPU 晶体管数	10^3	$10^4 \sim 10^5$	$10^5 \sim 10^6$	$10^6 \sim 10^7$	$10^8 \sim 10^9$ 多核架构	多核架构
CPU 时钟频率/MHz	$10^{-1} \sim 10^0$	$10^0 \sim 10^1$	$10^1 \sim 10^2$	$10^2 \sim 10^3$	非主频标准	非主频标准
主流晶圆直径	2 ~ 4in	4in ~ 150mm	150mm、200mm	200mm、300mm	200mm、300mm	200mm、300mm、450mm
主流设计工具	手工	从逻辑编辑到布局布线	从布局布线到综合	从综合到 DFM	SoC、IP	SoC、IP、SiP
主要封装形式	从 TO 到 TIP	DIP	从 DIP 到 QFP	DIP、QFP、BGA	多种封装、SiP	SiP、3D 封装

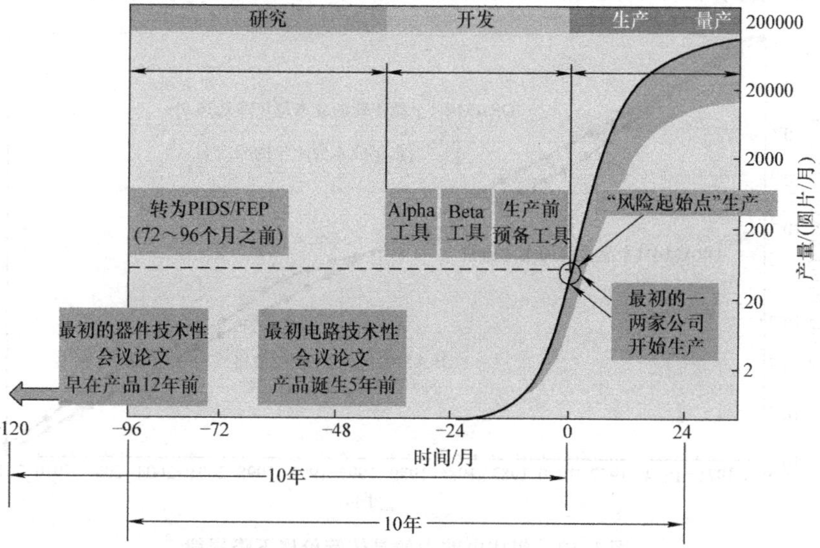

图 1.10 微电子典型产品从研发到量产约需 10 年

（PIDS（Process Integration Device and Structure，工艺集成器件和结构）；FEP（Front-end Process，前沿工艺））

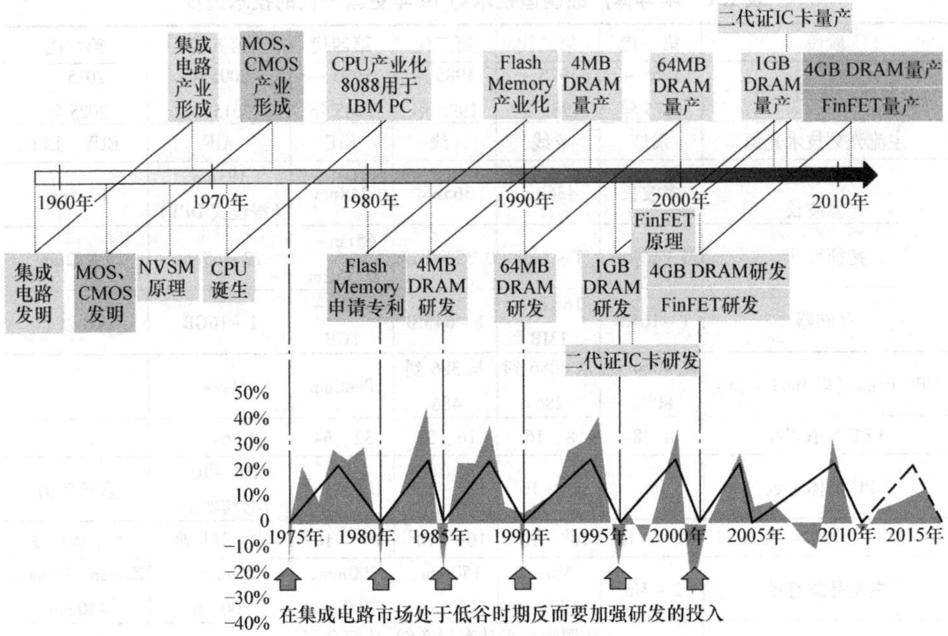

图 1.11　集成电路从研发到量产约需 10 年的典型案例

（5）集成电路中的晶体管价格每 10 年下降 2 个数量级（10 年前的价格是当前的 100 倍），如图 1.12 所示。该规律从集成电路诞生起延续至今。

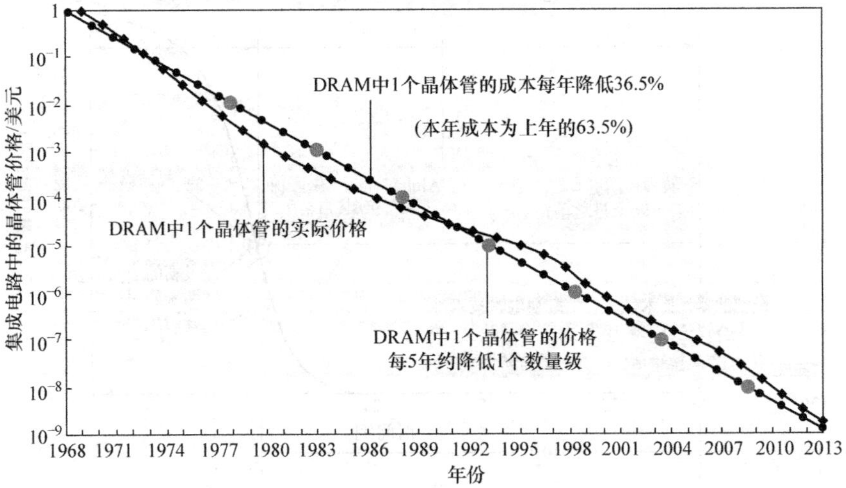

图 1.12　集成电路中的晶体管价格下降规律

1.1.4 摩尔定律的终结或超摩尔时代 ★★★

沿着摩尔预测的集成电路发展路径，集成电路加工线宽逐渐减小，2015 年最小线宽已经达到 7nm，进入介观物理学的范畴。如果继续单纯地缩小沟道宽度，将受到以下三个方面的制约。

（1）物理制约

一方面介观尺度的材料含有一定量粒子，无法仅用薛定谔方程求解；另一方面，其粒子数又没有多到可以忽略统计涨落的程度。这就使得集成电路技术的进一步发展遇到很多物理障碍，如费米钉扎、库伦阻塞、量子隧穿、杂质涨落、自旋输运等，需用介观物理和基于量子化的处理方法来解决。

（2）功耗制约

提高器件性能（以时钟频率为代表参数）与降低功耗之间的矛盾如图 1.13 所示。

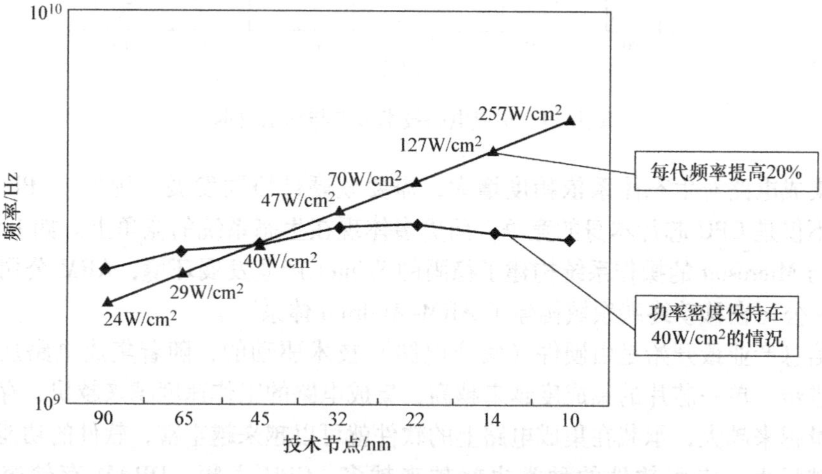

图 1.13 提高时钟频率与降低功耗之间的矛盾[4]

随着技术节点的推进，器件的时钟频率以 20% 的幅度提高，但器件的功率密度也大幅度增加。如果将功率密度保持在 $40W/cm^2$，则最高时钟频率将无法提高，甚至在采用 14nm 的技术节点之后，其时钟频率反而有所下降。

（3）经济制约

图 1. 14 表明，90nm 技术节点的每百万门成本为 0. 0636 美元，其后，65nm、40nm 至 28nm 的成本一直呈下降趋势；但是，在进入 20nm 技术节点后，每百万门的成本将不再按摩尔定律下降，反而有所上升。也就是说，今后在更高速度、更低功耗和更低成本这三者中，如果以成本作为主要指标，则性能与功耗很难再

有较大的改善；反之，芯片厂商和用户若以性能和功耗为主要诉求，则必须付出相应的代价，而不再享受摩尔定律带来的成本降低的“福利”。但是，如果采用新材料和新器件模型，集成电路集成度是否还能继续沿摩尔定律增长，还有待今后的实践检验。

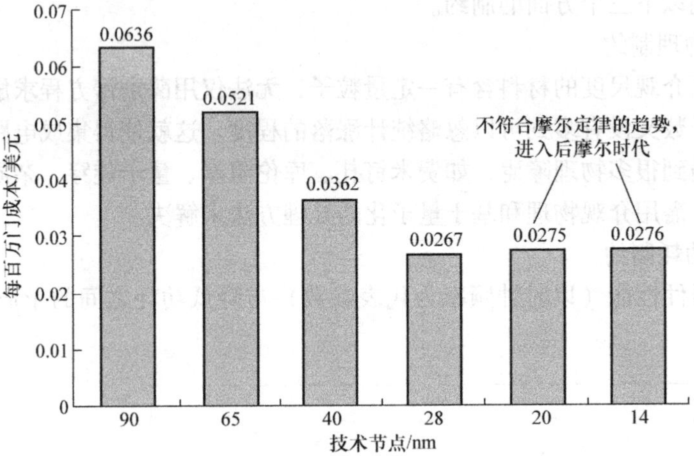

图 1.14　集成电路技术节点与加工成本

集成电路对生态体系依赖度增大，需要软硬件协同发展。例如，CPU 的竞争绝不仅是 CPU 芯片本身的竞争，而更多体现在生态系统的竞争上。如 Intel 的 CPU 与 Microsoft 的操作系统构建了稳固的 Wintel 产业发展环境，ARM 公司也与 Google 公司在移动终端领域构建了 ARM-Android 体系[5]。

信息产业最开始是由硬件（集成电路）技术驱动的，随着集成电路加工技术的进步，单一芯片的集成度越来越高，集成电路的工作速度越来越快，存储器的容量越来越大，承载在集成电路上的软件就可以越来越丰富，软件的功能也就越来越强大，应用软件的种类也就越来越多。CPU 主频、DRAM 存储容量与 Windows 操作系统所占空间的关系如图 1.15 所示。

当前，集成电路的容量和速度已经能够满足几乎任何软件的需求，在这种情况下，信息产业由软件驱动的趋势开始显现，即根据不同操作系统开发适用该软件的硬件。移动通信就是最好的例证。目前在市场中占主流的操作系统是安卓和 iOS，所有的硬件解决方案要依据这两个操作系统来开发。开发者可以使用不同厂家的操作系统，但需要使用能够运行上述系统的嵌入式 CPU、接收与发射芯片、人机界面芯片来制造不同用途、不同功能、不同型号的手机。这就是软件定义系统，软件系统决定了集成电路的设计与生产。软件驱动信息产业的趋势如图 1.16 所示。

TI 首席科学家 Gene Frantz 认为：大部分创新是在基于硬件基础上的软件创新。硬件将成为创新设计人员思路拓展平台的一部分[6]。

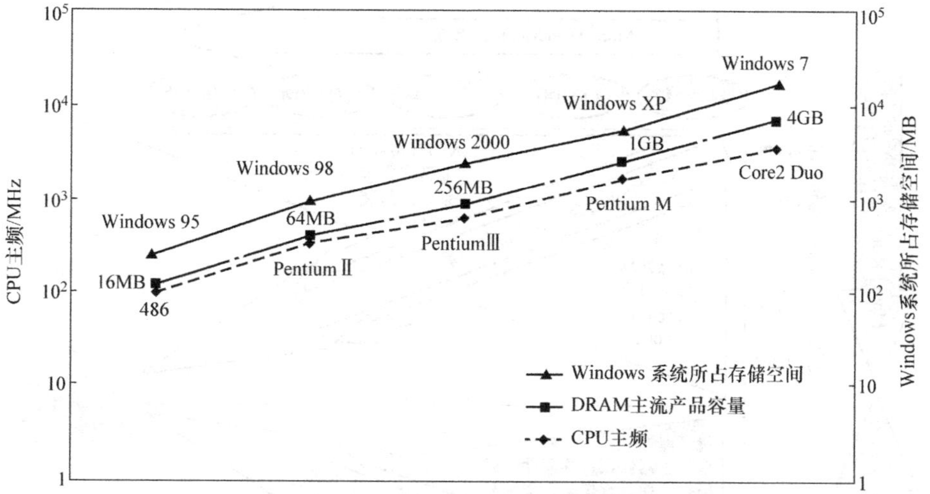

图 1.15 CPU 主频、DRAM 存储容量与 Windows 操作系统所占空间的关系

因此，在软件驱动信息产业发展的趋势下，作为战略布局的重要组成部分，应对相应的软件学科研究做出符合市场需求的协同部署。

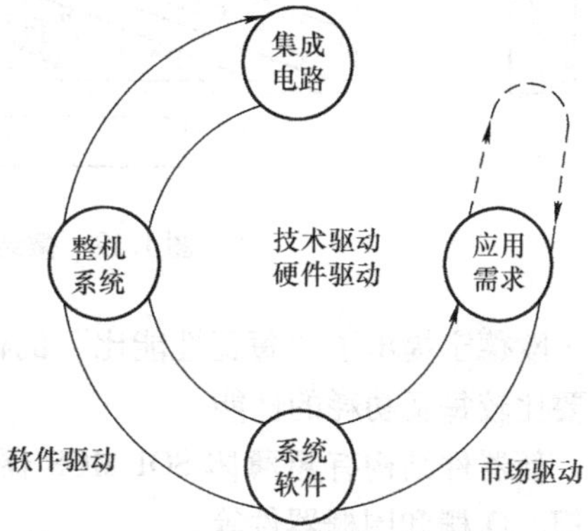

图 1.16 软件驱动信息产业的趋势

在后摩尔时代，集成电路科学技术将向四个方向发展：其一是“More Moore”（延续摩尔），经典 CMOS 将走向非经典 CMOS，半节距继续按比例缩小，并采用薄栅、多栅和围栅等非经典器件结构；其二是“More Than Moore”（扩展摩尔），将不同工艺、不同用途的元器件，如数字电路、模拟器件、射频器件、无源元件、高压器件、功率器件、传感器件、MEMS/NEMS 乃至生物芯片等采用封装工艺集成，与非经典 CMOS 器件结合形成新的微纳系统 SoC 或 SiP；其三是“Beyond Moore”（超越摩尔），即组成集成电路的基本单元是采用自组装式构成的量子器件、自旋器件、磁通量器件、碳纳米管或纳米线器件；其四是“Much Moore”（丰富摩尔），随着微纳电子学、物理学、数学、化学、生物学、计算机技术等学科和技术的高度交叉、融合，原本基于单一学科的技术有了新的突破，不久的将来有可能建立全新形态的信息技术学科及其产业，微纳电子学科发展前瞻如图 1.17所示。

后摩尔时代电路系统的主要标识是性能/功耗比。2005 年，Intel 的 CEO 保

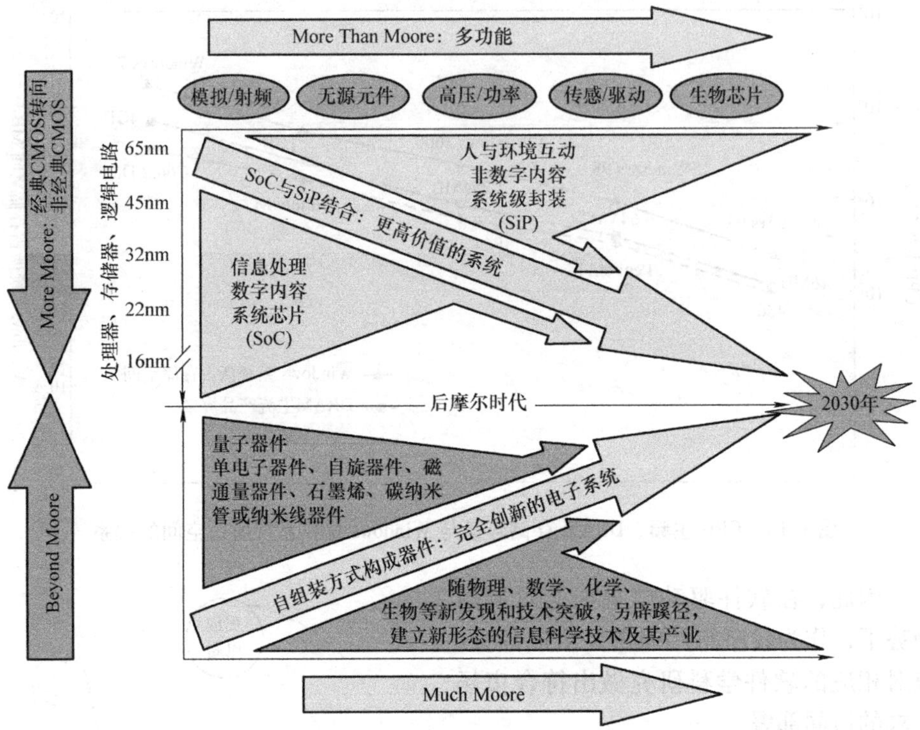

图 1.17　微纳电子学科发展前瞻

罗·欧德宁提出了“每瓦性能比”的概念之后，人们除了比较重要的性能以外，还要比较每瓦功耗的性能。

新器件结构有超薄体 SOI MOS 器件，以及 FinFET、平面双栅、垂直双栅、三栅、Ω 栅和围栅器件等。

纳电子器件有碳纳米管器件、纳米线器件、量子器件、单电子器件、自旋器件和共振隧穿器件等。石墨烯器件也是正研究的碳基器件，当前存储器的研究正向非电荷存储器的方向发展，主要研发的热点有铁电存储器（Ferroelectric Random Access Memory，FeRAM）、磁阻存储器（Magnetoresistive Random Access Memory，MRAM）、相变存储器（Phase Change Memory，PCM）、金属氧化物阻变存储器（MO_x-Resistive Random Access Memory，MO_x-RRAM）、聚合物阻变存储器（Polymer RRAM）、聚合物铁电存储器（Polymer FeRAM）、碳纳米管（Carbon Nano-Tube，CNT）存储器和分子（Molecular）存储器等。

ITRS 在 2012 年给出的微纳电子器件的发展线路图如图 1.18 所示。目前可以确定的技术发展是，在集成电路制造技术的工艺节点方面，2014 年达到 14nm，2017 年达到了 11nm。

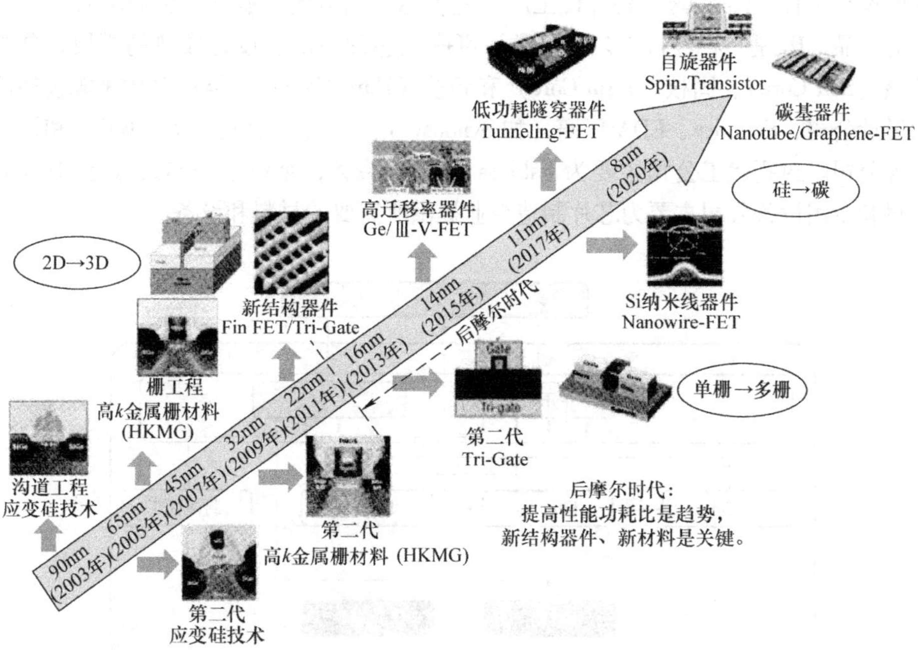

图 1.18　微纳电子器件的发展线路图

在新器件的设计方面，主要的研究方向是低功耗设计技术、系统级设计技术以及新型通用处理器平台技术。在制造工艺方面，主要的研究方向有 EUV、计算光刻技术、多电子束直写技术和纳米压印光刻技术。

封装技术的发展方向是多功能集成的系统级封装（SiP），主要的技术方向是 3D 封装，包括封装堆叠、芯片堆叠、硅通孔技术与硅基板技术，从应用领域来看，主要的研究方向有人工智能大脑、深度神经网络处理器、复合生物信号处理器、量子通信技术、全息眼镜、自动辅助驾驶、大规模分布式电子商务处理平台和工控安全平台等。

1.2　集成电路产业的发展

1.2.1　集成电路产业链 ★★★

半导体产业链（以集成电路为主，含分立器件）的构成如图 1.19 所示。

直接面对市场的企业主要有 Fabless（无生产线设计企业）、IDM（Integrated Device Manufacturer，集成器件制造商）和知识产权（Intellectual Property，IP）电路模块厂商。EDA（Electronic Design Automatic，电子设计自动化）企业主要

提供设计工具，Foundry（圆片代工厂）提供芯片制造代工服务，企业本身没有自己的产品。IP 是一种经过工艺验证的、可嵌入芯片中的、设计成熟的模块，分为软核（Soft Core）、固核（Firm Core）和硬核（Hard Core）三类；IP 的来源包括芯片设计公司、Foundry、EDA 厂商（如 Synopsys）、专业 IP 公司（如 ARM）和设计服务公司。封测代工公司主要为 Fabless 和 IDM 服务，企业本身亦无自己的产品。材料和专用设备公司主要为芯片制造企业提供所需要的材料和设备。

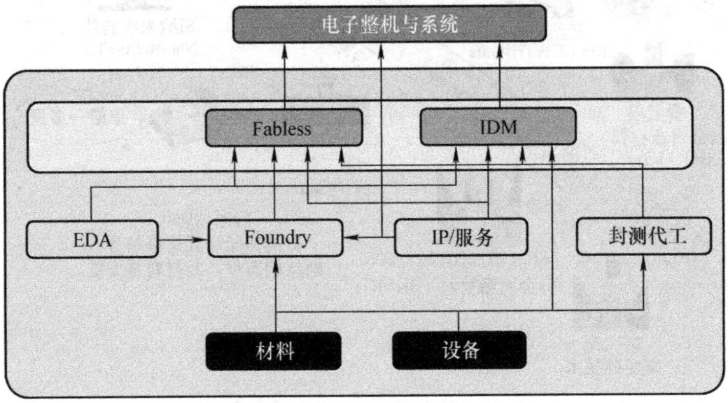

图 1.19　半导体产业链的构成

更广义的产业链还应包括行业协会、中介服务、风险投资、市场研究机构、人才培训中心等。集成电路技术的进步源于集成电路产业链每一个环节的进步，每一个产业环节所创造的价值构成了集成电路产业对社会的整体贡献。作为人才培养和基础研究的基地，大学和研究所进行的基础性、原理性研究也是构成集成电路产业链的重要环节，其技术创新的思想往往会对技术进步产生革命性的影响，如鳍式场效应晶体管（FinFET）的发明。

利用半导体技术生产的主要产品是集成电路（占半导体市场总额的 82% ~ 87%）和半导体分立器件。集成电路的主要产品包括专用标准产品（Application Specific Standard Parts，ASSP）、微处理器（Microprocessor Unit，MPU）、存储器（Memory）、专用集成电路（Application Specific Integrated Circuit，ASIC）、模拟电路（Analog Circuit）和通用逻辑电路（Logical Circuit）。半导体分立器件的主要产品包括二极管（Diode）、晶体管（Transistor）、功率器件（Power Device）、高压器件（High-Voltage Device）、微波器件（Microwave Device）、光电器件（Optoelectronics）和传感器件（Sensor）。

1.2.2 晶圆代工 ★★★

Foundry 原意是铸造车间或铸造厂。1987 年开始出现集成电路委托加工模式，业界借用 Foundry 代指集成电路代工厂的英文简称。20 世纪 80 年代，集成电路行业出现了一种新的业务模式，由过去传统的 IDM 模式向 IC 设计、制造、封测相对分立的模式转化，Foundry 仅提供制造服务，不提供芯片产品。全球 Foundry 分为两种形式：一是纯代工厂的模式；二是部分 IDM 厂商兼做代工的模式。Foundry 的服务对象主要是设计公司。

在集成电路代工模式出现之后相当长的一段时间内，这种模式并未得到全球其他厂商的青睐，主要有两个方面的原因：一是当时代工厂的工艺水平至少要落后 IDM 工艺 1 ~ 2 代，所以那时的代工只能作为 IDM 厂在产能紧缺时的补缺；二是那时全球半导体业主要为计算机提供产品，Fabless 尚未大量涌现。

全球代工业的高潮迭起开始于 21 世纪。一方面，互联网的应用推动了终端电子产品更新换代周期的加快；另一方面，由于工艺技术的快速提升和建厂费用的大幅增加，为降低产品开发成本，客观上对代工产生了迫切需求。同时，不可否认起着关键作用的是各家代工厂技术能力已大幅提升，能够满足先进工艺的需求，再加上第三方 IP 公司逐渐成熟等的共同推动，导致了全球代工业的迅速成长。

目前，智能手机及计算机市场逐渐饱和，能推动半导体产业快速成长的新应用市场产品还未显现，以及先进工艺发展到 10nm 及以下，因此全球半导体产业的增长可能开始减缓。在新的形势下，如何保持相对高于全行业的增长速度，将成为 Fabless 和 Foundry 面临的共同课题。

1.2.3 集成电路产业结构变迁 ★★★

集成电路产业的发展源于消费者对信息数量和质量的需求，以及集成电路设计与制造技术的不断进步。目前，集成电路产业的发展经历了四个阶段[1]。

第一阶段，集成电路产业的孕育期（1958 ~ 1967 年）。1958 年，美国德州仪器公司的杰克·基尔比（Jack Kilby）成功地研制出世界上第一块集成电路，其采用的半导体材料是锗（Ge）。1959 年，仙童公司的罗伯特·诺伊斯（Robert Noyce）研制出基于硅（Si）的集成电路。之后，小规模和中等规模的集成电路相继问世。此时，生产和应用集成电路的厂商全部为电子系统厂商（如德州仪器、仙童、惠普等），集成电路尚未真正形成独立的产业。这一时期，系统厂商不但将自行生产的集成电路作为内部配套使用，同时也向集成电路市场供应部分产品，并在集成电路市场上采购部分产品。

第二阶段，集成电路产业的形成期（1968～1981 年）。1968 年和 1969 年，Intel 公司和 AMD 公司相继成立，开辟了集成电路历史的新纪元。它们独立于电子系统公司，向所有的电子系统公司提供微处理器和存储器等集成电路产品。这种自主设计、制造、封装测试和销售产品的厂商被称为集成器件制造商（Integrated Device Manufacturer，IDM）。随后，IDM 的市场份额逐渐扩大。1990 年，IDM 在全球集成电路市场的占比达到 80%。以 IDM 为框架的集成电路产业初步形成。

第三阶段，集成电路产业的成长期（1982～1998 年）。1982 年，赛灵思开创了“无工艺 生产线”的企业模式，被业界称为“Fabless”。1987 年集成电路行业开创了专注集成电路制造服务的新的生产模式（又称“晶圆代工”，英文为 Foundry），即公司没有自己的产品，仅提供圆片代工服务。这时集成电路产业的专业分工和合作体系形成。

第四阶段，集成电路产业的拓展期（1999 年至今）。Fabless 的诞生标志着集成电路开始服务整个市场。IDM 也分出部分产能为 Fabless 服务。Foundry 的出现体现了“服务意识”，其不仅为 Fabless 服务，而且为 IDM 服务。虽然 Foundry 属于第二产业的范畴，但从“自己的产品”已经消失的视角来看，Foundry 的服务与第三产业的本质相类似。

世界集成电路产业的变迁过程如图 1.20 所示。

随着世界集成电路产业的形成、成长与拓展，其在国际间不断进行着产业转移。至今，集成电路产业经历了三次国际产业转移。第一次，集成电路封装测试业的国际转移。20 世纪 60 年代，日本与美国在集成电路制造领域产生了激烈的竞争，为了降低生产成本，美国将封装业从制造业中分离出来，将其转移到生产成本较低的亚洲国家。2005 年，美国 95% 的集成电路在海外封装。上述产业转移对承接国家（地区）产生了较强的技术外溢，使得这些国家（地区）成为封装产业的领先者。2019 年，全球前十名的封装企业都集中在亚洲，外包收入在全球封装业的比重超过 70%。第二次，集成电路制造业的国际转移。与封装测试业的国际转移的动因截然不同，集成电路制造业的国际转移不是为了寻找生产成本优势，而是为了拓展当地市场。集成电路制造业是典型的资本密集型产业，劳动力成本的占比相对比较小。以 12in 的硅晶圆生产线为例，劳动力成本占比不足 10%。20 世纪 70 年代，美国与日本和欧洲之间的贸易壁垒日渐加剧，导致集成电路产品的国际交易成本上升。为了获取当地的市场份额，美国集成电路厂商开始把制造

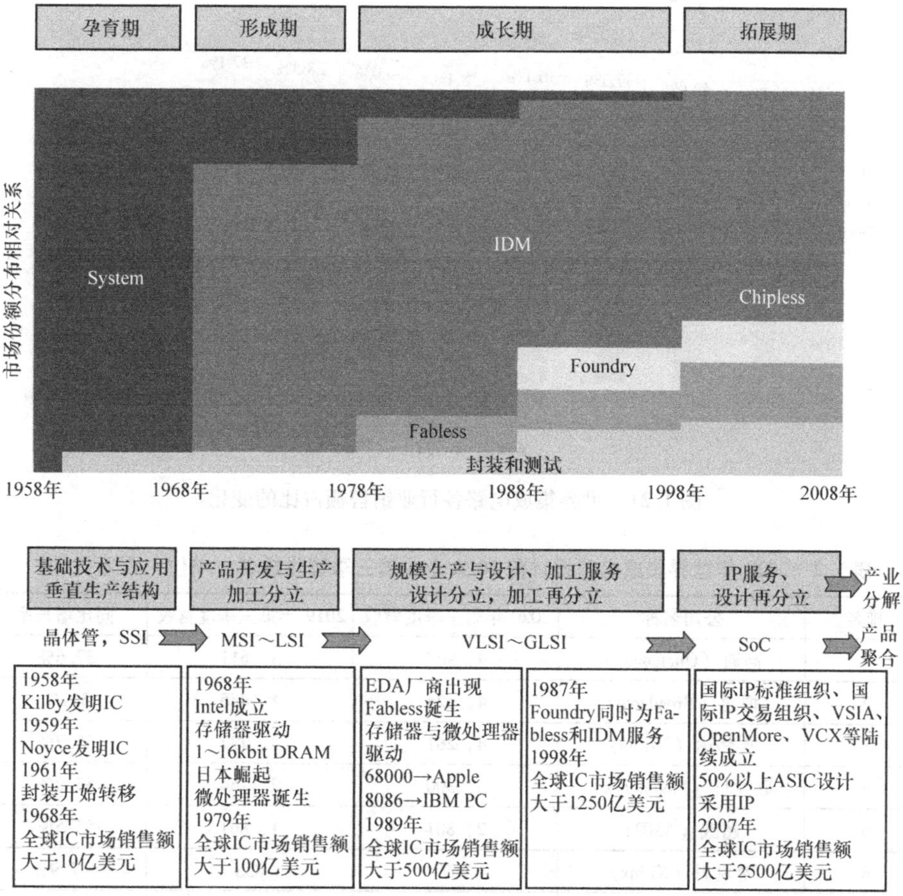

图 1.20 世界集成电路产业的变迁过程

业向日本和欧洲转移。第三次，集成电路设计业的国际转移。集成电路设计业的主要投入是人力资本和 EDA 工具。设计业国际转移的主要动机是为了接近市场和降低成本。20 世纪 70 年代，集成电路设计业由美国向日本和欧洲转移。20 世纪 80 年代中期开始，集成电路设计业由美国向我国转移。

根据 IC Insights 的统计数据，2016 年，世界排名前 10 的 IDM 企业的销售总额为 1808.1 亿美元，仍在市场中占主导地位，Fabless 企业销售总额为 89.2 亿美元，Foundry 企业销售总额为 556.2 亿美元。

世界集成电路各行业销售额占比的变化如图 1.21 所示，设计与制造的占比呈逐年递增。

2020 年世界主要集成电路设计企业第三季度的营收排名见表 1.2。

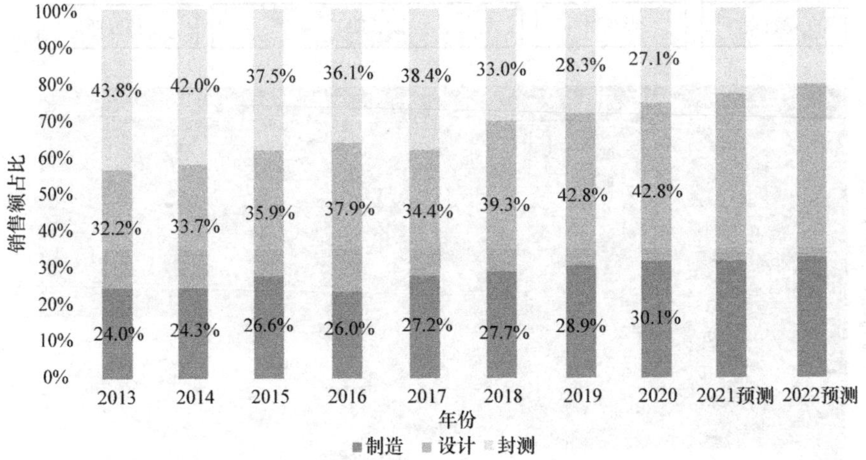

图 1.21　世界集成电路各行业销售额占比的变化

表 1.2　2020 年世界集成电路设计前 10 大企业第三季营收排名（单位：百万美元）

排名	公司名称	2020 年第三季度营收	2019 年第三季度营收	同比增长率
1	高通（Qualcomm）	4，967	3，611	37.6%
2	博通（Broadcom）	4，626	4，486	3.1%
3	英伟达（Nvidia）	4，261	2，737	55.7%
4	联发科（Media Tek）	3，300	2，154	53.2%
5	超威（AMD）	2，801	1，801	55.5%
6	赛灵思（Xilinx）	767	833	-7.9%
7	瑞昱半导体（ Realtek）	760	514	47.9%
8	联咏科技（Novatek）	746	532	40.4%
9	美满（Marve）	742	660	12.4%
10	戴泺格半导体（Dialog）	386	406	-5.6%

参 考 文 献

[1] 王阳元，王永文. 我国集成电路产业发展之路 [M]. 北京：科学出版社，2008.

[2] SYDELL L，冯雪. 摩尔定律提出 50 年，跟上该定律的步伐面临挑战 [J]. 英语文摘，2015 (9)：41 - 44.

[3] 晶体管的生产规模已接近天文数字：看摩尔定律的实践 [EB/OL]. [2017 - 04 - 21]. http：// www. eeworld. com. cn/manufacture/2015/0507/article _ 11024. html.

[4] CHANG L，FRANK D J. Technology optimizaion for high energy-effcienecy computation，Short course on emerging technologies for post 14nm CMOS，IEDM，2012.

[5] 中国芯做大与做强之路 [EB/OL]. [2017 - 05 - 11]. http://doc.mbalib.com/view/ceeea52faccd06faf14d1daf16619e76.html.
[6] 德州仪器. 处理器架构的技术发展愿景：2020 年 [EB/OL]. (2008 - 08 - 22) [2017 - 05 - 11]. http://www.eeworld.com.cn/DSP/2008/0822/article_706.html.
[7] ITRS 2.0 [EB/OL]. [2018 - 07 - 01]. http://www.itrs2.net/itrs-news.html.
[8] International technology roadmap for semiconductors. [2018 - 07 - 01]. https://en.wikipedia.Org/wiki/International_Technology_Roadmap_for_Semiconductors.

第2章 集成电路制造工艺及生产线

2.1 集成电路制造技术

2.1.1 芯片制造 ★★★

一片硅片上可以同时制作几十甚至上万个特定的芯片（见图2.1），一片硅片上芯片数的不同取决于产品的类型和每个芯片的尺寸，芯片尺寸的改变取决于在一个芯片集成的水平。

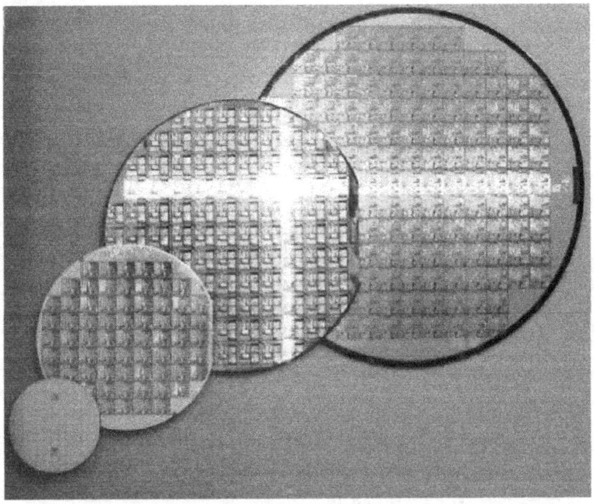

图2.1 含芯片的硅片图

芯片也称为管芯（单数和复数芯片或集成电路），而硅晶圆片通常被称为衬底。硅片的直径多年来一直在增大，从最初的不到1in到现在常用的12in（约

300mm)，且正在进行向 14in 或 15in 的转变。如果在一片硅片上有更多的芯片，制造集成电路的成本会大幅度降低，这得益于经济规模（通过同样的努力，生产更多的芯片）。

早期，芯片制造的所有操作几乎都是通过操作者手工处理完成的。但是随着硅片集成度的提高，允许沾污的水平要显著降低。可能损坏硅片和引起它们不能正常工作的沾污来自许多方面：人体、材料、水、空气及设备。现代硅片制造厂已经变成具有专门设施的工厂，提供了净化制造环境和专用设备以生产具有最小沾污的硅片。这包括限制人体裸露、超纯化学材料和容器，以及在甚大规模集成电路时代制造集成电路需要的专用硅片传送工具。

芯片的制造一般分为 5 个阶段：原料制作、硅片制造、硅片的测试/拣选、装配与封装、终测。

(1) 原料制作

硅片制备在第 1 阶段，将硅从沙中提炼并纯化。经过特殊工艺产生适当直径的硅锭（见图 2.2）。然后将硅锭切割成用于制造微芯片的薄硅片。按照专用的参数规范制备硅片，例如定位边要求和沾污水平[1]。

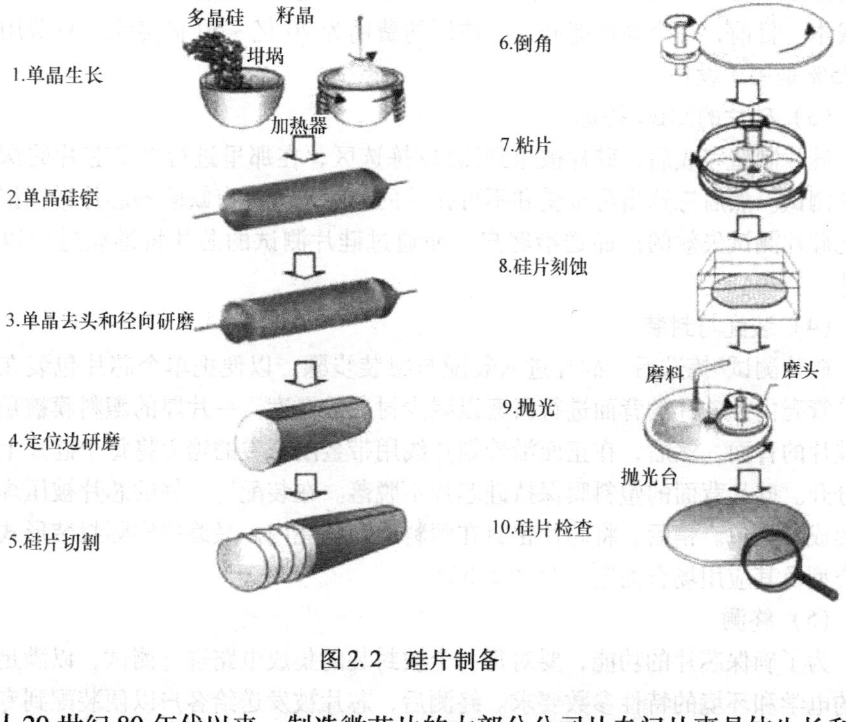

图 2.2　硅片制备

从 20 世纪 80 年代以来，制造微芯片的大部分公司从专门从事晶体生长和硅片制备的供应商那里购买他们的硅片。工业也生产锗或化合物半导体材料的晶圆片。这些是特殊应用，而大部分半导体晶圆片是由硅材料制成的。

(2) 硅片制造

自硅片开始的微芯片制作是第2阶段，被称为硅片制造。裸露的硅片到达硅片制造厂，然后经过各种清洗、成膜、光刻、刻蚀和掺杂步骤。加工完的硅片具有永久刻蚀在硅片上的一整套集成电路。硅片制造的其他名称是微芯片制造和芯片制造。

制造芯片的公司分为芯片供应商和受控芯片生产商两类。芯片供应商制造的芯片是为了在公开的市场上销售，像为客户生产存储器芯片的芯片制造商。受控芯片生产商制造芯片是为了用在公司自己的产品上，例如受控芯片制造商既制造计算机又制造与计算机配套的芯片。一些芯片制造商既制造自己用的芯片也在公开市场上销售，而另一些公司将制造专用的芯片并在公开市场上购买其他芯片。

另一种芯片制造商是无制造工厂公司，这种公司为特殊市场设计芯片，例如图像微芯片、功率芯片、传感器等，而另一个芯片制造商则制造这些芯片。最终，另一种半导体制造商，如代工厂，仅为其他公司生产芯片。20世纪80年代以来，半导体代工厂越来越常见，现在全部芯片中的20%是在代工厂制作的。无制造工厂公司和代工厂增加的一个主要原因是建设并维护一个硅片制造厂的高额成本。目前，一个高性能硅片制造厂的费用为20亿~50亿美元，总费用中的约75%是用于设备。

(3) 硅片的测试/拣选

硅片制造完成后，硅片被送到测试/拣选区，在那里进行单个芯片的探测和电学测试。然后拣选出可接受和不可接受的芯片，并为有缺陷的芯片做标记。不会把硅片测试失效的产品送给客户，而通过硅片测试的芯片将继续进行以后的工艺。

(4) 装配与封装

硅片测试/拣选后，硅片进入装配与封装步骤，以便把单个芯片包装在一个保护管壳内。硅片的背面进行研磨以减少衬底的厚度。一片厚的塑料膜被贴在每个硅片的背面，然后，在正面沿着划片线用带金刚石尖的锯刃将每个硅片上的芯片分开。硅片背面的塑料膜保持硅芯片不脱落。在装配厂，好的芯片被压焊或抽空形成装配包。稍后，将芯片密封在塑料或陶瓷壳内。最终的实际封装形式随芯片类型及其应用场合而定（见图2.3）。

(5) 终测

为了确保芯片的功能，要对每一个被封装的集成电路进行测试，以满足制造商的电学和环境的特性参数要求。终测后，芯片被发送给客户以便装配到专用场合，例如将存储器元件安装在个人计算机的电路板上。

图 2.3　芯片封装形式

2.1.2　工艺划分 ★★★

集成电路制造工艺一般分为前段和后段。前段工艺一般是指晶体管等器件的制造过程，主要包括隔离、栅结构、源漏、接触孔等形成工艺。后段工艺主要是指形成能将电信号传输到芯片各个器件的互连线，主要包括互连线间介质沉积、金属线条形成、引出焊盘形成等工艺。通常，前段工艺与后段工艺之间以接触孔制备工艺为分界线。接触孔是为连接首层金属互连线和衬底器件而在硅片垂直方向刻蚀形成的孔，其中填充钨等金属，其作用是引出器件电极到金属互连层；通孔是相邻两层金属互连线之间的连接通路，位于两层金属中间的介质层中，一般用铜等金属来填充。上述工艺会在后续的章节详细介绍。

为了提高晶体管的性能，45nm/28nm 以后的先进技术节点采用了高介电常数栅介质及金属栅极工艺，在晶体管源漏结构制备完成后增加替代栅工艺及局部互连工艺。这些工艺介于前段工艺与后段工艺之间，均为传统工艺中未采用的工艺，因此称为中段工艺。

广义的集成电路制造还应包括测试、封装等步骤。相对于测试和封装，元器件和互连线制造均为集成电路制造的前一部分，统称为前道工序，而测试和封装则称为后道工序。图 2.4 所示为集成电路制造工艺段落示意图，它清晰地标明了集成电路前、后段工艺及前、后道工序的涵盖范围。

2.1.3　工艺技术路线 ★★★

工艺技术路线图是指集成电路相关行业协会或企业制定的未来一段时间内技术发展预测蓝图，一般分为长期和短期两种路线图。集成电路制造是一个发展迅速且高度复杂的过程，产业链分工较细，制造企业需要面对不同的设计客户并在生产中用到不同厂商的设备、软件及原材料。为了保证集成电路产业链中的企业

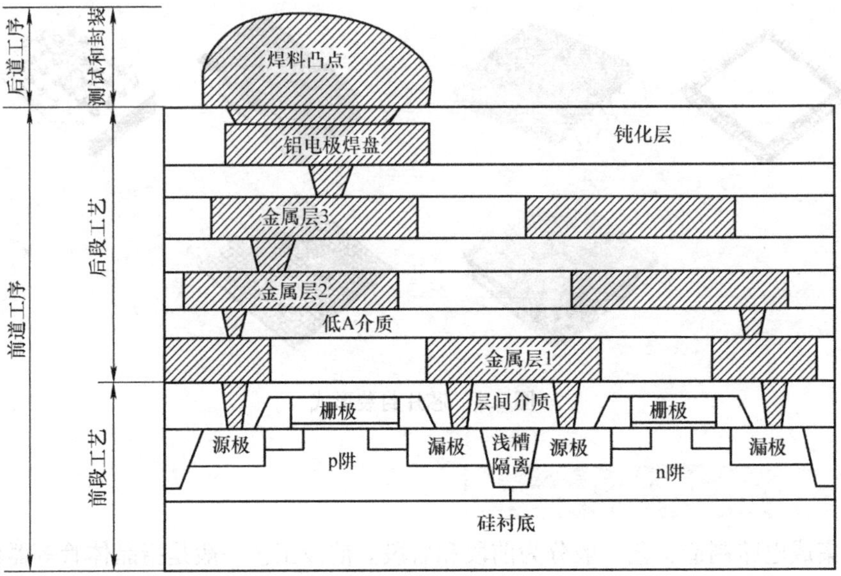

图 2.4　集成电路制造工艺段落示意图

保持较为一致的发展节奏，并维持与摩尔定律兼容的时间表，半导体行业机构联合发布了遵循摩尔定律的技术路线图，其中，以国际半导体技术路线图（International Technology Roadmap for Semiconductors，ITRS）最具代表性。ITRS 主要从不同的技术角度阐述集成电路领域各方面技术所面临的挑战以及可能的解决方案，预测了未来几代技术推出的时间，以及具体的器件参数、工艺参数电学指标等，同时总结了已涌现的各种新技术。在过去相当长的时间内，ITRS 作为学术界和产业界开展研究和开发工作的重要依据和标准，各大企业的主要技术路线也比较接近。但在近几年，由于集成电路技术发展面临的挑战加大，各大集成电路制造领先企业已经无法在统一的 ITRS 下开发产品。虽然现在不再有统一的技术节点定义，技术更新换代的速度也落后于 ITRS 的预测，但 ITRS 仍然具有指引作用。

最新一版的 ITRS 发布于 2015 年，它一直展望到了 2030 年的技术发展趋势。ITRS 组织宣称，由微处理器性能的提高驱动 PC 发展的模式将逐渐被由智能终端的需求驱动集成电路发展的新模式替代。因此，2015 年 ITRS 相比 2013 年之前有较大的改版，故称之为 ITRS2.0。2015 年 ITRS 主要关注 7 个方面，即系统集成、异质集成、异质组件、外部系统连接、延续摩尔定律、超越 CMOS 和工厂集成。表 2.1 所示为 ITRS2.0 报告中的技术路线图（部分）。

表 2.1 中，LGAA 表示横向围栅器件，VGAA 表示纵向围栅器件，M3D 表示单片三维集成电路，MPU 表示微处理器，CPP 表示最小栅节距。

表 2.1　ITRS2.0 报告中的技术路线图（部分）[2]

<table>
<tr><th colspan="2">量产年份/年</th><th>2015</th><th>2017</th><th>2019</th><th>2021</th><th>2024</th><th>2027</th><th>2030</th></tr>
<tr><td colspan="2">逻辑技术节点</td><td>16nm/14nm</td><td>11nm/10nm</td><td>8nm/7nm</td><td>6nm/5nm</td><td>4nm/3nm</td><td>3nm/2.5nm</td><td>2nm/1.5nm</td></tr>
<tr><td colspan="2">逻辑器件结构选项</td><td>FinFET
FD-SOI</td><td>FinFET
FD-SOI</td><td>FinFET
LGAA</td><td>FinFET
LGAA
VGAA</td><td>LGAA
M3D</td><td>VGAA
M3D</td><td>VGAA
M3D</td></tr>
<tr><td rowspan="5">逻辑器件基本规则</td><td>MPU/SoC 中间层金属连线半节距/nm</td><td>28.0</td><td>18.0</td><td>12.0</td><td>10.0</td><td>6.0</td><td>6.0</td><td>6.0</td></tr>
<tr><td>MPU/SoC 0/1 层金属连线半节距/nm</td><td>28.0</td><td>18.0</td><td>12.0</td><td>10.0</td><td>6.0</td><td>6.0</td><td>6.0</td></tr>
<tr><td>CPP 半节距/nm</td><td>35.0</td><td>24.0</td><td>21.0</td><td>16.0</td><td>12.0</td><td>12.0</td><td>12.0</td></tr>
<tr><td>高性能逻辑技术物理栅长/nm</td><td>24</td><td>18</td><td>14</td><td>10</td><td>10</td><td>10</td><td>10</td></tr>
<tr><td>低功耗逻辑技术物理栅长/nm</td><td>26</td><td>20</td><td>16</td><td>12</td><td>12</td><td>12</td><td>12</td></tr>
</table>

除了 ITRS，还有其他集成电路相关组织制定的技术发展路线图，如欧洲纳电子路线图（Nano Electronics Roadmap for Europe）、日本系统器件路线图（The System Device Roadmap Committee of Japan）等。2016 年，IEEE 也制定了国际器件与系统路线图（International Roadmap for Devices and Systems，IRDS）。此外，各集成电路制造领先企业也都推出了自己的技术发展路线图，企业的预测时间跨度较短，会不定期地根据技术和市场的发展趋势更新自身的技术路线图。

2.2　集成电路生产线发展的历程与设计

2.2.1　国外集成电路生产线发展情况 ★★★

集成电路生产线一般包括生产工艺需求的洁净室和生产辅助厂房等各类建筑，以及晶圆片工艺和封装测试工艺所必需的设备，包含超纯水、电力、纯化气体、化学品等相关供应的中央供应系统，以及废水、废气等相关有害物质的处理系统等组成的生产集成电路产品所需要的整体智能制造环境。集成电路生产线的发展历程可简要地概括如下。

1960 年，洛尔（H. H. Loor）和卡斯泰拉尼（E. Castellani）发明了光刻工艺，使得集成电路产品可以大规模地批量生产制造。

1963 年，美国仙童半导体公司的万拉斯（F. Wanlass）发明了低功耗互补金属-氧化物-半导体场效应晶体管（CMOS）单元电路。

1964 年，集成电路平面工艺技术由美国仙童半导体公司的诺伊斯（R. Noyce）发明，之后相继有多条集成电路生产线在美国建立，晶圆片尺寸通常以 1 ~2in 为主。

1968 年，美国 RCA 公司制造出第一块 CMOS 门阵列集成电路产品，多晶硅已取代金属铝作为栅电极材料。

1970 年，美国 Intel 公司首次采用 NMOS 技术推出 1kbit 商用动态随机存储器（DRAM）。

1971 年，美国 Intel 公司推出全球第一个微处理器芯片 4004。

20 世纪 70 年代中期，集成电路生产线广泛采用肖克利（W. Shockley）等人发明的离子注入掺杂技术。

到了 20 世纪 80 年代，美国开始建设 4in 集成电路生产线，出现了双掺杂多晶硅金属硅化物栅 CMOS 器件结构工艺，低功耗的 CMOS 集成电路逐渐成为主流产品。集成电路工艺设备的全面自动化，大幅度地减少了操作工人的数量，降低了操作人员对集成电路芯片的污染。至此，集成电路生产线日臻成熟，晶圆片尺寸从 2in、3in、4in、5in 过渡到 6in，一般采用人工操作及搬运来实现晶圆片的传递、储存及工艺生产。为了节省运行费用，保证洁净度要求，通常采用壁板将高洁净度的操作区和低洁净度的设备区隔离开来。

20 世纪 80 年代末，采用 SMIF（Standard Mechanical Interface）加微环境的 200mm 集成电路生产线开始建成投产，化学机械抛光（Chemical Mechanical Polishing，CMP）工艺被发明并应用于集成电路芯片制造，以满足多层布线所需的平坦度要求。

迈入 21 世纪后，300mm 集成电路生产线开始建成投产，晶圆片盒加微环境成为 300mm 集成电路生产线的主流。

2007 年，Intel 公司在 45nm 技术节点采用高介质金属栅（HKMC）工艺。2011 年，在 22nm 技术节点时，Intel 公司首次工业化采用 FinFET 器件结构工艺。2005 年以来，纳米圆柱体全包围栅无结场效应晶体管及三维堆叠晶体管技术发展快速，这些新技术有望在 7nm 及以下技术节点被工业界采用[3-6]。集成电路生产线建设的发展历程见表 2. 2。

表 2. 2　集成电路生产线建设的发展历程

建成年份/年	晶圆片尺寸	拥有代表生产线的公司	代表产品	技术节点
1958	0. 75in	德州仪器	振荡器电路	约 100μm
1964	1. 25in	仙童半导体	铝栅 MOS 集成电路	25μm
1968	2in	RCA	多晶硅栅 CMOS 门阵列	10μm

（续）

建成年份/年	晶圆片尺寸	拥有代表生产线的公司	代表产品	技术节点
1971	3in	Intel	1kbit DRAM 4004 微处理器	6μm
1974	3in	Intel	8080 微处理器	5μm
1980	4in	Intel	8086/8088 微处理器	3μm
1982	5in	Intel	286 微处理器	1.5μm
1985	6in	Intel	386 微处理器	1μm
1989	8in	Intel	486 DX CPU 微处理器	80μm
1993	8in	Intel	Pentium 微处理器	600μm
1995	8in	Intel	Pentium Pro 微处理器	350μm
1997	8in	Intel	Pentium Ⅱ微处理器	250μm
1999	8in	Intel	Celeron 处理器	180μm
2002	8in	Intel	Itanium 2，Pentium 4	130μm
2003	12in	Intel	Pentium M Celeron M 处理器	90μm
2006	12in	Intel	Core2/Celeron Duo 处理器	65μm
2007	12in	Intel	Atom 处理器	45nm（HKMG）
2009	12in	Intel	Xeon 5600 系列处理器	32nm（HKMG）
2011	12in	Intel	Ivy Bridge 处理器	22nm（FinFET）
2014	12in	Intel	Broadwell-U 处理器	14nm（FinFET）
2017	12in	Intel/三星/格芯	Cannonlake，系统芯片（SoC）	10nm（FinFET. QWFET）
2018	12in	三星	系统芯片（SoC）	7nm（FinFET）（预期）
2020	12in	三星	系统芯片（SoC）	5nm（GAA）（预期）

2.2.2　国内集成电路生产线发展情况 ★★★

20 世纪 60 年代中期，我国许多工厂利用国产设备建立了一批半导体生产线，产品多数以晶体管为主。各省市所建厂中比较有名的有上海元件五厂、上海无线电七厂、上海无线电十四厂、上海无线电十九厂、苏州半导体厂、常州半导体厂，北京市半导体器件二厂、三厂、五厂、六厂，天津半导体一厂和航天部西安 691 厂等。

1968 年，上海无线电十四厂在国内首次研制成功 PMOS 集成电路。

20 世纪 70 年代初，永川半导体研究所、上海无线电十四厂和北京 878 厂相继研制成功 NMOS 集成电路，之后又研制成功 CMOS 集成电路，拉开了我国发展

MOS 集成电路的序幕。

1983 年，江苏无锡的江南无线电器材厂从日本东芝公司全面引进的全新完整的 3in 工艺设备集成电路生产线建成投产，主要生产彩色和黑白电视机所用的集成电路产品。

1988 年，在上海无线电十四厂的基础上成立的上海贝岭微电子制造有限公司建成一条全新的 4in 集成电路生产线。

1988 年，在上海元件五厂、七厂和十九厂联合技术引进项目的基础上，组建上海飞利浦半导体公司，建成一条全新的 5in 集成电路生产线。

1990 年，中国华晶电子集团公司承担国家“908”工程，建成一条 150mm 集成电路生产线。

1991 年，首钢 NEC 电子有限公司建成一条 150mm 集成电路生产线。

1999 年，上海华虹 NEC 电子有限公司承担国家“909”工程项目，建成一条自动化程度非常高的 200mm 超大规模集成电路生产线，采用 0.35μm 工艺量产制造 64Mbit 同步动态存储器（SDRAM）。

2001 年，中芯国际集成电路制造有限公司的首条 200mm 集成电路生产线在上海建成投产，制造当时国内最先进的 0.25μm 以下逻辑集成电路芯片产品，同时还为客户提供掩模版制造服务。2002 年，量产 0.18μm 逻辑集成电路芯片产品，将中国集成电路的水平提升了五个技术代。目前中芯国际集成电路制造有限公司仍然是世界先进的集成电路芯片代工企业之一。

2004 年，台积电（上海）有限公司和上海先进半导体制造有限公司相继开工建设。

2005 年 4 月，中芯国际集成电路制造有限公司在北京建成我国第一条 300mm 集成电路生产线。

2006 年 10 月，无锡海力士半导体公司建成一条 30mm 集成电路生产线，生产存储器产品。

2007 年 12 月，中芯国际集成电路制造有限公司（上海）300mm 集成电路生产线正式运营，次年量产。

2008 年 9 月，武汉新芯集成电路制造有限公司建设成功一条 300mm 集成电路生产线，主要提供闪存及 CMOS 图像传感器产品代工服务。

2010 年，上海华力微电子有限公司正式成立，承担“909”工程升级改造主体项目，建设了一条 300mm 的 90nm/65nm/45nm 工艺集成电路生产线。

2.2.3 集成电路生产线的工艺设计 ★★★

集成电路产品主要分为数字电路和模拟电路两大类。由于产品的品种和技术要求不同，因此需要不同的生产工艺。从线宽来区分，从较早的 5μm 到最新的

7nm 以下工艺；从加工衬底直径来区分，主要有 150mm、200mm、300mm 以及未来的 450mm。工程投资金额存在数千万美元至数十亿美元的差异，洁净室面积也从数百平方米到数万平方米不等，因此选择适合的工艺技术及配套设备是工厂设计的基础。工艺设计应按集成电路生产线的产品类型、每月最大产能、生产制造周期、投资金额、长期发展进程等因素确定生产的工艺技术和配套的设备。对于线宽在 0.13μm 及以上工艺的集成电路的研发和生产，宜采用 150mm 或 200mm 生产线。对于线宽在 90nm 及以下工艺的集成电路的研发和生产，宜采用 300mm 生产线。集成电路芯片的生产工艺十分复杂，工艺步骤可高达千步以上，譬如：前段工艺用于形成集成电路中的有源器件及无源元件，包括清洗、薄膜、光刻、刻蚀、离子注入等工序。后段工艺用于完成电路中元器件之间的连接及形成保护层等，包括光刻、刻蚀、清洗、金属化、化学机械抛光等工序。进入后段工艺的硅片应避免与前段工艺混用设备，以免金属离子等污染前段工艺中的硅片，造成电气性能异常。

150mm 生产线通常采用的是敞开式生产方式，操作区空气中的尘埃会直接影响晶圆片电路的电气性能，因此对操作区的洁净度要求较高。为了节省运行费用，保证洁净度要求，通常采用壁板将操作区与低洁净度要求的设备区分开。随着芯片加工尺寸向 200mm 及 300mm 发展，对于加工线宽的要求也越来越高，大面积高洁净度的洁净区的造价和运行成本越发昂贵，因此采用标准机械接口（Standard Mechanical Interface，SMIF）加微环境的生产方式成为 200mm 及 300mm 生产线的主流生产方式。对于早期的 200mm 生产线来说，大部分晶圆片的传送、存储和分发是通过人工操作完成的。目前多数 200mm 和 300mm 生产线设有自动化物料搬运系统（Automated Material Handing System，AMHS），其优点在于能够有效地利用洁净室空间、有效地管理生产中的芯片、有效地降低操作人员的负担，进而减少在传送晶圆片时的失误。在一些 300mm 生产线，运输系统可延伸到不同的生产区域，借助吊挂传输系统（Overhead Hoist Transfer，OHT），将芯片直接传递到设备端。未来 AMHS 系统还要在提高生产速度、缩短生产周期和快速适应芯片制造环境变化等方面进行持续改善，以适应和满足芯片工厂的各种需求[1]。

随着集成电路芯片制造技术的发展，对应的封装技术也发展得十分迅速。封装不仅起到集成电路芯片内键合点与外部进行电气连接的作用，也为集成电路芯片起到机械或环境保护的作用，从而使集成电路芯片能够发挥正常的功能并保证其具有高稳定性和可靠性。

20 世纪 80 年代之前的主要封装形式为通孔插装，以 TO 型封装和双列直插封装为代表，主要的工艺流程包括中测、减薄、划片、粘片、包封、切筋成型、电镀、打标、测试、包装等。20 世纪 90 年代后，球栅阵列封装和芯片尺寸封装发展迅速，主要的工艺流程包括中测、减薄、划片、粘片、清洗、塑封、装配、回流焊、打标、测试、包装等，主要特点是缩小了引脚间距并采用底部安装引脚的形式，大大促进了安装技术的进步和生产效率的提高。20世纪90年代末，封装技术进入了三维堆叠封装时代。通过在垂直方向上将多层平面器件堆叠起来，并采用硅通孔技术在垂直方向实现通孔互连的系统级集成，可以减小封装的尺寸和质量。还可以将不同的技术集成在同一封装中，缩短互连导线的长度从而加快信号传递速度，降低寄生效应和功耗。近年来三维堆叠封装得到了较快的发展，主要的工艺流程包括涂覆、光刻、溅射、再涂覆、电镀、回流焊、测试、打标、包装等。

2.3 集成电路生产线的洁净系统

2.3.1 洁净室系统 ★★★

随着工艺生产技术的不断发展，集成电路生产对于制造环境及其他配套系统的要求也相应越来越严格，说到环境首当其冲的是洁净室。洁净室工程成为集成电路制造过程中最为重要的环节之一，直接决定了最终产品的成败。一般而言，当微粒尺寸达到集成电路节点一半大小时就成为破坏性微粒，对集成电路的制造产生影响。比如，14nm工艺中7nm的微粒就会影响制造过程。

集成电路的生产必须在洁净室厂房中进行。洁净室是指空气悬浮粒子浓度受控的房间，它的建造和使用应减少室内诱入、产生及滞留粒子。室内的其他参数，如温度、湿度、压力等，需按照特别的要求进行控制。下面将简要介绍洁净室过滤系统、洁净室气流、洁净室静电危害以及防范措施。

(1) 洁净室过滤系统：利用高效过滤器和超高效过滤器的组合把空气中的灰尘粒子过滤掉，灰尘过滤的效率可高达99.995%～99.999995%。经过过滤器过滤之后，把空气中的悬浮粒子浓度控制在洁净室等级要求的范围内。

(2) 洁净室气流：由于洁净厂房内的工作人员及生产设备也会产生灰尘，而这些尘土对洁净室环境也是一大危害，所以必须通过气流将这些尘埃过滤或排出室外。依据气流的方向性特点，可分为单向流（大致平行的受控气流，以及与水平面垂直或平行的气流）、非单向流（送入洁净室的送风以诱导方式与室内空气混合的气流）、混合流（单向流和非单向流组合的气流）。

(3) 洁净室静电危害：集成电路厂房对环境中的防静电要求也非常苛刻。静电对集成电路行业的主要危害体现在三个方面。

① 静电吸附：指附着在产品上的静电荷会通过静电作用吸附空气中的尘埃，从而引起产品上尘埃的附着。

② 静电放电：当静电电荷积累到一定的程度，若有导体接近就会产生静电放电，从而造成器件击穿。

③ 电子干扰：静电放电会产生辐射，这些辐射会干扰周围的微处理器。

（4）洁净室静电的防范措施：根据不同的工艺区域，需要采用有针对性的防静电控制方案。

① 内装静电防护（高架地板、吊顶、隔板等）：洁净室内装环境的防静电措施是接地。因在集成电路的生产过程中会产生电荷，但工艺中所需的材料如石英、玻璃、塑料等都是绝缘体，电荷无法就地移除，所以接地系统是对抗静电的关键。

② 工艺静电防护（离子棒、离子风扇）：离子棒与离子风扇均为静电发生器，通过电离空气中的粒子产生正负电荷，洁净室中的气流会使正负电荷形成一股带有正负电荷的气流。当设备或物品带有电荷时，气流中的异性电荷会中和设备或物品带有的电荷，从而消除静电。

根据《洁净厂房设计规范》（GB 50073—2013），洁净室空气洁净度整数等级见表 2.3。

表 2.3　洁净室空气洁净度整数等级[7]

空气洁净度等级（N）	大于或等于以下粒径的粒子最大浓度限值/m^3					
	0.1μm	0.2μm	0.3μm	0.5μm	1.0μm	5.0μm
1	10	2	—	—	—	—
2	100	24	10	4	—	—
3	1000	237	102	35	8	—
4	10000	2370	1020	352	83	—
5	100000	23700	10200	3520	832	29
6	1000000	237000	102000	35200	8320	293
7	—	—	—	352000	83200	2930
8	—	—	—	3520000	832000	29300
9	—	—	—	35200000	8320000	293000

2.3.2　空调系统 ★★★

空调系统是指为生产工艺过程或为系统正常运转创造必要环境条件的空气处理系统。在集成电路制造工厂中，空调系统可以调节与控制某个房间或空间内的温度、湿度和空气流动速度等，并供应新风和排除污浊空气。洁净室不同的洁净等级需要不同的换气次数，换气次数 = 房间送风量/房间体积，单位是次/小时。各等级的洁净室换气次数情况见表 2.4[8]。

表 2.4　各等级的洁净室换气次数情况

洁净室等级	换气次数
10 万级洁净室	≥15 次/时
1 万级洁净室	≥25 次/时
1 千级洁净室	≥50 次/时
100 级洁净室	平流层 0.2～0.45m/s

空调系统的新风处理机组是将室外空气进行一系列的预先处理，然后送入洁净室的设备新风量与生产设备的排气量尽量同步保持一定的比例，若比例稍大于1，超过排气量的那部分新风可以用来保持洁净室的正压，可间接控制洁净室内压差，防止洁净室设备搬入口以及净化间进出口打开时颗粒较多的外气进入洁净室内，影响洁净度。

(1) 新风处理系统的结构组成：主要包括过滤器、空气洗涤器、冷却器、风机、加热器等，如图 2.5 所示。

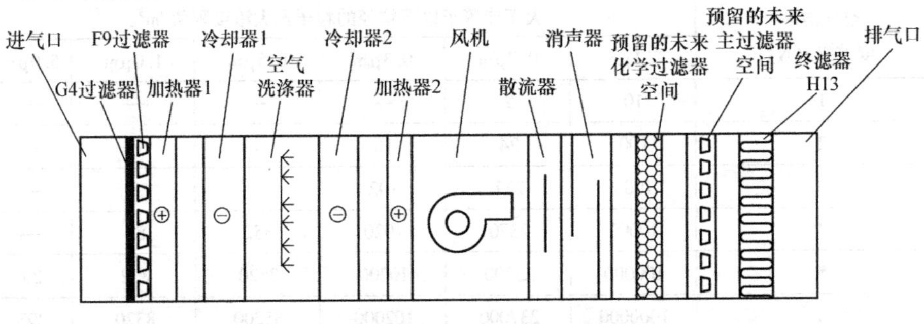

图 2.5　新风处理系统示意图

(2) 空调箱内过滤器的选用、布置和安装方式：根据空气洁净等级选用组合过滤器，中效或高效过滤器宜集中设置在空调箱的正压段。

(3) 洁净室内的湿度控制：主要由空调机组将外气的温度降低到能够达到除湿的目的后，再升温到一定温度；若外气过于干燥，则先将空气加热，再经过加湿系统，最后将空气送出。

(4) 洁净室新风系统的工作原理：经过空调箱处理后的恒温恒湿的新风经风管送入洁净室回风墙内并与洁净室的回风进行混合，在风机过滤机组的作用下，在洁净室内形成新风流动场。洁净室新风系统通过空调箱送入恒温恒湿的新风，空气在洁净室内部循环，如图 2.6 所示。

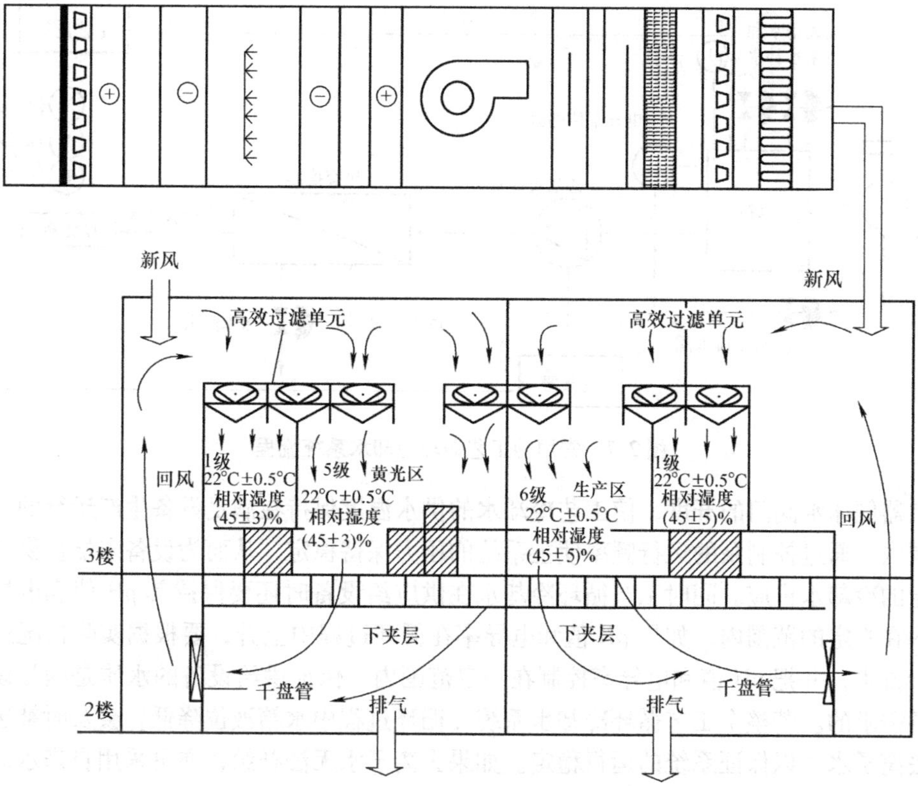

图 2.6　洁净室新风系统示意图

2.3.3　循环冷却水系统 ★★★

在芯片制造的过程中，必须经过多种加工工艺的处理。设备在生产及测试等制造过程中会产生热量。工艺循环冷却水系统为厂区洁净室设备提供在制造过程中所需的冷却水。该系统运行时，需要稳定的流量、压力和温度，以及良好的水质，并且能长期连续运行[9]。

常用的工艺循环冷却水系统流程如图 2.7 所示。常用的工艺循环冷却水系统的组成部分包括水箱（提供供应的水源及收集回水，同时可加入药剂以调整水质）、水泵（提供足够的动力将冷却水送至用户侧）、热交换器（让冷却水与冰水进行热交换，保证冷却水供水的温度稳定）、变频器（改变运转频率，可控制水泵出口达到相应的输出压力）、过滤器（将水中杂质过滤掉，以免工艺设备堵塞）。

工艺循环冷却水系统为工艺设备提供温度、压力稳定的冷却水系统，达到把设备生产时产生的热量持续带走的目的。温度的稳定性通过温度传感器控制热交

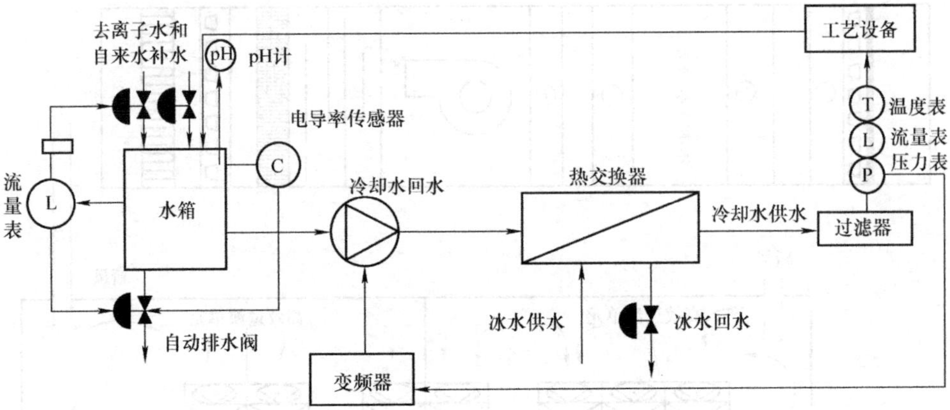

图 2.7　常用的工艺循环冷却水系统流程

换器侧冰水阀门的开度，使工艺冷却水的供水温度保持在满足设备生产运行的范围内。通过控制泵的运行频率使主系统的压力保持稳定，从而为设备末端提供稳定的冷却水供应。同时工艺循环冷却水在供应给设备时还要保持其 pH 值和电导率在一定的范围内，如果 pH 值和电导率在循环过程中上升，要根据实际情况进行排水，并把 pH 值和电导率控制在一定范围内，保证供给设备的水质是满足设备需求的。若整个工艺循环冷却水系统在循环过程中水箱液位降低，会及时补进去离子水，以保证系统的运行稳定。如果去离子水无法补给，亦可采用自来水进行紧急补水。

2.3.4　真空系统 ★★★

在集成电路的生产过程中，工艺真空系统（见图 2.8）用于提供厂区洁净室生产及测试设备在制造过程中所需的真空压力和气体流量。

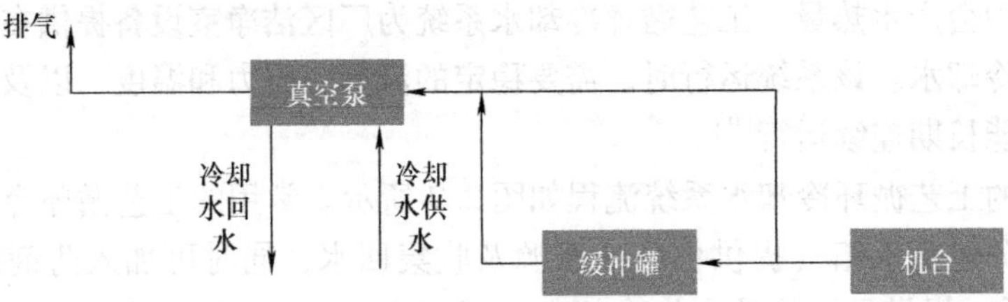

图 2.8　工艺真空系统的工作流程示意图

(1) 系统的实际应用情况

真空站吸入口的总流量根据需求来决定，一般用多台真空泵并联组合。某公司的实际应用情况如下：

① 使用点的真空压力为 150kPa ± 15kPa。

② 真空泵压力为大于 80kPa（绝对值）。

③ 系统真空压力为 80～88kPa。

④ 系统配备真空缓冲罐。

⑤ 配合旋转螺栓式真空泵降温的冷却水。

（2）系统运行描述

工艺真空系统通过真空泵抽取管路内的空气，以保持腔体具有一定的压力，抽取后的气体通过真空泵的后端排入大气或者排气系统。同时由于单个工艺产品末端压力需要恒定，因此主管路的压力系统运行时压力也需要恒定。缓冲罐并联入整个系统，可在真空泵端发生短暂异常时，使主管压力短时间内维持在原来的压力值，避免工艺产品受到影响。系统运行时，由缓冲罐外部的空气压力传感器测量真空度，信号传入集中逻辑控制器。当真空度小于 80kPa 时，开启进气阀、冰水电磁阀和真空泵，直至真空度上升到预设的上限值（大于 88kPa）。当真空度下降至下限时，开启一台真空泵后，若真空度值仍继续下降，则继续开启第二台真空泵，直至所有真空泵均启动。当系统真空度到达上限值时，关闭真空泵。

2.3.5　排气系统 ★★★

在生产过程中，各种气体和化学品与芯片的反应会产生有毒有害的反应物。这些反应物需经过工艺排气系统的有效处理，达到排放标准后排放到室外，以避免气态物质对环境和人员造成伤害。

（1）排气系统的分类及处理方式

① 一般气体的排气系统：通过风机排除工艺设备产生的废热，或为了保证工艺设备内部的负压环境的排气系统。一般排气不含有毒、有害的物质，且不经过处理，直接向室外大气中排放。

② 酸性气体的排气系统：采用酸性洗涤塔处理含有 HCl、H_2SO_4等的酸性有害气体并通过风机排到大气的排气处理系统。酸性洗涤塔使酸性有害气体与碱性液体进行中和反应，然后通过风机分离出液体和符合排放标准的气体。一般采用气液逆向吸收的方式，即碱性液体从塔顶向下以雾状（或小液滴）的方式进行喷洒，使酸性气体经过填充式洗涤塔。此处理可达到冷却废气、净化气体及去除颗粒的目的。废气再经过除雾段处理，达到环境排放标准后排入大气中。

③ 碱性气体的排气系统：采用碱性洗涤塔处理含有 NH_3等的碱性有害气体并通过风机排到大气的排气处理系统。碱性洗涤塔使碱性有害气体与酸性液体进行中和反应，然后通过风机分离出液体和符合排放标准的气体。一般采用气液逆向吸收的方式，即酸性液体从塔顶向下以雾状（或小液滴）的方式进行喷洒，使碱性气体经过填充式洗涤塔。此处理可达到冷却废气、净化气体及去除颗粒的目的。废气再经过除雾段处理，达到环境排放标准后排入大气中。

④ 有机溶剂的排气系统：采用沸石转轮和燃烧炉处理含有苯、丙酮、异丙醇等有机溶剂的有害气体的排气处理系统。一般通过设置沸石转轮吸附有机溶剂，达到环境排放标准后排入大气。转轮浓缩之后的有机溶剂通过热风进行脱附。

（2）风压设计的原则

风压设计包含了工艺排气系统设计过程中对风机以及对用户点的末端和主管末端的压力设计。设计过程中需要考虑风管管道的阻力损失，风管管件、三通、弯头、变径、风阀的局部阻力损失，末端用户点的最小风压需求，以及工艺排气经过处理设备的压力损失，并在风压设计过程中需要考虑一定的余量，以保证末端用户的风量与风压需求。一般预留的工艺排气接点的风压为 -400 ~ -500Pa，主管末端的风压为 -700 ~ -800Pa，风机入口集管处的风压一般为 -1000 ~ -1300Pa。在工艺设备的运行过程中，工艺排气的负压压力必须保证稳定，避免负压波动范围过大，以免造成设备报警、强制停机，甚至直接影响生产。

2.4 集成电路生产线的发展趋势

目前，全球 300mm 晶圆片集成电路生产线总数大约有 117 条，200mm 晶圆片集成电路生产线的数目大约有 210 条。鉴于近乎天文数字的资金投入，且投资回报不明朗，加之技术上所存在的障碍，450mm 晶圆片集成电路生产线的建设没有如预期那样顺利发展，晶圆片厂向 450mm 生产线转移的速度明显放缓。根据目前全球集成电路生产线的发展趋势，集成电路生产线主要还将以 300mm 晶圆片为主，目的是使 300mm 晶圆片生产线的投资效益最大化。

三星和 Intel 都在积极进行 10nm 及 7nm 节点集成电路产品工艺技术的开发，目前这两家集成电路制造商均采用多重曝光光刻技术生产集成电路产品。极紫外线（EUV）光刻技术因为波长短（波长为 13.5nm）、分辨率高，且只要进行一次图形曝光，是一种应用于 10nm 以下，比 DUV 多重曝光技术成本低的光刻技术。目前先进集成电路产品后道互连层的数目不断增加，所需光刻掩模版的数量也不断增加，成本也随之增加。同时由于互连层数目的增加，晶圆片表面的不平整度愈发明显，光学光刻套准问题成为一大挑战。EUV 光刻技术的优势是具有更高的分辨率以及可以减少掩模版的数目，以实现更好的保真度和更高的成品率。在 7nm 技术节点，三星和 Intel 都将使用 EUV 光刻技术来应对产品的制造。2021 年，EUV 光刻技术将得到更为广泛的应用。

多数 300mm 集成电路生产线设有自动化物料搬运系统（AMHS），其优点在于可以有效地利用洁净室空间、有效地管理生产中的晶圆片、有效地降低操作人员的负担，进而减少在传送晶圆片时的失误。在一些 300mm 晶圆片厂，搬运系统可延伸到不同的生产区域，借助空中搬运车，可将晶圆片直接传递到设备端。有的工厂也采用自动导引车（Automatic Guided Vehicle，AGV）来实现生产线、仓库等厂房内部的物料、零部件、半成品和成品的自动化搬运。未来先进集成电路生产线将借助智能自动化生产来提高生产力及产品竞争力：通过设备自动化生产，实现智能控制；应用智能知识管理，加速企业创新与员工素质提升；使用标准化信息，使企业快速成长及降低成本；发挥资讯流程整合功能，改善企业经营绩效；采取产品研发信息化控制，提升新产品效能及缩短新产品开发周期；使用电子信息化制造方式提升成品率，缩短生产周期及永续环境保护；销售信息化沟通，可以提供给客户满意的服务；应用物联网，实施智能制造。现代智能化集成电路生产线工厂管理流程如图 2.9 所示。

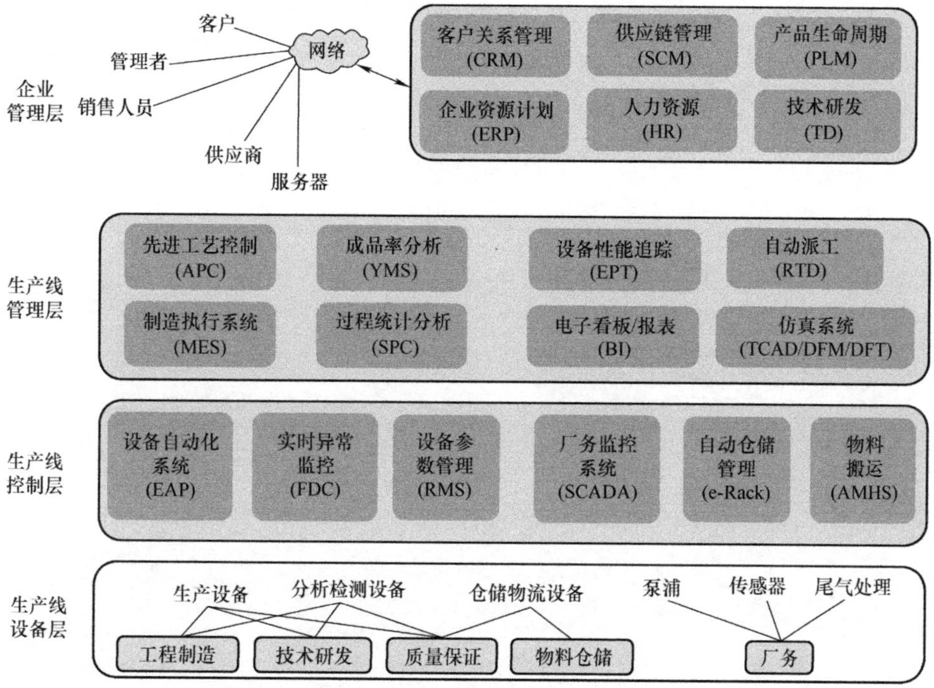

图 2.9　现代智能化集成电路生产线工厂管理流程

参 考 文 献

[1] QUIRK M，SERDA J. 半导体制造技术 [M]. 韩郑生，等译. 北京：电子工业出版社，2015.

[2] ITRS2.0 Publication [EB/OL]. [2017－07－24]. http://www.itrs2.net/itrs－reports.html.

[3] XIAO D Y，CHEN G，LEE R，et al. System and method for integrated circuits with cylindrical gate structures：US，884363 [P]. 2010－09－28.

[4] XIAO D Y，CHI M H，YUAN D，et al. A novel accumulation mode GAAC FinFET transistor：Device analysis，3D TCAD simulation and fabrication［J］. ECS Transactions，2009，18（1）：83 - 88.
[5] 肖德元，王曦，俞跃辉，等. 一种新型混合晶向积累型圆柱体共包围栅互补金属氧化物场效应晶体管［J］. 科学通报，2009，54（14）：2051 - 2059.
[6] 肖德元，张汝京. 无结场效应管：新兴的后 CMOS 器件研究进展［J］. 固体电子学研究与进展，2016，36（2）：87 - 98.
[7] 洁净厂房设计规范：GB 50073—2013［S］. 北京：中国计划出版社，2013.
[8] 范存养，徐文华，林忠平. 微电子工业空气洁净技术的若干进展［J］. 暖通空调，2001，05：30 - 38.
[9] 陈霖新，等. 洁净厂房设计与施工［M］. 北京：化学工业出版社，2002.

第3章 »

晶圆制备与加工

3.1 简 介

晶圆是集成电路、半导体分立器件和功率器件生产的主要原材料。90%以上的集成电路都是在高纯度、优质的晶圆上进行制作的。晶圆的质量和产业链供应的能力直接影响着集成电路的质量和竞争力，因此硅片制造产业是集成电路产业链中最上游也是最重要的一环。随着信息产业的快速发展，国家将集成电路制造产业作为战略支撑产业，给予了更多的政策和资金方面的支持，晶圆的需求量也在不断增长。国内晶圆市场不仅对直径100mm、125mm、150mm的硅片有一定的需求量，对直径200mm、300mm的硅片的需求量也在不断扩大，硅片直径的增大可降低单个芯片的制造成本。但是，伴随着硅片直径的增大，对晶圆表面局部平整度、表面附着的微量杂质、内部缺陷、氧含量等关键参数的要求也在不断提高，这就对晶圆的制造技术提出了更高的要求。晶圆制备设备是指将纯净的多晶硅材料制成一定直径和长度的硅单晶棒材料，然后将硅单晶棒材料通过一系列的机械加工、化学处理等工序，制成满足一定几何精度要求和表面质量要求的硅片或外延硅片，为芯片制造提供所需硅衬底的设备，对于直径为200mm以下的硅片制备的典型工艺流程为：单晶生长→截断→外径滚磨→切片→倒角→研磨→刻蚀→吸杂→抛光→清洗→外延→包装等；对于直径300mm的硅片制备，其加工工艺流程以缩短工艺流程、降低加工成本，以及提高硅片的几何精度、表面微粗糙度精度、洁净度等为目标，不同的制造商采取的工艺流程有所不同，但其主要的工艺流程基本相同，即单晶生长→截断→外径滚磨→切片→倒角→表面磨削→刻蚀→边缘抛光→双面抛光→单面抛光→最终清洗→外延/退火→包装等。直径300mm的硅片制备的加工工艺流程与直径200mm以下的硅片制备的加工工艺流程相比，倒角加工之前的工艺流程（含倒角）相同，倒角加工之后的工艺流程会有所不同。

3.2 硅材料

3.2.1 为什么使用硅材料 ★★★

硅是一种半导体材料，因为它有4个价电子，与其他元素一起位于元素周期表中的IVA族。硅中价层电子的数目使它正好位于优质导体（1个价电子）和绝缘体（8个价电子）的中间。自然界中找不到纯硅，必须通过提炼和提纯使硅成为半导体制造中需要的纯硅。它通常存在于硅土（氧化硅或SiO_2）和其他硅酸盐中。硅土呈砂粒状，是玻璃的主要成分。其他形式的SiO_2有无色水晶、石英、玛瑙和猫眼石等。

20世纪40年代和50年代早期，第一个用作半导体材料的是锗，但是它很快就被硅取代了。硅被选为主要的半导体材料主要有以下4个理由：

1）硅材料的丰裕度。

2）硅材料更高的熔点允许更宽的工艺容限。

3）硅材料更宽的工作湿度范围。

4）氧化硅（SiO_2）的自然生长。

硅是地球上第二丰富的元素，占到地壳成分的25%。经合理加工后，硅能够提纯到半导体制造所需的足够高的纯度从而使消耗的成本更低。硅1412℃的熔点远高于锗材料937℃的熔点，更高的熔点使得硅可以承受高温工艺。使用硅的另一个优点是用硅制造的半导体器件可以用于比锗更宽的温度范围，增加了半导体器件的应用范围和可靠性。

最后，将硅作为半导体材料的一个重要原因是其表面自然生长SiO_2的能力。SiO_2是一种高质量、稳定的电绝缘材料，而且能充当优质的化学阻挡层以保护硅不受外部污染。电学上的稳定对于避免集成电路中相邻导体之间漏电是很重要的。生长稳定的薄层SiO_2材料的能力是制造高性能金属—氧化物半导体（MOS-FET）器件的根本。SiO_2具有与硅类似的机械特性，允许高温工艺而不会产生过度的硅片翘曲。

3.2.2 晶体结构与晶向 ★★★

材料中原子的组织结构的差异是区分材料不同的一种方式。有些材料，例如硅和锗，原子在整个材料里重复排列成非常固定的结构，这种材料称为晶体。原子没有固定的周期性排列的材料称为非晶体或无定形。塑料就是无定形材料的例子[1]。

对于晶体材料实际上可能存在两个级别的原子组织结构。第一个是单个原子的组织结构，晶体里的原子排列为晶胞结构，晶胞是晶体结构的第一个级别，晶胞结构在晶体里到处重复；另一个涉及晶胞结构的术语是晶格，晶体材料具有特定的晶格结构，并且原子位于晶格结构的特定点。

在晶胞里原子的数量、相对位置及原子间的结合能会引发材料的许多特性。每个晶体材料具有独一无二的晶胞。硅晶胞具有 16 个原子排列成金刚石结构（见图 3.1）。砷化镓晶体具有 18 个原子的晶胞结构称为闪锌矿结构（见图 3.2）。

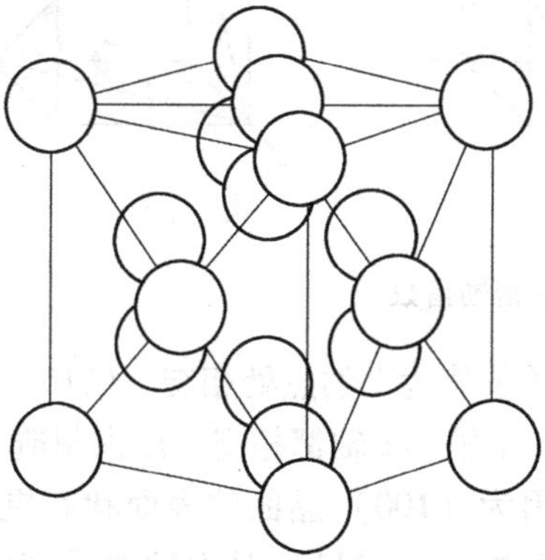

图 3.1　硅晶体结构

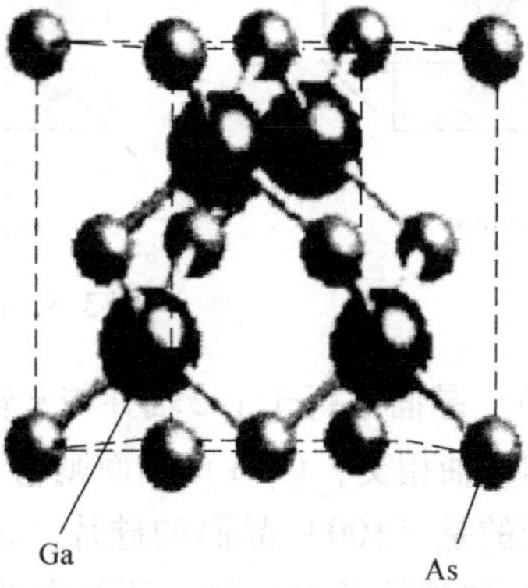

图 3.2　砷化镓晶体结构

对于一个晶圆，除了要有单晶结构之外，还需要有特定的晶向。可以通过切割一个单晶块来想象这个概念，在垂直平面上切割将会暴露一组平面，而角对角切割将会暴露一个不同的平面。每个平面是独一无二的，不同之处在于原子数和原子间的结合能。每个平面具有不同的化学、电学和物理特性，这些特性将被赋予晶圆，这就要求晶圆需要特定的晶体定向及晶向。

为了表述晶向，我们需要用到坐标系。在晶体中，坐标系有三个轴：x、y 和 z，如图 3.3 所示。这里把坐标的交点设为 0，将沿每个坐标轴任意等距离的单位设为 1，这些被称为单位值。如果晶体是单晶结构，那么所有的晶胞都会沿着这个坐标轴重复地排列。

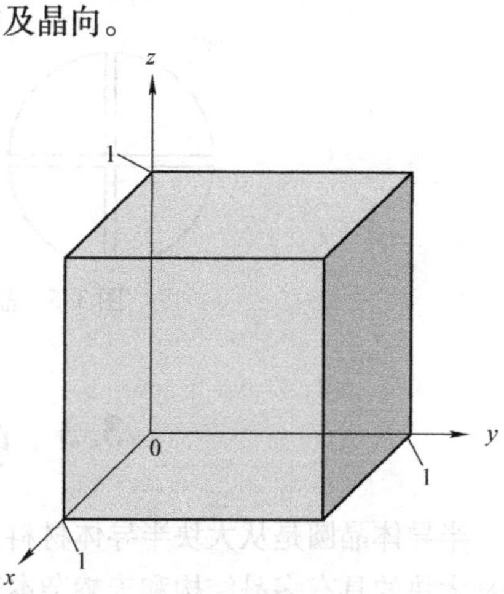

图 3.3　晶胞的坐标轴方向

晶面通过被称为密勒指数的三个数字进行组合来表示的。在密勒系统的符号里，小括号（）用来表示特殊的平面，而尖括号 < > 用来表示对应的方向。对于半导体制造来讲，硅片中用得最广的晶体平面的密勒符号是（100）、（110）和（111），这三种晶体平面如图 3.4 所示。它们在硅晶体中通过在晶体生长过程中保持对晶向的精确控制而获得。每个密勒符号是根据平面与坐标轴的交点确定的。

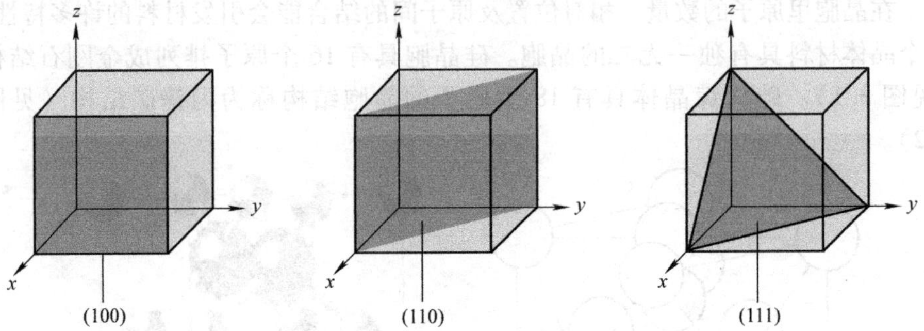

图 3.4　晶面的密勒指数

（100）晶面平行于 y-z 轴并与 x 轴在单位值为 1 的点处相交。（110）晶面仅与 x 轴和 y 轴相交，（111）晶面则与 x 轴、y 轴和 z 轴都相交。用来制造 MOS 器件最常用的是（100）晶面的硅片。这是因为（100）晶面的表面状态更有利于控制 MOS 器件的开态和关态所要求的阈值电压。（111）晶面的原子密度更大，所以更容易生长。它们的生长成本最低，经常用于双极型器件。砷化镓（GaAs）技术也用到（100）晶面的硅片。

注意在图 3.4 的（100）晶面有一个正方形，而（111）晶面有一个三角形。当晶圆破碎时这些定向会如图 3.5 中展现的那样。<100>晶向的晶圆碎成正方形或正好以 90°角破裂，<111>晶向的晶圆碎成三角形。

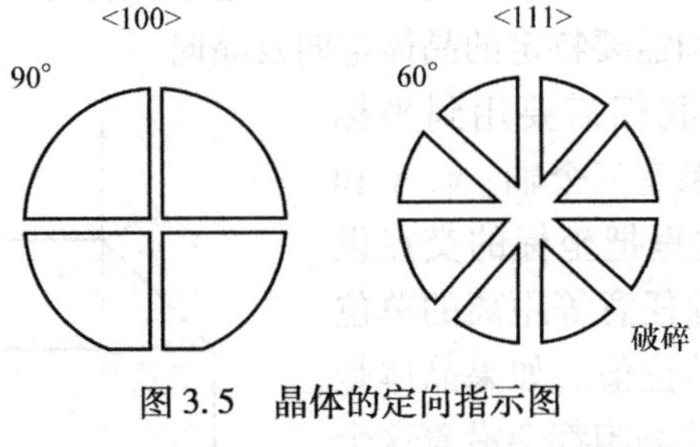

图 3.5　晶体的定向指示图

3.3　晶圆制备

半导体晶圆是从大块半导体材料上切割而来的。这种半导体材料称为晶棒，是从大块的具有多晶结构和未掺杂本征材料上生长得来的。把多晶块转变成一个大单晶，并给予正确的晶向和适量的 N 型或 P 型掺杂，称为晶体生长。现在生产用于硅片制备的单晶硅锭的最普遍的技术是直拉法和区熔法。

3.3.1　直拉法与直拉单晶炉 ★★★

直拉法又称 Czochralski（CZ）法，指的是把熔化了的半导体级硅液体变为有正确晶向并且被掺杂成 N 型或 P 型的固体单晶硅硅锭。目前 85% 以上的单晶硅是采用直拉法生长出来的。

直拉单晶炉是指将高纯度的多晶硅材料在封闭的高真空或稀有气体（或惰性气体）保护环境下，通过加热熔化成液态，然后再结晶，形成具有一定外形尺寸的单晶硅材料的工艺装备。单晶炉的工作原理是多晶硅材料在液态状态下再结晶成单晶硅材料的物理过程。

如图 3.6 所示，直拉单晶炉可分为四大部分：炉体、机械传动系统、加热温控系统，以及气体传送系统。炉体包括炉腔、籽晶轴、石英坩埚、掺杂勺、籽晶罩、观察窗几个部分。炉腔是为了保证炉内温度均匀分布并且能够很好地散热；籽晶轴的作用是带动籽晶上下移动和旋转；掺杂勺内放有需要掺入的杂质；籽晶罩是为了保护籽晶不受污染。机械传动系统主要是控制籽晶和坩埚的运动。为了保证硅溶液不被氧化，对炉内的真空度要求很高，一般在 5Torr⊖ 以下，加入的惰性气体纯度需在 99.9999% 以上[2]。

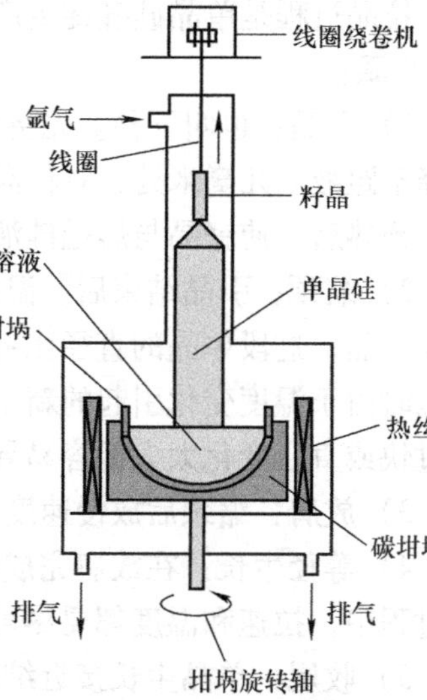

图 3.6　直拉单晶炉示意图

一块具有所需要晶向的单晶硅作为籽晶来生长硅锭，生长的硅锭就像是籽晶的复制品。为了用直拉法得到单晶硅，在熔化了的硅液和单晶硅籽晶的接触面的条件需要精确控制。这些条件保证薄层硅能够精确地复制籽晶结构，并最后生长成一个大的单晶硅锭。这些是通过直拉单晶炉的设备得到的。

单晶硅锭生长的主要过程如下：

（1）准备工作

多晶硅的纯度要很高，还要用氢氟酸对其进行抛光处理以达到清洗的目的。籽晶上的缺陷会“遗传”给新生长的晶体，所以在选择籽晶时要注意避开缺陷。籽晶的晶向和所要生长的晶体相同。籽晶要经过清洗，根据待生长晶体的导电类

⊖　1Torr = 133.322Pa。

型选择要掺入的杂质。清洗杂质时，所有经过清洗的材料要用高纯度的去离子水冲洗至中性，然后烘干，以备后用。

（2）装炉

将经过粉碎的多晶硅装入石英坩埚内，把籽晶夹到籽晶轴的夹头上，盖好籽晶罩。将炉内抽为真空并充入惰性气体，最后检测炉体的漏气率是否合格。

（3）加热熔融硅

若真空度符合要求，充满惰性气体后就开始加热。一般是用高频线圈或电流加热器来加热的，后者常用于大直径硅棒的拉制。在 1420℃ 的温度下把多晶和掺杂物加热到熔融状态。

（4）拉晶

拉晶过程是单晶硅硅锭生产中最为重要的一个过程，其过程又可分解为以下 5 个步骤：

1）引晶：也叫下种。先将温度下降到比 1420℃ 稍低一些的温度，将籽晶位置降至距液面几毫米处，对籽晶进行 2 ~ 3min 的预热，使熔融硅与籽晶间温度平衡。预热后，使籽晶与熔融硅液面接触，引晶完成。

2）缩颈：引晶结束后，温度上升，籽晶旋转上拉出一段直径为 0.5 ~ 0.7cm 的新单晶，这段单晶的直径比籽晶细。缩颈的目的是为了消除籽晶原有的缺陷或引晶时由于温度变化引起的新生缺陷。缩颈时的拉速较快一些，但不宜过快。拉速过快或直径变化太大都容易导致生成多晶。

3）放肩：缩颈后放慢速度、降低温度，让晶体长大至所需直径。

4）等径生长：在放肩完成前缓慢升温，放肩结束，保持直径生长单晶。生长过程中，拉速和温度都要尽可能稳定，以保证单晶的均匀生长。

5）收尾：单晶生长接近结束时，适当升高温度，提高拉速，慢慢减小晶棒的直径，拉出一个锥形的尾部。其目的是为了避免晶棒离开熔融液时急速降温而产生的缺陷向上延伸。

拉晶过程的图解步骤如图 3.7 所示。

3.3.2 区熔法与区熔单晶炉 ★★★

另一种晶体生长的方法是区熔法（Float Zone，FZ），它所生产的单晶硅锭的含氧量非常少。区熔法是 20 世纪 50 年代发展起来的，并且能生产出目前为止最纯的单晶硅。如图 3.8 所示，区熔单晶炉是指利用区熔法原理，在高真空或稀石英管有气体保护的环境下，通过多晶棒炉体一个高温的狭窄封闭区，使多晶棒局部产生一个狭窄的熔化区，移动多晶棒或炉体加热体，使熔化区移动而逐步结晶成单晶棒的工艺设备。区熔法制备单晶棒的特点在于可以使多晶棒在结晶成单晶棒的过程中提升纯度，棒料掺杂生长比较均匀[2]。

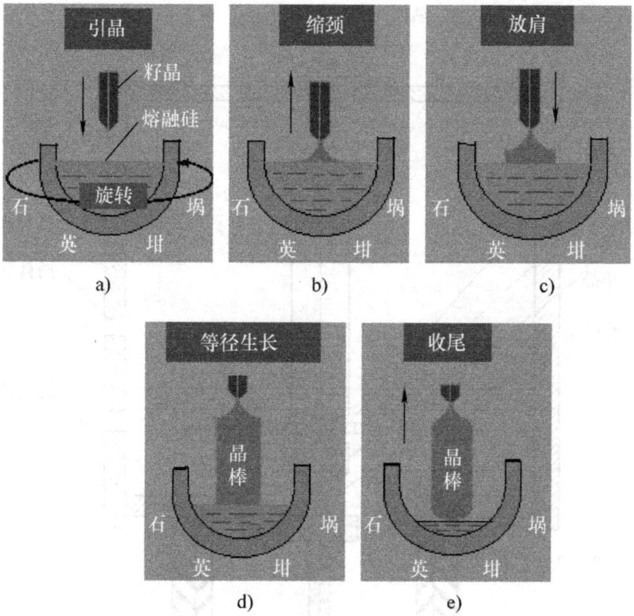

图 3.7　拉晶过程的图解步骤

区熔单晶炉的类型可分为依靠表面张力的悬浮区熔单晶炉和水平区熔单晶炉两种。在实际应用中，区熔单晶炉一般采用是浮区熔炼形式。区熔单晶炉可制备高纯度的低氧单晶硅，不需要坩埚，主要用于制备高电阻率（>20kΩ·cm）单晶硅和区熔硅的提纯，这些产品主要用于分立功率器件的制造。区熔单晶炉结构示意图如图 3.9 所示，区熔单晶炉由炉室、上轴与下轴（机械传动部分）、晶棒夹头、籽晶夹头、加热线圈（高频发生器）、气口（抽真空口、进气口、上出气口）等组成。在炉室结构中，内设有冷却水循环。单晶炉上轴的下端为晶棒夹头，用于夹持一根多晶棒；下轴的顶端为籽晶夹头，用于夹持籽晶。加热线圈通入高频电源，从多晶棒下端开始，使多晶棒形成一个狭窄的熔区同时通过上轴与下轴的旋转和下降，使熔区结晶成单晶。

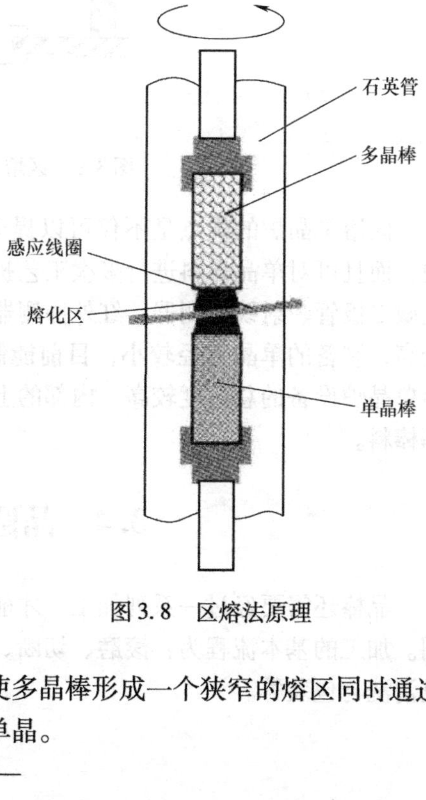

图 3.8　区熔法原理

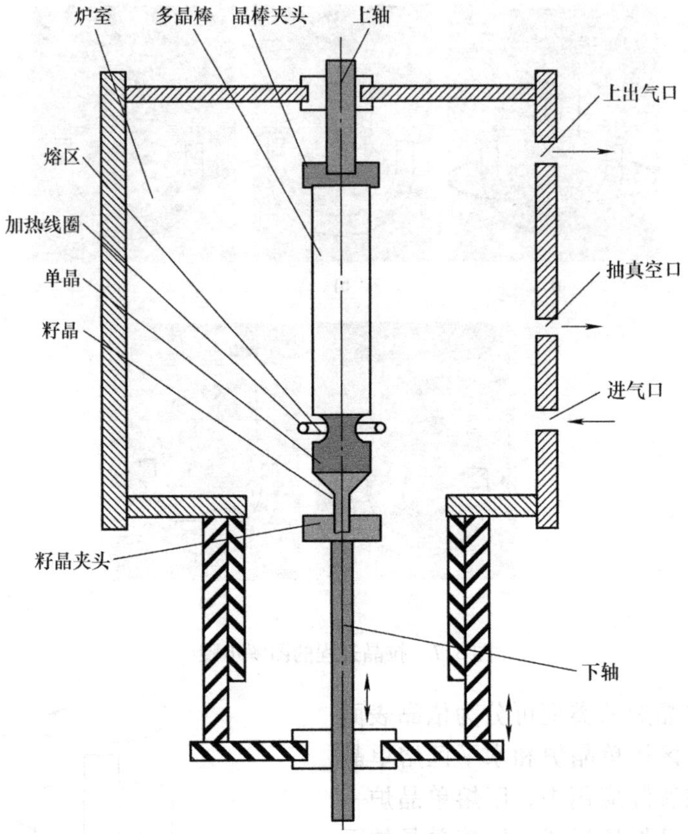

图 3.9　区熔单晶炉结构示意图

区熔单晶炉的优点是不仅可以提升制备单晶的纯度，棒料掺杂生长比较均匀，而且可对单晶棒料进行多次工艺提纯，所制备的单晶可用于电力电子器件、光敏二极管、射线探测器、红外探测器等的制造。区熔单晶炉的缺点是工艺成本较高，制备的单晶直径较小，目前能制备的单晶直径最大为200mm。另外，区熔单晶炉设备的总高度较高，内部的上轴与下轴的行程较长，可生长出较长的单晶棒料。

3.4　晶圆加工与设备

晶棒还需要经过一系列加工，才能形成符合半导体制造要求的硅衬底，即晶圆。加工的基本流程为：滚磨、切断、切片、硅片退火、倒角、研磨、抛光，以及清洗与包装等。

3.4.1 滚磨 ★★★

滚磨是指将硅单晶棒外径通过金刚石磨轮磨削成所需直径的单晶棒料，并磨削出单晶棒的平边参考面或定位槽的工艺加工。单晶炉制备的单晶棒外径表面并不光滑平整，其直径也比最终应用的硅片直径大，通过外径滚磨，可以获得所需的棒料直径[3]。

滚磨机具有磨削硅单晶棒平边参考面或定位槽的功能，即对磨削出所需直径的单晶棒进行定向测试，在同一滚磨机设备上，磨削出单晶棒的平边参考面或定位槽，如图 3.10a 所示，图 3.10b 所示为轴测直观示意图。一般直径 200mm 以下的单晶棒采用平边参考面，直径 200mm 及以上的单晶棒采用定位槽。直径 200mm 的单晶棒也可以根据需要制作平边参考面。单晶棒定向参考面的作用是为了满足集成电路制造中工艺设备自动化定位操作的需求；标明硅片的晶向和导

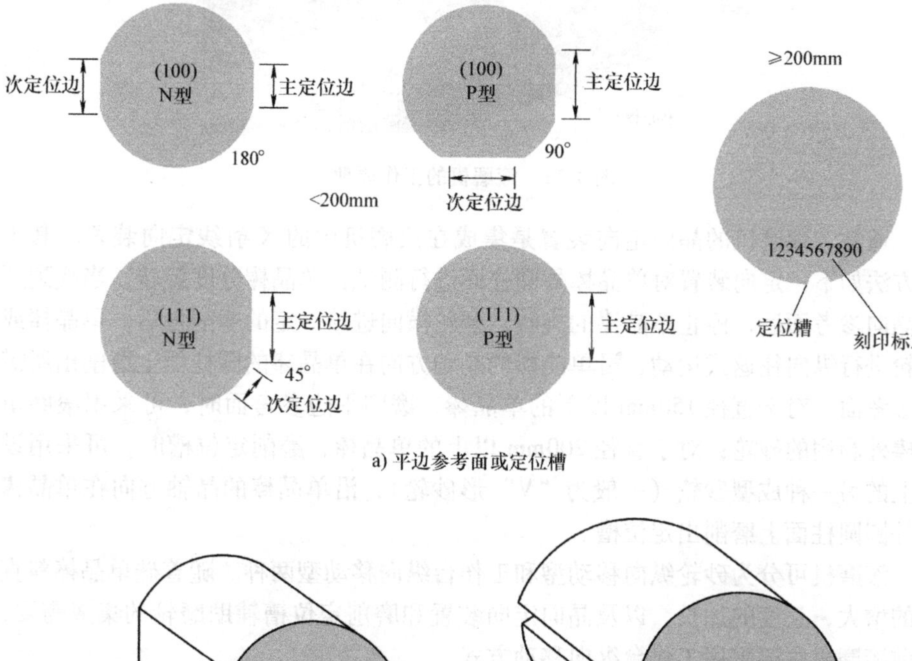

a) 平边参考面或定位槽

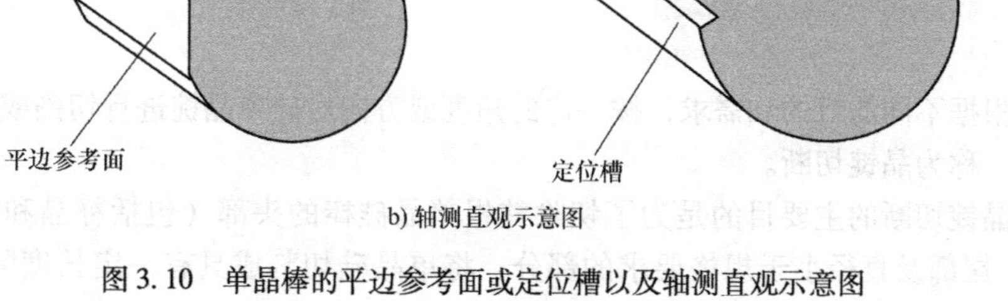

b) 轴测直观示意图

图 3.10 单晶棒的平边参考面或定位槽以及轴测直观示意图

电类型等，便于生产管理；主定位边或定位槽垂直于 <110> 方向，在芯片封装过程中，划片工艺可导致晶片自然解理，定位亦可防止碎片的产生。

滚磨机的工作原理如图 3.11 所示。将单晶棒夹持在滚磨机工作台两端顶尖之间，顶尖的旋转会带动单晶棒旋转，磨头上的金刚石磨轮（一般采用杯形砂轮或圆柱砂轮）高速旋转并相对于单晶棒外径横向进给，单晶棒或磨轮进行纵向往返式运动形成磨削。

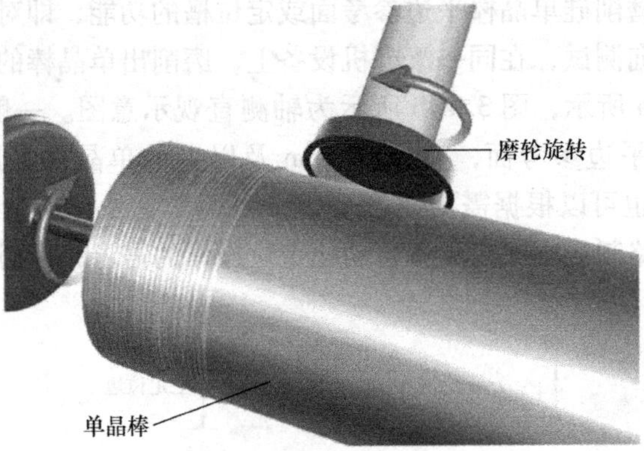

图 3.11　滚磨机的工作原理

通常，滚磨机的晶向定向装置是集成在滚磨机中的 X 射线定向装置。其工作方法如下：定向装置对单晶棒外圆柱面进行测试，单晶棒分度旋转，当找到所需晶向参考面后，停止单晶棒的旋转；磨轮横向进给一定的磨削量后，单晶棒或磨轮进行纵向往返式运动，沿单晶棒的晶轴方向在单晶棒的圆柱面上磨削出所需的参考面。对于直径 150mm 以下的单晶棒，磨削平边参考面时，可采用滚磨单晶棒外圆用的砂轮；对于直径 200mm 以上的单晶棒，磨削定位槽时，可采用设备上的另一种成型砂轮（一般为“V”形砂轮），沿单晶棒的晶轴方向在单晶棒的外圆圆柱面上磨削出定位槽。

滚磨机可分为砂轮纵向移动型和工作台纵向移动型两种。随着硅单晶棒料直径的增大，长度的加长，以及晶向定向装置和磨削定位槽辅助磨轮的集成需要，目前滚磨机主要采用工作台纵向移动方式。

3.4.2　切断 ★★★

根据不同的目的和需求，按一定的角度或方向对硅单晶锭进行切割或切断的过程，称为晶锭切断。

晶锭切断的主要目的是为了切除整根单晶硅棒的头部（包括籽晶和放肩部分）、尾部及直径小于规格要求的部分；将单晶硅切割成具有一定长度的晶棒，以适合切片机进行切片处理；对单晶硅切取样片，用于检测电阻率、氧和碳含量、晶体缺陷等质量参数。

早期加工直径为150mm及以下的单晶硅时，晶锭切断较多采用外圆切割和内圆切割技术。随着IC工艺和技术的发展，单晶硅的直径不断增大，外圆切割和内圆切割受到其刀片直径尺寸和机械强度等限制，逐渐被带锯切割技术取代。在直径为200mm和300mm单晶硅及抛光片的生产中，广泛采用先进的带锯切割技术并使用相应的设备进行晶锭切断，如图3.12所示。

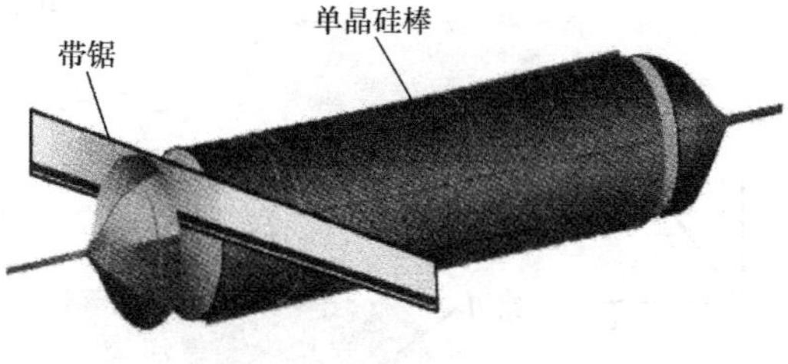

图3.12 晶锭切断示意图

3.4.3 切片 ★★★

硅片切片是指将硅单晶棒切成具有精确几何尺寸和所需厚度的薄硅片的加工工艺。20世纪90年代前的切片机采用内圆刀具对硅单晶棒进行单片切割，称之为内圆切片机，其工作原理如图3.13所示。内圆切割刀片是厚度仅为0.12～0.15mm的不锈钢圆环，内环涂有镀金刚石的磨料，以固结磨料的形式形成内圆刃口；内圆切割刀片外端通过内圆切片机上、下刀盘夹持和张紧形成具有一定刚度的刀片，随刀盘高速旋转。单晶棒料黏结在单晶棒装夹头上并安装在送料装置上，送料装置按照预定厚度相对于内圆切割刀片分度运动一个切割距离（z向进给）后，内圆切割刀片相对于单晶棒料往下端方向（y向）运动，形成切割。切割完成后，内圆切割刀片退回到切割初始位置。

内圆切割刀片刃口为金刚石磨料涂镀层，其厚度为0.29～0.35mm，切制硅片时切口处的材料损耗较大。同时由于硅片直径的增大，内圆切制后的硅片厚度变化、弯曲度变化、翘曲度变化、硅片表面损伤层均较大，这都增大了硅片后续加工的难度和成本。20世纪90年代后出现的多线切割机已经成为目前主流的硅片切割设备。

多线切割机最早形成应用的是采用游离磨料加工原理的游离磨料多线切割机，其工作原理如图3.14所示。所用的切割钢线（直径约为0.12mm）按照排列间距均匀缠绕分布在轴辊上（主轴辊的数量为2～4个）形成切割线网框（见

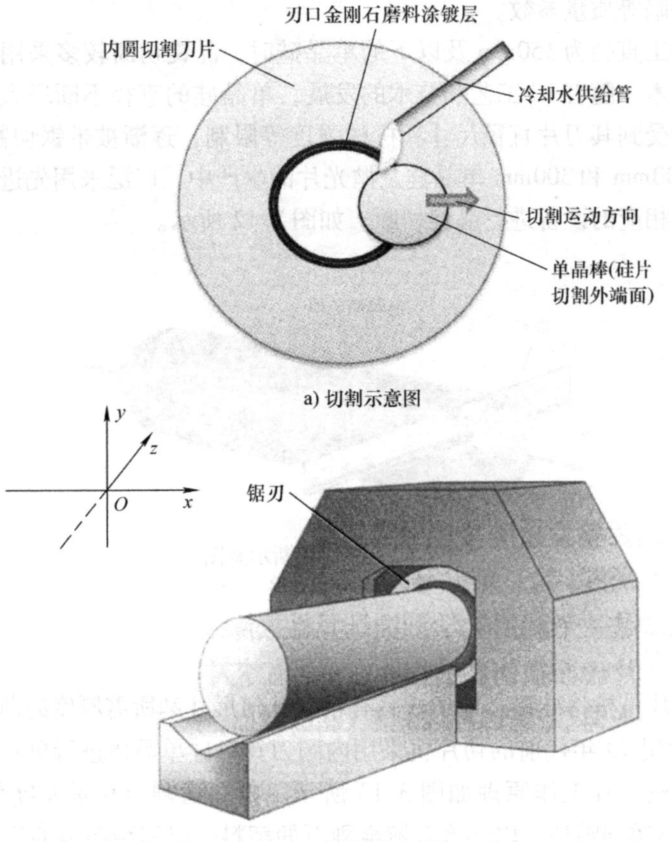

图 3.13　内圆切片机的工作原理

图 3.15)。网框的切割边呈水平状态，随着轴辊的高速旋转做高速缠绕运动，单晶棒沿长度方向呈水平状黏结在进给装置上，并相对于网框切割边做低速进给运动。高速运动的钢线与单晶棒料发生摩擦，同时 SiC 等磨料砂浆被浇注在摩擦区域，切割钢线裹挟着 SiC 磨料，SiC 磨料对所切材料进行细微的切割运动，直到切割出一组具有预设厚度的硅片。

多线切割机由于使用了 SiC 等磨料砂浆，工作环境恶劣，因此钢线切割区需要封闭。21 世纪初，出现了镀制金刚石磨料的钢线，用金刚石钢线替代普通钢线进行切割，相应的设备称为固结磨料多线切割机或金刚石多线切割机，技术又回到了固结磨料技术时代。在金刚石多线切割工艺过程中，以去离子水为主要成分的冷却液对切割区域进行冷却，极大地改善了工作环境。金刚石多线切割机的工作环境较好，对环境污染小，加工效率高，是硅片切割设备发展的主要方向。

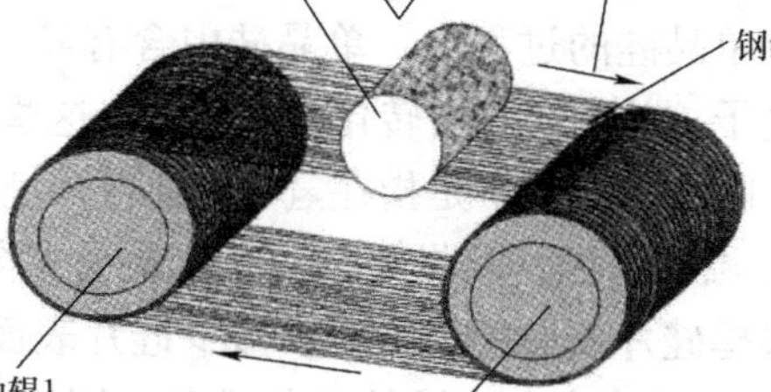

a) 切割刚线运动示意图

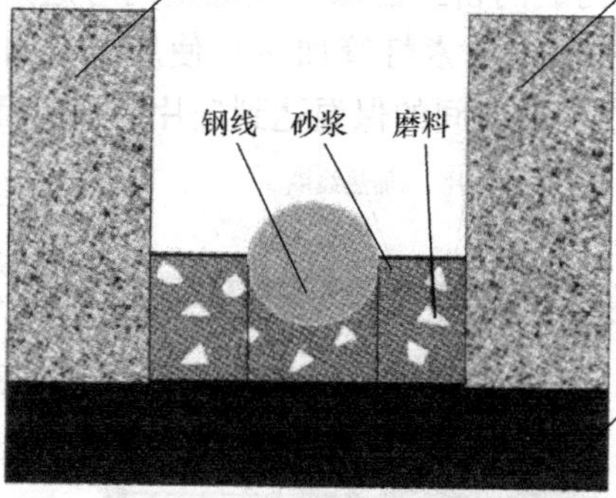

b) 切割示意图

图 3.14　多线切割机的工作原理

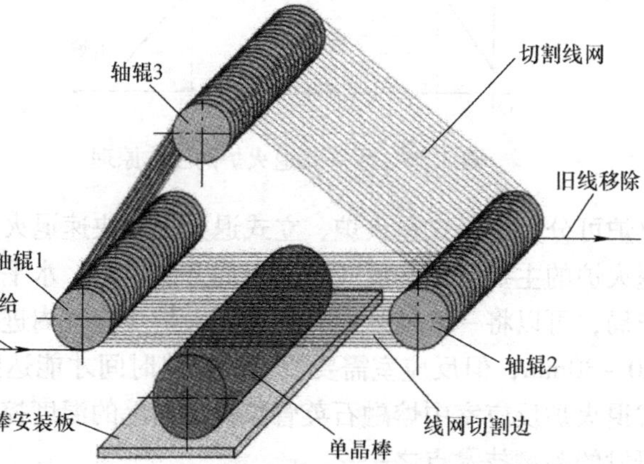

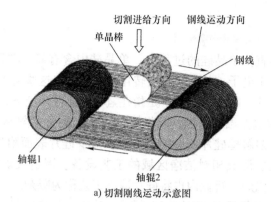

图 3.15　切割线网框

3.4.4 硅片退火 ★★★

在制造多晶硅和直拉单晶硅的过程中，单晶硅中含有氧，在一定的温度下，单晶硅中的氧会贡献出电子，从而氧就会转化为氧施主，这些电子会与硅片中的杂质结合，影响硅片的电阻率。退火炉是指在氢气或氩气环境下，将炉内温度升到1000~1200℃，通过保温、降温，将抛光硅片表面附近的氧从其表面挥发脱除，使氧沉淀分层，溶解掉硅片表面的微缺陷，减少硅片表面附近的杂质数量，减少缺陷，在硅片表层形成相对洁净区域的工艺设备。因退火炉的炉管温度较高，所以也称之为高温炉。行业内也将硅片退火工艺称为吸杂。

水平式退火炉的工作原理如图3.16所示。其中，反应室是由熔融石英管、石英舟、温度/气压控制系统构成的密封区域。反应室内可通入氢气或氩气，通过加热器（一般为高频感应加热或卤素灯管加热）使反应室内达到所需的温度和压力。硅片通过在反应室内一段时间的保温达到硅片退火的目的。

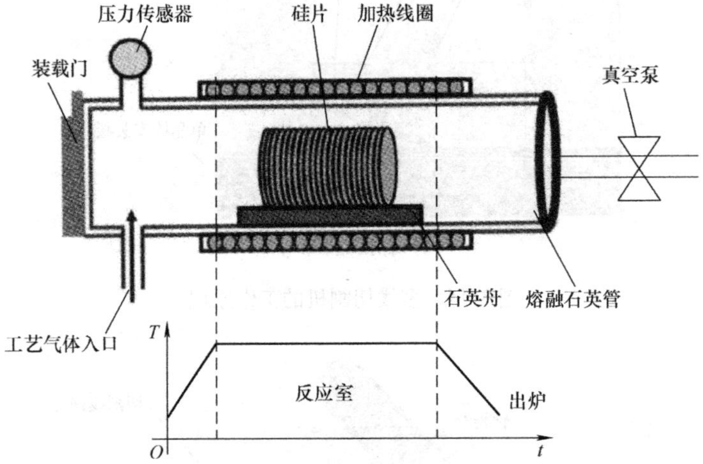

图3.16 水平式退火炉的工作原理

硅片退火炉可分为水平式退火炉、立式退火炉及快速退火炉3种。水平式退火炉与立式退火炉的主要区别是反应室的布局方向不同。水平式退火炉的反应室呈水平结构布局，可以将一批硅片同时装入退火炉反应室内进行退火处理。通常退火时间为20~30min，但反应室需要较长的加热时间才能达到退火工艺要求的温度。水平式退火炉反应室中熔融石英管长度方向上的温度控制非常重要，是水平式退火炉研发的关键技术点之一。

立式退火炉的工艺过程也是采用一批硅片同时装入退火炉反应室内进行退火处理的方式，其反应室为垂直结构布局，可使硅片以水平状态放置在石英舟中，同时由于石英舟在反应室内可以整体转动，使得反应室的退火温度均匀，硅片上的温度分布均匀，具备优良的退火均匀性特点，但立式退火炉的工艺成本比水平式退火炉的工艺成本要高。快速退火炉采用卤钨灯直接对硅片进行加热，可以实现 1 ~250℃/s 大范围的快速升温或降温，比传统退火炉升温或降温速率要快，反应室温度加热到 1100℃以上仅需数秒的时间。

3.4.5 倒角 ★★★

倒角加工就是磨去晶圆周围锋利的棱角，其目的有以下 3 个：防止晶圆边缘破裂、防止热应力造成的损伤、增加外延层以及光刻胶在晶圆边缘的平坦度。

倒角机是指采用成型的磨轮，将切割成的薄硅片的锐利边缘修整成特定的 R 形或 T 形边缘形状，防止硅片在后续加工过程中边缘产生破损的工艺设备。硅片倒角外形图如图 3.17 所示。

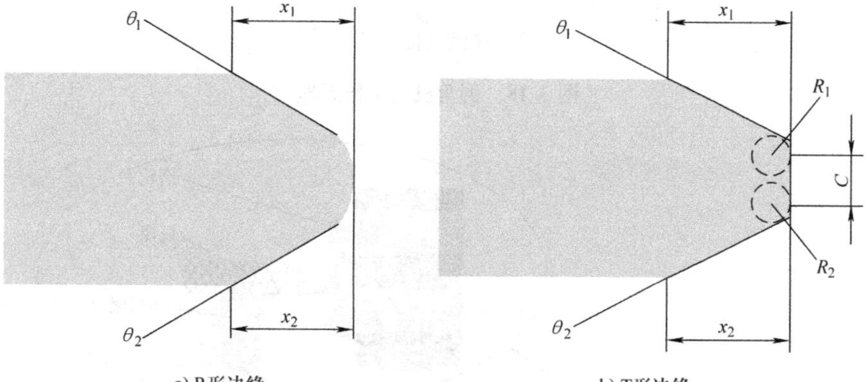

图 3.17 硅片倒角外形图

倒角机的工作原理如图 3.18 所示。硅片通过真空吸附夹持在主轴吸盘上，与主轴旋转中心对中并高速旋转；磨轮主轴端部安装成型的倒角磨轮，硅片在 z 向电动机的驱动下与磨轮设定槽中心对中，如图 3.19 所示；磨轮主轴高速旋转，带动磨轮旋转并横向接触硅片边缘，x、y 向电动机做插补驱动运动，使磨轮按照硅片边缘及参考面轮廓形状横向进给所需距离后停止，再沿反方向退出，完成硅片边缘的成型倒角工艺。倒角磨削过程分为粗磨削和精磨削两个过程。

3.4.6 研磨 ★★★

研磨是指通过机械研磨的方法，去除硅片表面因切割工艺所造成的锯痕，减小硅片表面损伤层深度，有效改善硅片的平坦度与表面粗糙度的加工工艺。

在硅片制造行业中，硅片研磨普遍采用双面研磨加工工艺。直径为 200mm 及以下的硅片双面研磨机结构示意图如图 3.20 所示。

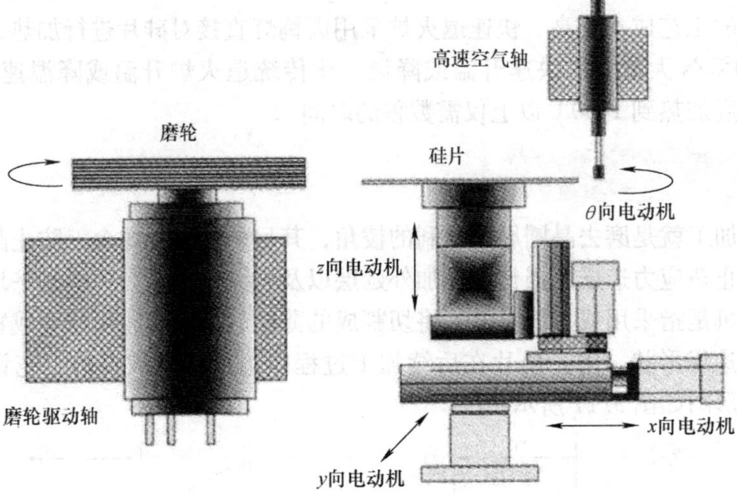

图 3.18　倒角机的工作原理

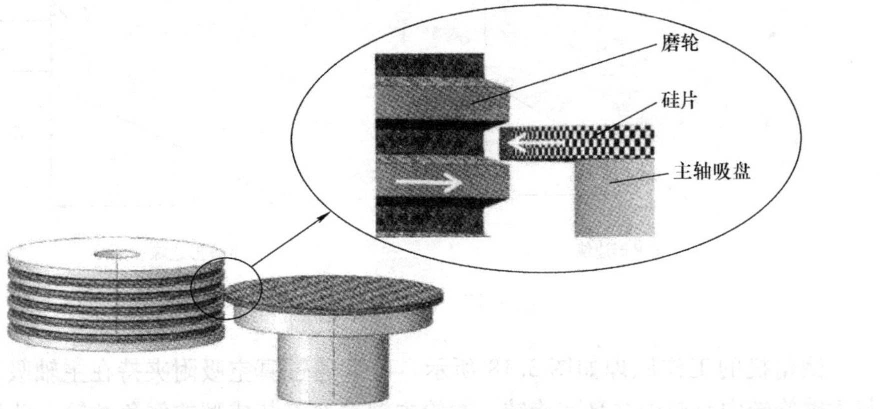

图 3.19　倒角原理局部示意图

进行双面研磨加工时，将待研磨的硅片置于行星片的定位孔中，行星片位于上、下磨盘之间，在中心齿轮的驱动下，围绕磨盘中心进行公转和自转，从而使硅片随着磨盘做相对的行星运动。与此同时，通入研磨浆料并对硅片加压，利用上、下磨盘的压力和研磨浆料的摩擦作用，实现对硅片的双面研磨。研磨盘一般采用铸铁材质，盘面上设有垂直交错的沟槽，沟槽的宽度为 1 ~ 2mm，深度约为 10mm，以利于研磨浆料的均匀分布和研磨屑的排出。研磨浆料主要由磨砂（粒径为 5 ~ 10μm 的氧化铝和氧化锆微粉等）和磨液（水、表面活性剂）组成。磨砂的硬度、粒径及均匀性，磨液对磨砂的悬浮性、分散性，磨液的润滑性及其对设备的防锈性能是研磨浆料的重要性能。硅片双面研磨的总去厚度量为 60 ~

80μm，表面损伤层的深度约为磨砂粒径的 1.5 倍。

硅片研磨质量将直接影响后续硅片抛光工艺的质量及整体效率，因此双面研磨工艺一般采用粗研与精研相结合的方法来提高硅片研磨质量。粗研工艺可采用磨料粒度较大的研磨浆料（磨料粒度约为 15μm）、较大的研磨压力和较高的研磨转速（通过控制上研磨盘、下研磨盘、内齿圈、中心轮的转速来调节），研磨去除率较高，研磨后硅片表面粗糙度 *Ra* 达到 0.63μm 以下。精研工艺可采用磨料粒度较小的研磨浆料（磨料粒度为 3～5μm）、较低的研磨压力和较小的研磨转速，研磨去除率较小，研磨后硅片表面粗糙度 *Ra* 达到 0.16μm 以下。

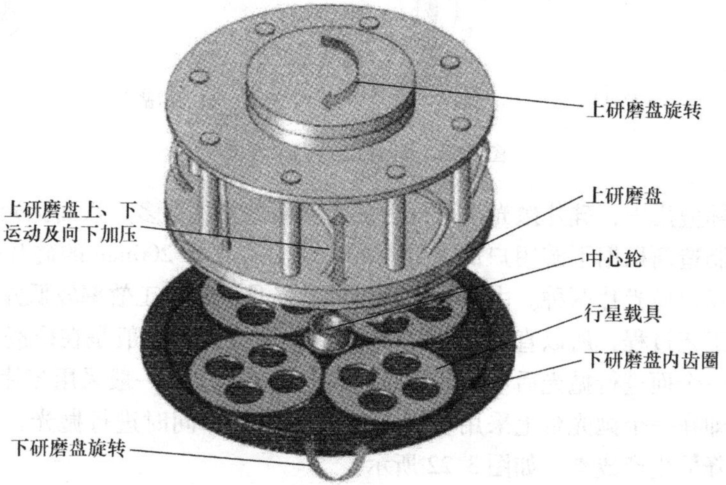

图 3.20　双面研磨机结构示意图

3.4.7　抛光 ★★★

抛光是指利用化学和机械作用的方式对硅片表面进行加工的工艺，以去除硅片表面残留的微缺陷和损伤层，并获得具有极佳几何精度和极低表面粗糙度的“镜面”硅片的过程，所得到的硅片称为硅抛光片。硅片抛光包括表面抛光和边缘抛光，边缘抛光的目的在于降低在硅片加工过程中因碰撞产生碎片的概率，以及减少颗粒的附着。

硅片抛光是一种化学、机械过程。在进行表面抛光前，首先要借助液体黏附（有蜡贴片）或衬板和软性衬垫真空吸附（无蜡贴片）的方法，将硅片固定在载体盘（陶瓷盘）上。抛光时，将硅片加压于旋转的抛光布上，同时通入抛光液，如图 3.21 所示。在抛光过程中，抛光液中的碱与硅片表面发生化学反应，其产物为可溶性硅酸盐。反应产物又通过抛光液中 SO_2 胶粒（粒径为 50～70mm）具有的负电荷的吸附作用，以及与抛光布之间的机械摩擦作用而被去除。化学腐蚀和机械摩擦两种作用交替循环进行，从而实现连续地对硅片表面进行化学、机械抛光。

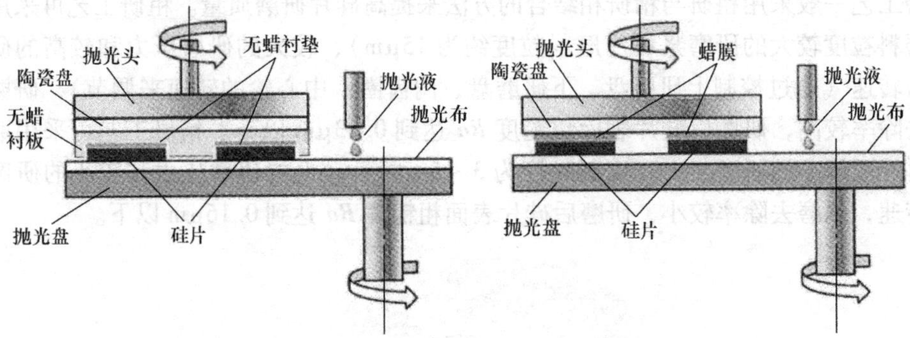

图 3.21　硅片抛光机原理图

在实际应用中，硅片抛光机可分为多片单面抛光机和多片双面抛光机两种类型。硅片制造商根据下游用户需求的不同，将直径小于 200mm 的硅片分为单面抛光片和双面抛光片两种。由于化学、机械抛光是一道加工效率较低并且加工成本较高的工艺过程，所以直径小于 200mm 的单面抛光片一般是在研磨片基础上对硅片的一个面进行抛光后形成的产品。在制造工艺上，一般采用多片单面抛光机加工，即在一个抛光台上采用多抛光头（承载器）同时进行抛光，以提高抛光效率，降低生产成本，如图 3.22 所示。

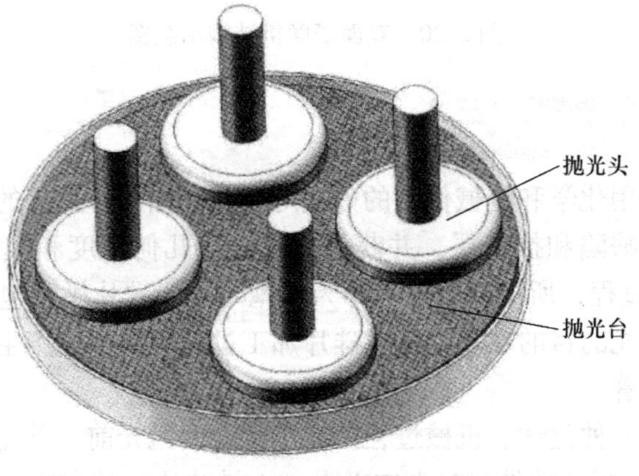

图 3.22　多片单面抛光机

直径为 200mm 的双面抛光片是市场上需求较多的硅片，一般采用多片双面抛光机进行加工。双面抛光机是在双面研磨机的基础上，在上、下抛光盘上贴装抛光垫，增加抛光液供给/回收装置，可同时进行多片抛光的设备。设备通过更换行星载具规格也可实现对100~200mm硅片的抛光。

为了得到所需的硅片抛光加工精度，需要对硅片进行两步（粗抛光—精抛光）、三步（粗抛光—中抛光—精抛光）或四步（粗抛光—中抛光—精抛光—最终抛光）的分步抛光工艺，每步抛光所使用的工艺条件均有所不同，其作用和去厚量见表3.1。影响抛光效果的工艺参数包括抛光压力，抛光液组分、粒度、浓度、pH值，抛光布材质、结构、硬度，抛光温度、去厚量等。

表3.1 分步抛光工艺中各抛光过程的作用和去厚量

步骤	过程	作用	去厚量/μm
1	粗抛光	去除残留损伤层，达到要求的几何尺寸加工精度	12~18
2	中抛光	确保极低的表面局部平整度和粗糙度	5~8
3	精抛光	通过“去雾”确保表面纳米形貌	<1
4	最终抛光	确保极佳的表面纳米形貌	<1

3.4.8 清洗与包装 ★★★

器件工艺要求硅片具有洁净的表面，而硅片的加工过程会使硅片表面残留有机物、金属离子、微粒等沾污，硅片清洗就是去除硅片表面的各种沾污，以获得理想的洁净表面的过程。硅片表面的沾污主要有三类：一是有机杂质沾污，主要来自装置硅片的片架、气氛中的有机蒸气和硅片加工制程的化学品；二是金属离子沾污，通过吸附在硅片表面氧化层上或利用金属离子与硅片表面之间的电荷交换（犹如“电镀”）而直接键合在硅表面上；三是颗粒，主要来自硅片加工制程及化学品。硅片的加工过程中有很多硅片清洗步骤，其中最为关键的是在抛光制程后的硅片清洗过程，因为这直接决定了硅片表面的最终洁净度。硅抛光片的最终清洗一般采用多槽浸泡式化学清洗方式，即RCA清洗。典型的RCA清洗工艺见表3.2。

1）SC-1溶液（1号液）主要用于去除颗粒和有机物沾污，也能去除部分金属杂质。其原理是：硅片表面被H_2O_2氧化而产生氧化膜，同时氧化膜又被NH_4OH腐蚀，腐蚀后又被氧化，如此反复进行。附着在硅片表面的颗粒也随着氧化膜不断地被腐蚀而脱离，从硅片表面进入清洗溶液。有机物类的沾污在H_2O_2的强氧化作用及NH_4OH的溶解作用下，转化为水溶性化合物进入清洗溶液，经去离子水冲洗后得以去除。SC-1溶液的强氧化性能氧化Cr、Cu、Zn、Ag、Ni、Fe、Ca、Mg等使其成为高价金属离子，高价金属离子再与碱进一步作用而转变为可溶性络合物，经去离子水冲洗后得以去除。在清洗过程中，结合使用超声波（去除粒径不小于0.4μm的颗粒）或兆声波（去除粒径不大于0.2μm的颗粒）可获得更好的去除颗粒效果。

2）SC-2 溶液（2 号液）是 H_2O_2 和 HCl 的酸性溶液，具有极强的氧化性和络合性，可去除碱金属离子，Cu 及 Au 等残留金属，Al（$OH)_3$、Fe（$OH)_3$、Mg（$OH)_2$及 Zn（$OH)_2$等氢氧化物的金属离子。经过 SC-2 溶液清洗后的硅片表面的 Si 原子大多数是以 Si-O 键终结，从而在硅片表面形成了自然氧化层，硅片表面也因此呈现为亲水性，早期硅片脱水和干燥多采用离心甩干技术。近年来，在异丙醇（IPA）脱水和干燥技术的基础上，开发出多种利用马兰戈尼效应的脱水和干燥技术，现已广泛用于大直径硅片的最终清洗中。为了确保硅片表面质量，防止再次沾污，便于保管和运输，需要对清洗好的硅片进行包装。硅抛光片的包装操作通常在 10 级或 1 级洁净室环境中进行。首先，将硅抛光片置入合适尺寸的包装盒内；然后，将包装盒放入对应尺寸的塑料薄膜包装袋（内层包装袋）中，并采用真空或充高纯氮气的方式对包装袋口进行密封处理；最后，装入防潮、除静电的金属和塑料复合膜包装袋（外层包装袋）中，并真空密封袋口，包装完毕即可转入成品仓库保存。

表 3.2　典型的 RCA 清洗工艺

步骤	SC-1 溶液	→	SC-2 溶液	→	脱水干燥
溶液组成	NH_4OH: H_2O_2: H_2O	去离子水清洗	HCl: H_2O_2: H_2O	去离子水清洗	
混合比例	1:1:5		1:1:6		
溶液温度/℃	75～80		75～80		
清洗时间/min	6～10		6～10		
超声频率/kHz	15～200		15～200		
兆声频率/MHz	0.8～3.0		0.8～3.0		

参考文献

[1] QUIRK M，SERDA J. 半导体制造技术［M］. 韩郑生，等译. 北京：电子工业出版社，2015.
[2] 阙端麟，陈修治. 硅材料科学与技术［M］. 杭州：浙江大学出版社，2001.
[3] 吴明明，周兆忠，巫少龙. 单晶硅片的制造技术［J］. 制造技术与机床，2005（3）：72－75.

第4章 加热工艺与设备

4.1 简　介

加热工艺也称为热制程，指的是在高温操作的制造程序，其温度通常比铝的熔点高。加热工艺通常在高温炉中进行，包含半导体制造中氧化、杂质扩散和晶体缺陷修复的退火等主要工艺。

氧化是将硅片放置于氧气或水汽等氧化剂的氛围中进行高温热处理，在硅片表面发生化学反应形成氧化膜的过程。

杂质扩散是指在高温条件下，利用热扩散原理将杂质元素按工艺要求掺入硅衬底中，使其具有特定的浓度分布，从而改变硅材料的电学特性。

退火是指加热离子注入后的硅片，修复离子注入所产生的晶格缺陷的过程。

传统的热处理工艺主要采用长时间的高温处理来消除如离子注入产生的损伤，但其缺点是清除缺陷不完全，注入杂质激活效率不高等。另外，由于退火温度高、时间长，容易导致杂质再分布，造成大量杂质扩散而无法符合浅结及窄杂质分布的需求。利用快速热处理（Rapid Thermal Processing，RTP）设备对离子注入后的晶圆片进行快速热退火，是一种在非常短的时间内将整个晶圆片加热至某一温度（一般为400～1300℃）的热处理方法。相对于炉管加热式退火，它具有热预算少、掺杂区域中杂质运动范围小、污染小和加工时间短等优点。快速热退火工艺可采用多种能量源，退火时间范围很宽（从100～10^{-9}s，如灯退火、激光退火等），可以在有效抑制杂质再分布的情况下完全激活杂质，目前广泛应用于晶圆片直径大于200mm的高端集成电路制造工艺中[1]。

用于氧化/扩散/退火的基本设备有三种：卧式炉、立式炉和快速升温炉。由于我国集成电路制造产业起步较晚，整体产业链发展并不平衡，在加热工艺设备的研制和生产方面仍有些落后。在晶圆片直径小于150mm的集成电路制造领域，我国的扩散设备基本能实现自给自足，而应用于300mm集成电路制造的立式扩散/氧化炉设备仍主要依赖进口。

在快速热处理设备方面，目前 IC 生产线上普遍采用美国的应用材料公司、Axcelis Technology 公司、Mattson Technology 公司和 ASM 的 RTP 设备（约占 90% 的市场份额）。

4.2 加热单项工艺

4.2.1 氧化工艺 ★★★

在集成电路制造工艺中，氧化硅薄膜形成的方法有热氧化和沉积两种。氧化工艺是指用热氧化方法在硅片表面形成 SiO_2 的过程。热氧化形成的 SiO_2 薄膜，因其具有优越的电绝缘特性和工艺的可行性，在集成电路制造工艺中被广泛采用，其最重要的应用有以下几个方面[1]：

1）保护器件免划伤和隔离沾污。

2）限制带电载流子场区隔离（表面钝化）。

3）栅氧或储存器单元结构中的介质材料。

4）掺杂中的注入掩蔽。

5）金属导电层间的介质层。

（1）器件保护和隔离

晶圆片（硅片）表面上生长的 SiO_2 可以作为一种有效阻挡层，用来隔离和保护硅内的灵敏器件。这是因为 SiO_2 是种坚硬和无孔（致密）的材料，可用来有效隔离硅表面的有源器件。坚硬的 SiO_2 层将保护硅片免受在制造过程中可能发生的划伤和损害。通常晶体管之间的电隔离可以用硅局部氧化隔离工艺（Local Oxidation of Silicon，LOCOS）来实现，在它们之间的区域热生长用 SiO_2 实现隔离，然而这对于 0.25μm 工艺制程将不再适用，但可用浅槽隔离来代替。

（2）表面钝化

表面钝化热生长 SiO_2 的一个主要优点是可以通过束缚硅的悬挂键，从而降低它的表面态密度，这种效果称为表面钝化。它能防止电性能退化并减少由潮湿、离子或其他外部沾污物引起的漏电流的通路。坚硬的 SiO_2 层可以保护 Si 免受在后期制作过程中有可能发生的划擦和工艺损伤。在 Si 表面生长的 SiO_2 层可以将 Si 表面的电活性污染物（可动离子沾污）束缚在其中。钝化对于控制结器件的漏电流和生长稳定的栅氧化物也很重要。氧化层作为一种优质的钝化层，对其有厚度均匀、无针孔和空隙等质量要求。用氧化层做 Si 表面钝化层的另一个要素是氧化层的厚度，必须有足够的氧化层厚度以防止在硅表面电荷积累引起的金属层充电，这类似于普通电容器的电荷存储和击穿特性。这种充电会导致短路和其他一些不受欢迎的电学效应。抑制金属层的电荷堆积的厚氧化层称为场氧化物层，其典型厚度在 2500 ~ 15000Å[⊖]之间。SiO_2还有与 Si 非常类似的热膨胀系数。硅片在高温工艺中会膨胀，而在冷却过程中会收缩。SiO_2以与 Si 很接近的速率膨胀或收缩，使得硅片在热制程中产生的翘曲最小，这也避免了由于膜应力使氧化膜从硅面上分离。

（3）栅氧电介质

对于 MOS 技术中最常用、最重要的栅氧结构，用极薄的氧化层作为介质材料。由于栅氧化层与其下的 Si 具有高质量和稳定性的特点，因此栅氧化层一般通过热生长获得。SiO_2具有较高的电介质强度（10^7 V/m）和较高的电阻率（约 $10^{17}\Omega\cdot cm$）。在大规模集成电路时代，MOS 技术的广泛应用已经使得栅氧化层的形成成为工艺发展中关注的焦点。器件可靠性的关键是栅氧化层的完整性。MOS 器件中的栅结构可以控制电流的流动。因为这种氧化物是基于场效应技术的微芯片功能实现的基础，所以质量高、极好的膜厚均匀性、无杂质是对它的基本要求，任何会使栅氧结构功能退化的沾污都必须严格加以控制。

（4）掺杂阻挡

SiO_2可作为硅表面选择性掺杂的有效掩蔽层（见图 4.1）。一旦硅表面形成氧化层，那么将掩膜透光处的 SiO_2 刻蚀，形成窗口，掺杂材料可以通过此窗口进入硅片。在没有窗口的地方，氧化物可以保护硅表面，避免杂质扩散，从而实现了选择性杂质注入。与 Si 相比，掺杂物在 SiO_2 里移动缓慢，所以只需要薄氧化层即可阻挡掺杂物（注意这种速率是依赖于温度的）。薄氧化层（如 150Å 的厚度）也可以用于需要离子注入的区域，它可用来减小对硅表面的损伤，还可通过减小沟道效应达到在杂质注入时对结深更好的控制。注入后，可以用氢氟酸选择性地去除氧化物，使硅表面再次平坦。

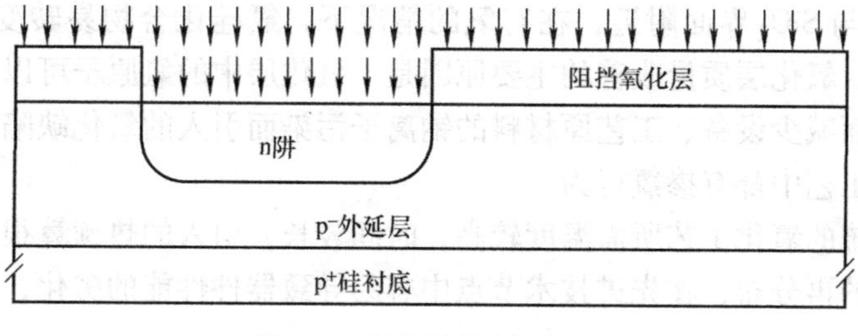

图 4.1　氧化层掺杂阻挡层

（5）金属层间的介质层

一般条件下 SiO_2不导电，因此 SiO_2是微芯片金属层间有效的绝缘体。SiO_2能防止上层金属和下层金属间短路，就像电线上的绝缘体可以防止短路一样。对

⊖ $1Å = 1\times10^{-10}$m。

氧化物质量的要求是无针孔和空隙，它常常通过掺杂获得更多的有效流动性，可以更好地使污染扩散减到最小（例如，杂质可成为俘获中心），通常用化学气相淀积方法获得（不是热生长）。

硅暴露在空气中会与空气中的氧发生自然反应生成氧化硅薄膜，其氧化速率约为1.5nm/h，最大厚度约为4nm。自然氧化层的厚度很难精确控制，而且质量较差，在制造过程中需要尽量避免和去除；而在氧气浓度更高的环境中进行高温加热，可以更快地得到更厚、质量更好的 SiO_2 膜[2,3]。

根据反应气体的不同，氧化工艺通常分为干氧氧化和湿氧氧化两种方式，干氧氧化化学反应式为 $Si + O_2 \rightarrow SiO_2$，反应气体中的氧分子以扩散的方式穿过已经形成的氧化层，到达 SiO_2 与 Si 的界面，与 Si 发生反应，进而生成 SiO_2 层。干氧氧化制备成的 SiO_2 结构致密，厚度均匀，对于注入和扩散的掩蔽能力强，工艺重复性高，其缺点是生长速率较慢。这种方法一般用于高质量的氧化，如栅介质氧化、薄缓冲层氧化，或者在厚缓冲层氧化时用于起始氧化和终止氧化。

湿氧氧化化学反应式为

$$2H_2O(\text{水蒸气}) + Si \rightarrow SiO_2 + 2H_2$$

在湿氧氧化工艺中，可在氧气中直接携带水汽，也可以通过氢气和氧气反应得到水汽，通过调节氢气或水汽与氧气的分压比改变氧化速率。注意，为了确保安全，氢气与氧气的比例不得超过1.88∶1。湿氧氧化由于反应气体中同时存在氧气和水汽，而水汽在高温下将分解为氧化氢（HO）。氧化氢在氧化硅中的扩散速率比氧快得多，所以湿氧氧化速率比干氧氧化速率约高出一个数量级。除了传统的干氧氧化和湿氧氧化，还可在氧气中掺入氯气，如氯化氢（HCl）、二氯乙烯 DCE（$C_2H_2Cl_2$）或其衍生物，使氧化速率及氧化层质量均得到提高。氧化速率提高的主要原因是：掺氯氧化时，不仅反应物含有可加速氧化的水汽，而且氯积累在 Si 与 SiO_2 界面附近，在有氧的情况下，氯硅化合物易转变成氧化硅，可催化氧化。氧化层质量改善的主要原因是：氧化层中的氯原子可以纯化钠离子的活性，从而减少设备、工艺原材料的钠离子污染而引入的氧化缺陷。因此，多数干氧氧化工艺中都有掺氯行为。

由于传统的氧化工艺所需温度较高，时间较长，引入的热预算很高，造成了硅片中杂质的再分布，在先进技术节点中容易导致器件性能的劣化，因此需要严格控制热预算。

4.2.2 扩散工艺 ★★★

传统的扩散是指物质从较高浓度区域向较低浓度区域转移，直至均匀分布为止。扩散过程遵循菲克定律。扩散可以发生在两种或两种以上物质之间，由不同区域之间的浓度和温度差异驱动物质分布至均匀的平衡状态。半导体材料最重要的特性之一是可以不同类型或浓度的掺杂物来调节其材料的电导率，在集成电路制造中，这个过程通常通过掺杂或扩散工艺来实现。根据设计目标，硅、锗或Ⅲ-Ⅴ族化合物等半导体材料均可通过掺入施主杂质或受主杂质分别获得 N 型或 P 型两种不同的半导体性质。半导体掺杂主要通过扩散或离子注入两种方法进行，二者各有特点，扩散掺杂成本较低，但是无法精确控制掺杂物质的浓度和深度；而离子注入成本相对较高，但是可以精确控制掺杂物的浓度分布[2]。

20 世纪 70 年代以前，集成电路图形特征尺寸在 10μm 数量级，一般采用传统的热扩散技术进行掺杂。扩散工艺主要用于对半导体材料的改性，通过扩散不同的物质到半导体材料中，可以改变其电导率和其他物理特性。例如，在硅中扩散掺入三价元素硼，就形成了 P 型半导体；掺入五价元素磷或砷，就形成了 N 型半导体。具有较多空穴的 P 型半导体与具有较多电子的 N 型半导体相接触，就构成了 PN 结。随着特征尺寸的缩小，各向同性的扩散工艺使得掺杂物可能扩散到屏蔽氧化层的另一侧，导致相邻区域之间发生短路。除某些特殊的用途（如长时间扩散形成均匀分布的耐高压区域）以外，扩散工艺已逐渐被离子注入所取代。但是在 10nm 以下技术代，由于三维鳍式场效应管（FinFET）器件中 Fin 的尺寸非常小，离子注入会损伤其微小结构，而采用固态源扩散工艺则有可能解决这个问题。

4.2.3　退火工艺 ★★★

退火工艺又称为热退火（Thermal Annealing），其过程是将硅片放置于较高温度环境中一定的时间，使硅片表面或内部的微观结构发生变化，以达到特定的工艺目的。退火工艺中最为关键的参数为温度和时间，温度越高、时间越长，则热预算就越高。在实际集成电路制造工艺中，对热预算都有严格的控制。如果工艺流程中有多步退火工艺，则热预算就可以表达为多次热处理的叠加，但是随着工艺节点的微缩，在整个工艺过程中容许的热预算越来越少，即高温热过程的温度变低、时间变短[3]。

通常，退火工艺是与离子注入、薄膜沉积、金属硅化物的形成等工艺结合在一起的，最常见的就是离子注入后的热退火。离子注入会撞击衬底原子，使其脱离原本的晶格结构，而对衬底晶格造成损伤。热退火可修复离子注入时造成的晶格损伤，还能使注入的杂质原子从晶格间隙移动到晶格点上，从而使其激活。晶格损伤修复所需的温度约为 500℃，杂质激活所需的温度约为 950℃。理论上，退火时间越长，温度越高，杂质的激活率越高，但是过高的热预算将导致杂质过度扩散，使得工艺不可控，最终引发器件和电路性能的退化。因此，随着制造工艺的发展，传统的长时间炉管退火已逐渐被快速热退火（Rapid Thermal Annealing，RTA）取代。在制造工艺中，某些特定的薄膜在沉积后需要经过热退火过程，以使薄膜的某些物理或化学特性发生变化。例如，疏松的薄膜变得致密，改变其在干法刻蚀或湿法刻蚀时的速率；还有一种使用得较多的退火工艺发生在金属硅化物的形成过程中。金属薄膜如钴、镍、钛等被溅射到硅片表面，经过较低温度的快速热退火，可使金属与硅形成合金。某些金属在不同的温度条件下形成的合金相不同，一般在工艺中希望形成接触电阻和本体电阻均较低的合金相。

如前所述，根据热预算需求的不同，退火工艺分为高温炉管退火和快速热退火。高温炉管退火是一种传统的退火方式，其温度较高、退火时间较长且预算很高。在一些特殊的工艺中，如注氧隔离技术制备 SOI 衬底、深阱（Deep-Well）等扩散工艺中应用较多，此类工艺一般需要通过较高的热预算来获得完美的晶格或均匀的杂质分布。快速热退火是用极快的升/降温和在目标温度处的短暂停留对硅片进行处理，有时也称快速热处理（Rapid Thermal Processing，RTP）。在形成超浅结的过程中，快速热退火在晶格缺陷修复、杂质激活、杂质扩散最小化三者之间实现了折中优化，在先进技术节点的制造工艺中必不可少。升/降温过程及目标温度短暂停留共同组成了快速热退火的热预算。传统的快速热退火温度约为 1000℃，时间在秒量级。近年来对其要求越来越严格，逐渐发展出闪光退火（Flash Annealing）、尖峰退火（Spike Annealing）及激光退火（Laser Annealing），退火时间达到了毫秒量级，甚至有向微秒和亚微秒量级发展的趋势。激光退火最独特的优点是空间上的局域性和时间上的短暂性，采用激光光源的能量来快速加热表面使其表面瞬间达到临界熔化点温度。由于硅的高热导率，晶圆片表面可以在约 0.1ns 时间内快速降温冷却。激光退火系统可以在离子注入后以最小的杂质扩散激活掺杂物离子，已被用于 45nm 以下工艺技术节点。激光退火系统可与尖峰退火系统一起使用，以实现最优的结果[2]。

4.3 加热工艺的硬件设备

4.3.1 扩散设备 ★★★

扩散工艺主要是在高温（通常为 900～1200℃）条件下，利用热扩散原理，将杂质元素（一般采用液态源或固态源）按要求的深度掺入硅衬底中，使其具有特定的浓度分布，以达到改变材料的电学特性，形成半导体器件结构的目的。在硅集成电路工艺中，扩散工艺用于制作 PN 结或构成集成电路中的电阻、电容、互连布线、二极管和晶体管等元器件，也用于元器件之间的隔离。由于不能精确控制掺杂浓度的分布，在晶圆片直径为 200mm 及以上的集成电路制造中，扩散工艺已逐渐被离子注入掺杂工艺取代，但仍有少量应用于重掺杂工艺。传统的扩散设备主要是卧式扩散炉，也有少量的立式扩散炉。

卧式扩散炉是一种在晶圆片直径小于 200mm 的集成电路扩散工艺中大量使用的热处理设备，其特点是加热炉体、反应管及承载晶圆片的石英舟均呈水平放置，因而具有片间均匀性好的工艺特点。它既是集成电路生产线上重要的前道设备之一，也广泛用于分立器件、电力电子器件、光电器件和光导纤维等行业的扩散、氧化、退火、合金等工艺中。

卧式扩散炉原理示意图如图 4.2 所示。卧式扩散炉可装备 1 ~5 个工艺炉管，炉管越多，产能越大，则超净间的利用效率越高。

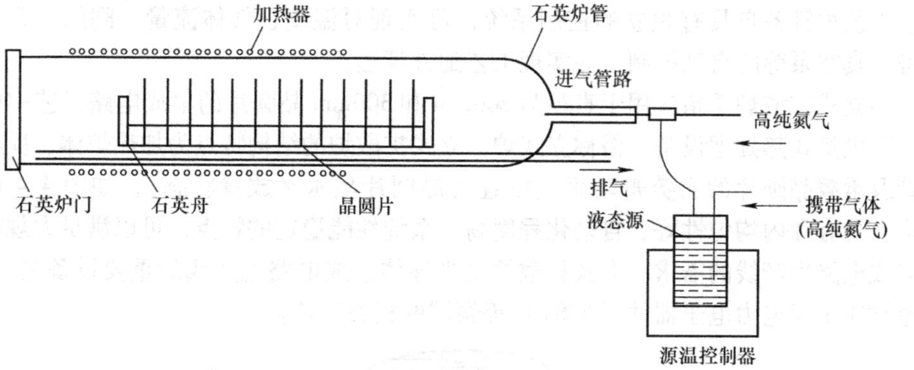

图 4.2　卧式扩散炉原理示意图

常见的卧式扩散炉的主要技术指标为：工作温度范围为 600 ~1300℃；恒温区长度为 600 ~1100mm；恒温区精度为 ±0.5℃；最大可控升温速率不小于 15℃/min；最大可控降温速率不小于 5℃/min。

卧式扩散炉的系统配置可以根据用户需求灵活选择，但其基本功能单元大致相同。

卧式扩散炉的整机系统由气源柜、主机箱、净化工作台和控制柜 4 大部分构成，如图 4.3 所示。

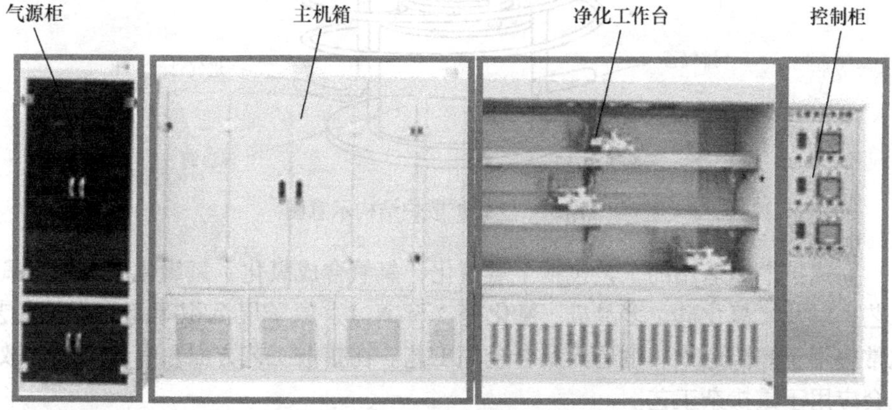

图 4.3　卧式扩散炉结构示意图

1）气源柜：包括气路单元、源温控制器、气路控制单元、排气装置等，用于工艺气体的输送。

2）主机箱：包括排毒箱、炉体功率加热装置和热交换装置等，是完成热处理工艺的核心单元。

3）净化工作台：在水平层流洁净环境下，完成晶圆片装卸、石英舟移载和自动上/下料等工序。

4）控制柜：采用工控机作为系统主机，通过网络与各下位机实现通信。每个工艺炉管各自具有独立的控制系统，可实现对温度、气体流量、阀门、石英舟、真空泵等的自动控制，并实现工艺配方管理。

立式扩散炉泛指应用于直径为200mm和300mm晶圆片的集成电路工艺中的一种批量式热处理设备，俗称立式炉。立式扩散炉的结构特点为加热炉体、反应管及承载晶圆片的石英舟均垂直放置（晶圆片呈水平放置状态），如图4.4所示。具有片内均匀性好、自动化程度高、系统性能稳定的特点，可以满足大规模集成电路生产线的需求。立式扩散炉是半导体集成电路生产线的重要设备之一，也常应用于电力电子器件（IGBT）等领域的相关工艺。

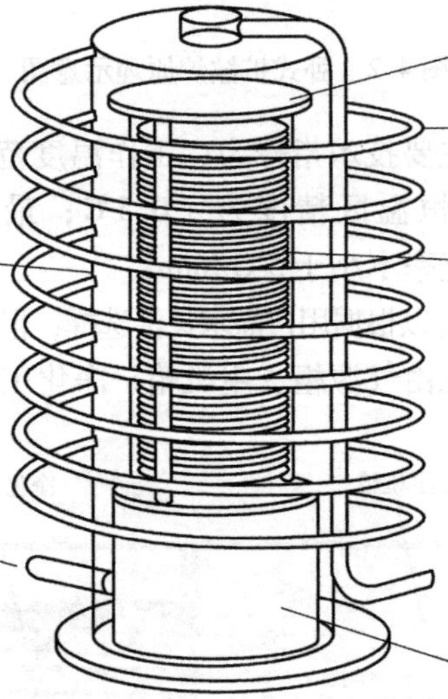

图4.4　立式扩散炉结构示意图

立式扩散炉适用的工艺包括干氧氧化、氢氧合成氧化、氮氧化硅氧化等氧化工艺，以及二氧化硅、多晶硅、氮化硅（Si_3N_4）、原子层沉积等薄膜生长工艺，也常应用于高温退火、铜退火及合金等工艺。在扩散工艺方面，有时立式扩散炉也会应用于重掺杂工艺。

立式扩散炉的核心技术主要集中在高精度温度场控制、颗粒控制、微环境微氧控制、系统自动化控制、先进工艺控制及工厂自动化等方面。其工艺温度范围为 300 ~ 1200℃，恒温区温度均匀性不低于 ±0.5℃，恒温区长度为 800 ~ 1000mm，平均无故障时间不少于 1200h，平均维护时间不大于 4h。

立式扩散炉通常由晶圆片装卸端口、存储系统、微环境水平层流净化系统、自动传输系统、热处理反应室系统、气路控制系统、自动化控制系统、供电系统，以及其他水冷、排气、危险气体检测等辅助装置组成。设备外形结构采用行业通行的肩并肩设计，可实现设备侧向无间隙排布，占地面积小，可以节省超净间成本。以 300mm 立式扩散炉为例，其系统结构示意图如图 4.5 所示。

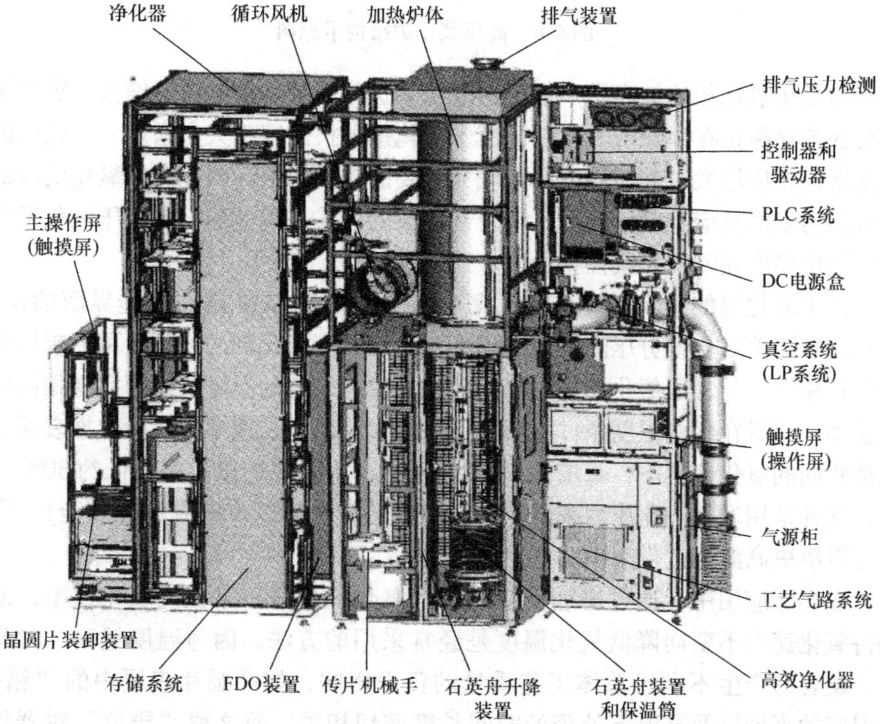

图 4.5　立式扩散炉设备系统结构示意图

4.3.2　高压氧化炉 ★★★

高压氧化炉是一种特殊的氧化炉，它将高压稀有气体和高压氧化气体输入石英管，在 10 ~ 20atm[⊖]下完成氧化工艺，其主要作用是提高氧化速率、降低热预算。高压氧化速率快，适用于厚膜生长。由于反应压力高，需要在石英反应管外部加装不锈钢外壳，其结构示意图如图 4.6 所示。

⊖ 1atm = 101325Pa = 101.325kPa。

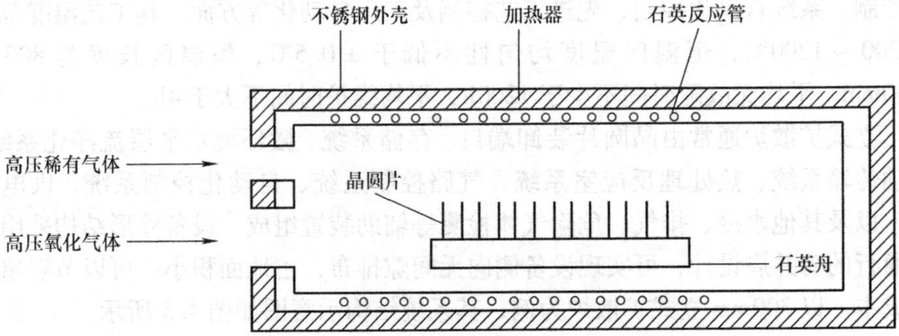

图 4.6　高压氧化炉结构示意图

与常压氧化相比，高压下氧化剂分子到达晶圆片表面的速度增大，氧原子可以更快地穿越正在生长的氧化层。由于氧化剂的扩散速率大大增加，氧化层的生长速率也相应增大，此时界面反应成为主要的控制因素，因此高压氧化反应的控制机制为表面反应控制。表面反应控制阶段的方式是线性的，即高压氧化反应中的氧化层厚度随时间呈线性生长。

由于氧化层的生长速率依赖于氧化剂（气相）从外部到达硅界面的速度，生长速率随着氧化剂分压的增大而增大，所以改变氧化剂的分压即可控制氧化层的生长速率。与常压氧化相比，高压氧化可以在较低的温度条件下实现相同的氧化速率，或者在相同温度条件下获得更快的氧化层生长速率。实验数据表明，在维持相同的氧化速率下，每增大 1atm 的压力，可以使炉体温度降低约 30℃。因此，这种采用增大氧化压力来降低工艺温度的方法可以节省成本（热能），同时也可以解决高温工艺带来的一些负面影响。

在实际应用中，通过增加反应压力（氧化剂分压）来提高氧化速率，或者保持氧化速率不变而降低氧化温度是经常采用的方法。因为温度越高，时间越长，越容易产生不利于总体工艺质量的负面影响，如晶圆片表层中的“错位”与温度的高低以及高温下处理的时间长度密切相关，而这种“错位”对器件特性是十分不利的。

高压氧化有利于降低材料中的错位缺陷，但也带来了安全问题和高压系统污染问题。近年来，由于氧化工艺日臻成熟和多样化（如干氧氧化、水汽氧化、湿氧氧化等），高压氧化在生产线上的应用正逐渐减少。

4.3.3　快速退火处理设备 ★★★

快速热处理（Rapid Thermal Processing，RTP）设备是一种单片热处理设备，它可以将晶圆片的温度快速升至工艺所需要的温度（200～1300℃），并且能够快速降温，升/降温速率一般为 20～250℃/s。除了能源种类多、退火时间范围宽以外 RTP 设备还具有其他优良的工艺性能，如极佳的热预算控制和更好的表面均匀性（尤其是对大尺寸的晶圆片），修复离子注入造成的晶圆片损伤，多个腔室可以同时运行不同的工艺过程。此外，RTP 设备还可以灵活、快速地转换和调节工艺气体，使得在同一个热处理过程中可以完成多段热处理工艺。RTP 设备在快速热退火（RTA）中的应用最为普遍。离子注入完成后，需要用 RTP 设备来修复离子注入产生的损伤，激活掺杂质子并有效抑制杂质扩散。一般而言，修复晶格缺陷的温度约为 500℃，而激活掺杂原子则需要 950℃。杂质的激活与时间和温度有关，时间越长，温度越高，则杂质的激活越充分，但不利于杂质扩散的抑制。因 RTP 设备具有快速升/降温、持续时间短的特点，使得离子注入后的退火工艺能够在晶格缺陷修复、激活杂质和抑制杂质扩散这三者之间实现参数的最优化选择。RTA 主要分为如下 4 类：

1）尖峰退火（Spike Annealing）：其特点是注重快速升/降温过程，但基本没有保温过程。尖峰退火在高温点滞留时间很短，其主要作用是激活掺杂元素。在实际应用中，晶圆片由某一稳定待机温度点开始快速升温，到达目标温度点后立即降温。由于在目标温度点（即尖峰温度点）的维持时间很短，因此使该退火过程能够实现杂质活化程度最大化和杂质扩散程度最小化，同时具有良好的缺陷退火修复特性，形成的接合质量较高，漏电流较低。尖峰退火在 65nm 之后的超浅结工艺中得到广泛应用。

尖峰退火的工艺参数主要包括峰值温度、峰位驻留时间、温度发散度和工艺后的晶圆片电阻值等。峰位驻留时间越短越好，它主要取决于控温系统的升/降温速率，但选择的工艺气体氛围有时对其也有一定的影响。例如，氦气的原子体积小，扩散速率快，有利于快速、均匀地传递热量，可以减小峰宽或峰位驻留时间，因此有时会选择通入氦气来辅助加热和冷却。

2）灯退火（Lamp Annealing）：灯退火技术的应用比较广泛，一般采用卤素灯作为快速退火热源，其很高的升/降温速率和精确的温度控制可以满足 65nm 以上的制造工艺的要求，但不能完全满足 45nm 工艺的苛刻要求（45nm 工艺之后逻辑 LSI 的镍硅接触时，需要在毫秒内将晶圆片从 200℃快速加热到 1000℃以上，因此一般需要采用激光退火方式）。

3）激光退火（Laser Annealing）：激光退火是直接利用激光快速提高晶圆片表层的温度，直至足够熔化硅晶体，从而使其高度活化。激光退火的优势是升温极快、控制灵敏，不需要用灯丝进行加热，基本不存在温度滞后和灯丝寿命的问题。但从技术角度来看，激光退火存在漏电流和残留物缺陷问题，对器件性能也会造成一定的影响。

4）闪光退火（Flash Annealing）：闪光退火是一种利用高强度辐射对特定预热温度下的晶圆片进行尖峰退火的退火技术。晶圆片的预热温度为 600～800℃，之后采用高强度辐射进行短时间脉冲照射，当晶圆片温度峰值达到所需退火温度时，立即关闭辐射。

RTP 设备的核心技术主要包括反应腔室（包括热源）设计、温度测量技术和温度控制技术。在 RTP 设备中，热量多数借助辐射的方式传导至晶圆片上。目前使用的辐射能源主要有卤素灯、电弧灯和传统电阻式热源。由于卤素灯的价格和使用时限均比较低，因而使用较为广泛。图 4.7 所示的是 RTP 设备反应室的基本结构示意图。

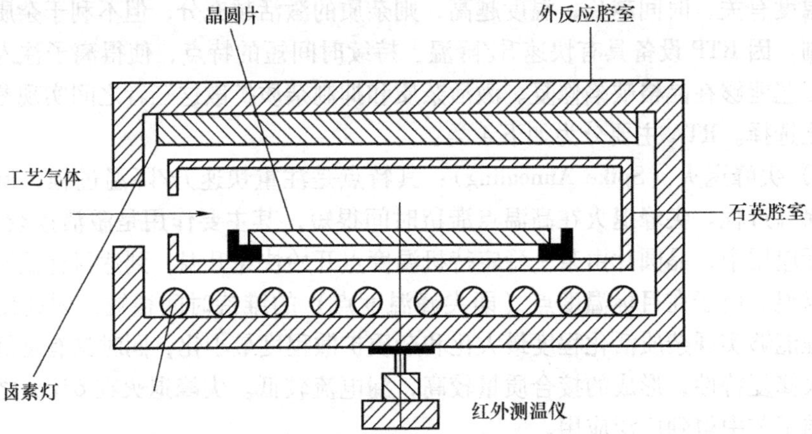

图 4.7　RTP 设备反应室的基本结构示意图

在热源与反应腔室设计方面，如果运用灯组（单个卤素灯的功率为 1 ~ 2kW，电弧灯则为数十 kW）作为热源，必须设计成灯组阵列，其排列形状与晶圆片表面温度均匀性有很大的关系；同时，其设计必须与反应腔室的尺寸、形状及冷却形式共同考虑。图 4.8 所示为 RTP 设备反应腔室内灯组阵列排列图。由于晶圆片为圆形，且反应腔室内部大多为对称性设计（圆形或六边形等），因此灯的排列大多采用同心圆的形式，依照排列半径的不同而将其分为不同的区，每个区的灯采用同一个功率控制器，而灯距或半径的大小则可依据控制效果来决定。除此之外，各区与晶圆片之间的垂直距离也有不同的设计。通常，晶圆片外缘的灯比内缘的灯距离晶圆片更近，主要目的是增加热辐射的效率，以补偿晶圆片外缘因散热面积较大而造成的热量流失。

在温度测量技术方面，RTP 设备中晶圆片温度的精确测量对温度控制效果及工艺成品率具有决定性的影响。通常，在 RTP 设备中的温度测量是依靠热电偶与高温计来实现的。热电偶属于接触式传感器，无法直接用于工艺中，但它能表征真实、可靠的温度信号，因此热电偶通常用于校正其他的温度传感器；而工艺过程中的温度测量，则基本依赖非接触式的传感器（如高温计等）来实现。

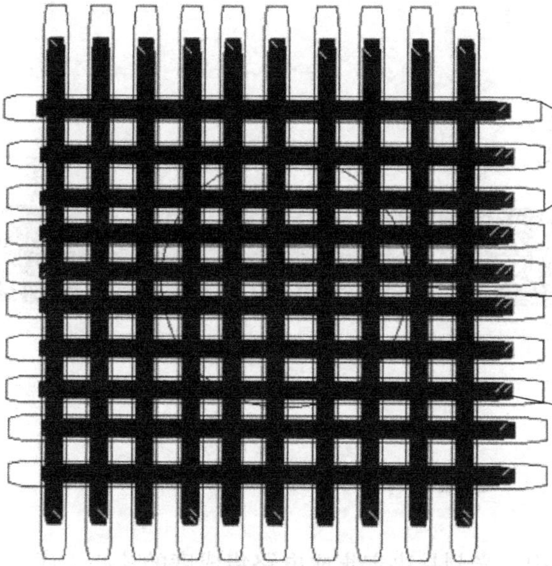

图 4.8　RTP 设备反应腔室内灯组阵列排列图

在温度控制技术方面，良好的温度控制系统设计首先取决于对控制对象认知的程度。依据充分的实验数据，建立合理、准确的 RTP 温度过程控制的数学模型，是一项非常重要的工作。该数学模型往往十分复杂，并不适宜作为控制器设计的系统模型，通常要将其简化，抽取最具代表性的部分。

RTP 设备在先进集成电路制造领域的应用越来越广泛。除了大量应用于 RTA 工艺以外，RTP 设备也开始应用于快速热氧化、快速热氮化、快速热扩散、快速化学气相沉积，以及金属硅化物生成、外延工艺。

参考文献

[1] QUIRK M，SERDA J. 半导体制造技术［M］. 韩郑生，等译. 北京：电子工业出版社，2015.

[2] XIAO H. 半导体制造技术导论［M］. 杨银堂，段宝兴，译. 北京：电子工业出版社，2013.

[3] 施敏，梅凯瑙. 半导体制造工艺基础［M］. 陈军宁，柯导明，孟坚，译. 合肥：安徽大学出版社，2011.

第5章 »

光刻工艺与设备

5.1 简　　介

在集成电路制造工艺中，光刻是决定集成电路集成度的核心工序，该工序的作用是将电路图形信息从掩模版（也称掩膜版）上保真传输、转印到半导体材料衬底上。光刻工艺的基本原理是利用涂敷在衬底表面的光刻胶的光化学反应作用，记录掩模版上的电路图形，从而实现将集成电路图形从设计转印到衬底的目的。

光刻工艺的基本过程如图 5.1 所示。首先，使用涂胶机在衬底表面涂敷光刻

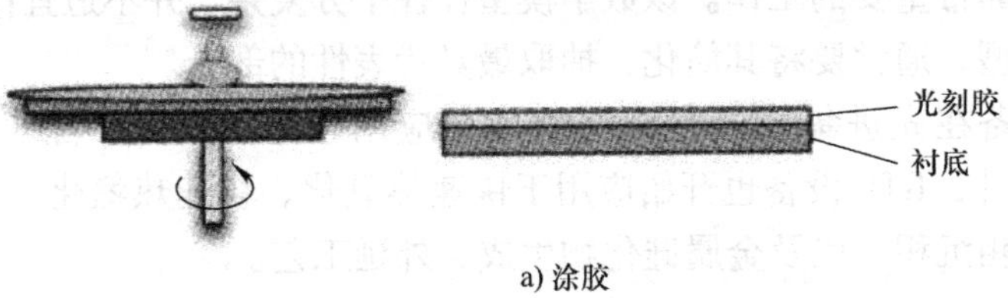

a) 涂胶

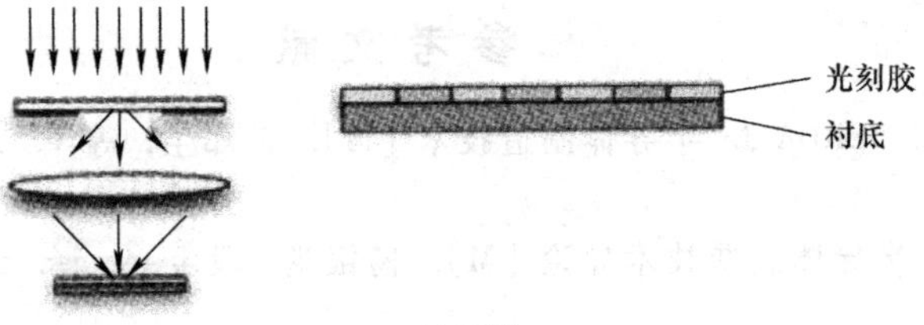

b) 光刻

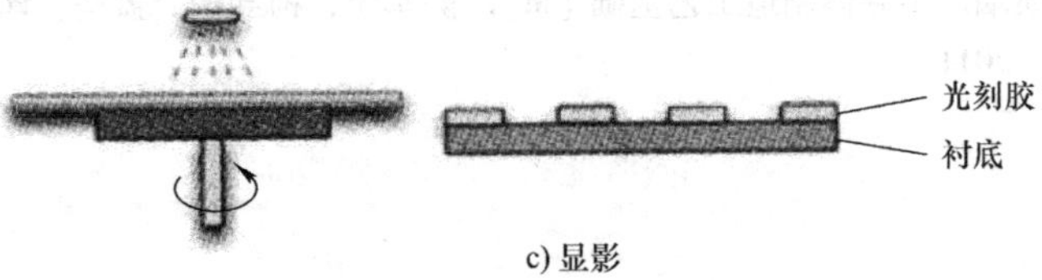

c) 显影

图 5.1　光刻工艺的基本过程

胶；然后，使用光刻机对涂有光刻胶的衬底进行曝光，利用光化学反应作用的机制，记录光刻机传输的掩模版图形信息，完成掩模版图形到衬底的保真传输、转印和复制；最后，使用显影机对曝光衬底进行显影，去除（或保留）受到曝光后发生光化学反应的光刻胶。

传统的光刻工艺是相对目前已经或尚未应用于集成电路产业的先进光刻工艺而言的。普遍认为 193nm 波长的 ArF 中深紫外光刻工艺是分水岭（见表 5.1），这是因为 193nm 波长的光刻需要依靠浸没式和多重曝光技术的支撑，可以满足从 0.13μm ~ 7nm 共 9 个技术节点的光刻需要[1,2]。

表 5.1　光刻技术与产业技术节点的关系

光源与波段		光波长/nm	应用技术节点
紫外光（汞灯）	g 线	436	≥0.5μm
	i 线	365	0.35 ~ 0.25μm
深紫外线（DUV）	KrF	248	0.25 ~ 0.13μm
	ArF	193 浸没式 193	0.13μm ~ 7nm
	F_2	157	未产业化应用
等离子体极紫外线（EUV）	极紫外线（软 X）	13.5	7nm/5nm 及以下

5.2　光刻工艺

为了将掩模版上的设计线路图形转移到硅片上，首先需要通过曝光工艺来实现转移，然后通过刻蚀工艺得到硅图形。由于光刻工艺区的照明采用的是感光材料不敏感的黄色光源，因此又称为黄光区。光刻技术最先应用于印刷行业，并且是早期制造印制电路板（Printed Circuit Board，PCB）的主要技术。自 20 世纪 50 年代起，光刻技术逐步成为集成电路制造中图形转移的主流技术。光刻工艺的关键指标包括分辨率、灵敏度、套准精度、缺陷率等。光刻工艺中最关键的材料是作为感光材料的光刻胶，由于光刻胶的敏感性依赖于光源波长，所以 g/i 线、248nm 的 KrF、193nm 的 ArF 等光刻工艺需要采用不同的光刻胶材料，如 i 线光刻胶中最常见的重氮萘醌（DNQ）线性酚醛树脂就不适用于 193nm 光刻工艺。光刻胶按极性可分为正光刻胶（简称正胶）和负光刻胶（简称负胶）两种，其性能差别在于：负光刻胶曝光区域在曝光显影后变硬而留在晶圆片表面，未曝光部分被显影剂溶解；正光刻胶经过曝光后，曝光区域的胶连状聚合物会因为光溶解作用而断裂变软，最后被显影剂溶解，而未曝光的部分则保留在晶圆片表面。先进芯片的制造大都使用正光刻胶，这是因为正光刻胶能达到纳米图形尺寸所要求的高分辨率。16nm/14nm 及以下技术代在通孔和金属层又发展出正胶负显影技术，将未经曝光的正光刻胶使用负显影液清洗掉，留下曝光的光刻胶，这种方法可提高小尺寸沟槽的成像对比度。

典型光刻工艺的主要过程包括5个步骤：底膜准备→涂光刻胶和软烘→对准、曝光和曝光后烘→显影坚膜→显影检测，典型光刻工艺的主要过程如图5.2所示[1,2]。

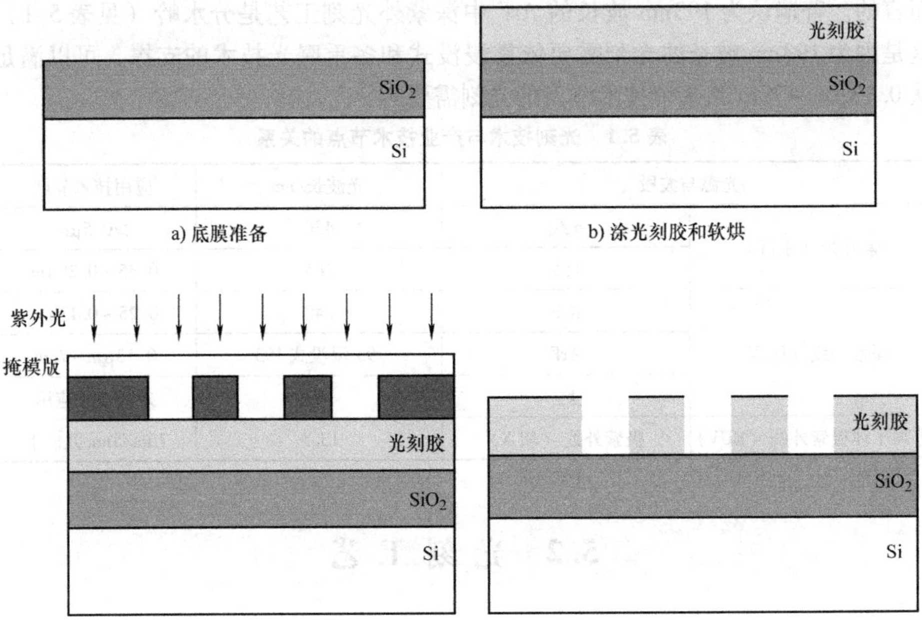

图5.2　典型光刻工艺的主要过程

1）底膜准备：主要是清洗和脱水。因为任何污染物都会减弱光刻胶与晶圆片之间的附着力，所以彻底的清洗可以提升晶圆片与光刻胶之间的黏附性。

2）涂光刻胶和软烘：通过旋转硅片的方式实现。不同的光刻胶要求不同的涂胶工艺参数，包括旋转速度、胶厚度和温度等。软烘：通过烘烤可以提高光刻胶与硅片的黏附性，以及光刻胶厚度的均匀性，以利于后续刻蚀工艺的几何尺寸的精密控制。

3）对准、曝光和曝光后烘：对准和曝光是光刻工艺中最重要的环节，是指将掩模版图形与晶圆片已有图形（或称前层图形）对准，然后用特定的光照射，光能激活光刻胶中的光敏成分，从而将掩模版的图形转移到光刻胶上。对准和曝光所用的设备为光刻机，它是整个集成电路制造工艺中单台价格最高的工艺设备。光刻机的技术水平代表了整条生产线的先进程度。曝光后烘指的是曝光后进行短时间的烘焙处理，其作用与在深紫外光刻胶和常规i线光刻胶中的作用有所不同。对于深紫外光刻胶，曝光后烘去除了光刻胶中的保护成分，使得光刻胶能溶解于显影液，因此曝光后烘是必须进行的；对于常规 i 线光刻胶，曝光后烘可提高光刻胶的黏附性并减少驻波（驻波对光刻胶边缘形貌会有不良影响）。

4）显影坚膜：即用显影液溶解曝光后的光刻胶可溶解部分（正光刻胶），将掩模版图形用光刻胶图形准确地显现出来。显影工艺的关键参数包括显影温度和时间、显影液用量和浓度、清洗等，通过调整显影中的相关参数可提高曝光与未曝光部分光刻胶的溶解速率差，从而获得所需的显影效果。坚膜又称为坚膜烘焙，是将显影后的光刻胶中剩余的溶剂、显影液、水及其他不必要的残留成分通过加热蒸发去除，以提高光刻胶与硅衬底的黏附性及光刻胶的抗刻蚀能力。坚膜过程的温度根据光刻胶的不同及坚膜方法的不同而有所不同，以光刻胶图形不发生形变为前提，并应使光刻胶变得足够坚硬。

5）显影检测：即检查显影后光刻胶图形的缺陷。通常利用图像识别技术，自动扫描显影后的芯片图形，与预存的无缺陷标准图形进行比对，若发现有不同之处，就视为存在缺陷。如果缺陷超过一定的数量，则该硅片被判定未通过显影检测，视情况可对该硅片进行报废或返工处理。在集成电路制造过程中，绝大多数工艺都是不可逆的，而光刻是极少数可进行返工的一道工序[3,4]。

5.3 光掩模与光刻胶材料

5.3.1 光掩模的发展 ★★★

光掩模，即光刻掩模版，又称为光罩，是集成电路晶圆片制造光刻工艺中使用的母版。光掩模制造流程是将集成电路设计工程师设计的晶圆片制造所需的原始版图数据，通过掩模数据处理转换成激光图形产生器或电子束曝光设备等能够识别的数据格式，使其可由上述设备曝光在涂有感光材料的光掩模基板材料上；然后经显影、刻蚀等一系列工艺处理，使图形定像在基板材料上；最后经检查、修补、清洗、贴膜后形成掩模产品，交付于集成电路制造厂使用。

我国最早的集成电路是沿用传统的照相术制作的，即在铜版纸上喷涂黑漆，经人工刻图，再用照相机照相成像。当时的光掩模基片是将感光胶涂覆在玻璃基板上，现涂现用，这种工艺称为湿版工艺；后来研制了乳胶超微粒干版光掩模，由分散在以明胶作为载体的卤化银乳剂（感光主体），经均匀涂布在清洁平整的光掩模玻璃基板上制成，取代了原始的湿版工艺。光刻工艺也从最初的人工对准、真空压片曝光，逐渐发展到接触式光刻技术时代，采用超微粒乳胶干版投片，接触式光刻的光刻精度可达到 1μm。干版光掩模具有敏感度高（可见光、i 线、g 线）、分辨率高、对比度大等特点，长期被用作分立器件和中小规模集成电路掩模。

接触式光刻掩模分为真空接触、软接触、硬接触等方式，掩模版直接与光刻胶层接触以实现图形转移。图形接触式转移可保证成像过程的复制质量，避免引入放大率光学误差，在特定应用范围内具有优势；在 22nm/20nm 的高技术节点，还发展出一种被称为纳米压印技术的先进接触式掩模。但是总体而言，由于是直接接触，光刻胶会污染掩模版，造成磨损累积缺陷，影响掩模版的使用寿命，因此接触式光刻掩模逐渐在集成电路产业被高耐久性、高分辨率、易清洁处理的投影光刻掩模所替代。

投影光刻掩模应用于刻图缩微制版技术，是从印刷工业的印刷制版技术移植过来的，即通过带有棱镜系统的微影光刻机投影曝光，将光掩模图形转移到晶圆片上，避免了光刻胶与掩模版直接接触导致的污染。早期的投影光刻掩模也采用与接触式光刻掩模相同的 1∶1 图形转移比例，随着微影倍缩技术的广泛应用，现已转为倍缩式掩模。因此投影光刻掩模可以从比例上细分为 1∶1 投影、5∶1 投影、4∶1 投影。此外，也可从工艺尺寸上区分为 2.5in、4in、6in、7in、9in 等（1in = 25.4mm）。从投影形状上可分为圆形和方形两种。目前，集成电路的光刻工艺主流光掩模为 4∶1 投影 6in 方形掩模版。

常用的投影光刻掩模从材质来分，有匀胶铬版光掩模、移相光掩模和不透光钼光掩模等。近年来，随着极紫外光刻（Extreme Ultra-Violet Lithography，EUVL）技术的发展，出现了适用于 EUV 光刻机的极紫外光掩模技术。

5.3.2 光掩模基板材料 ★★★

光掩模基板材料是生成掩模产品的基础材料，主要是指涂布了不透光材料和感光材料的玻璃基板衬底。基板衬底必须具备良好的光学透光特性、尺寸及化学稳定性，表面平整、光洁，无夹砂、半透明点及气泡等微小缺陷。常用的光掩模基板材料有碱石灰白冕玻璃、低膨胀硼硅玻璃和石英玻璃 3 种。

碱石灰白冕玻璃是一类具有良好的机械、光学特性，易于加工与制作且廉价的基片材料。虽然它的热膨胀系数比较高，但因其价格仅约为低膨胀硼硅玻璃的 1/3，一直被广泛用于一般要求的光掩模基板。这类基板的用量占整个光掩模基板材料的 2/3 以上。用白冕玻璃制作的光掩模主要用于分立器件及中小规模集成电路的微细加工。

低膨胀硼硅玻璃具有比碱石灰白冕玻璃更好的温度特性和光学特性，其膨胀系数不及白冕玻璃的 1/2，透光率高。虽然其价格高于碱石灰白冕玻璃，但仅为石英玻璃的 1/3，因而受到市场的重视并逐步扩大应用范围。采用这种材料可以保证光掩模的尺寸精度，适合制作主掩模或高精度掩模。低膨胀硼硅玻璃基板的用量约占整个光掩模基板用量的 1/4。

人工合成高纯石英玻璃是一种玻璃态的高纯二氧化硅。它具有优异的光学特性。即透射率高，尤其是在短波光的情况下，仍可保持 90% 以上的透射率；其膨胀系数仅为碱石灰白冕玻璃的 1/20，温度、热稳定性和化学稳定性都优于前两种材料，是一种性能优异的光掩模基板材料，被广泛应用于超微细大规模集成电路光掩模制作。光掩模玻璃基板的材料组成与透射率见表 5.2 和表 5.3。

表 5.2 光掩模玻璃基板的材料组成

组成成分	碱石灰白冕玻璃	低膨胀硼硅玻璃	石英玻璃
二氧化硅（SiO_2）	70%	60%	100%
三氧化二硼（B_2O_3）	—	5%	—
三氧化二铝（Al_2O_3）	—	15%	—
氧化钠（Na_2O）	8%	1%	—
氧化钾（K_2O）	9%	1%	—
其他氧化物（RO）	13%	18%	—

表 5.3 光掩模玻璃基板的透射率（%）

光源波长	碱石灰白冕玻璃	低膨胀硼硅玻璃	石英玻璃
400nm	92	92	92
350nm	85	90	92
300nm	2	17	92
250nm	—	—	91
200nm	—	—	90

5.3.3 匀胶铬版光掩模 ★★★

匀胶铬版光掩模是在平整的光掩模基板玻璃上通过蒸发或溅射沉积上厚约 0.1μm 的铬-氧化铬膜而形成镀铬基板，再涂敷一层光刻胶或电子束抗蚀剂制成的匀胶铬版。它具有高敏感度、高分辨率、低缺陷密度的特点，是制作微细光掩模图形的理想感光性空白版。匀胶铬版的感光特性、分辨率完全取决于所涂敷的光刻胶或电子束抗蚀剂类型、品种，并通过光刻工艺得到所需的模版。在接触式光刻技术时代，用超微粒乳胶干版投片，虽然乳胶版具有制作容易、成本低的优点，但是由于其胶膜面软，存在易擦伤和沾污、清洁处理困难、使用寿命短等缺点。匀胶铬版的制作工艺相对复杂、技术难度大、成本高，但它具有分辨率高、缺陷低、耐磨、易清洁处理、使用寿命长的优势，适用于制作高精度、超微细图形，现已逐渐替代接触式乳胶干版掩模，成为集成电路掩模的关键材料。

匀胶铬版光掩模在刻蚀铬层后可生成简单的由黑区和白区（也称窗口）组

合的二元图像，因此也被称为二元光掩模，其曝光原理如图 5.3 所示。图 5.3 中所示的是传统穿透式掩模，黑区完全不透光，白区完全透光，激光穿透白区作用在硅片的相应位置上，并形成明场区，使光刻胶反应产生光酸，通过后续的显影工艺将其去除或保留（取决于光刻胶是正性还是负性的）后形成图像。匀胶铬版光掩模可应用的光学范围很广，覆盖了 g 线、i 线，以及包括 KrF（波长 248nm）和 ArF（波长 193nm）的深紫外光刻工艺，曝光光源的波长极限决定了关键尺寸的技术节点。

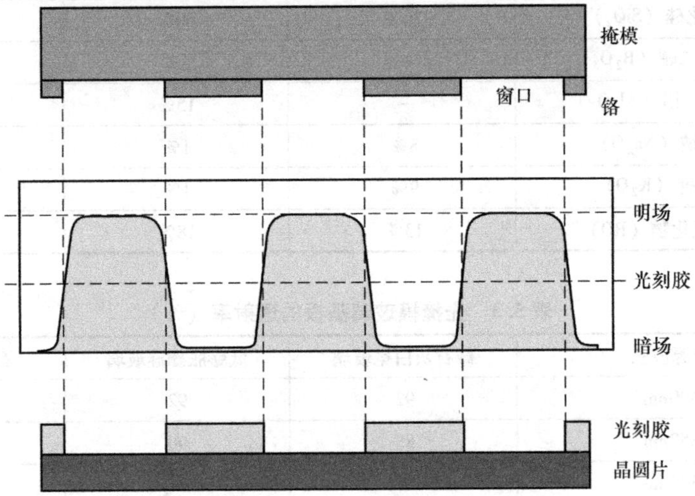

图 5.3　匀胶铬版光掩模的曝光原理

5.3.4　移相光掩模 ★★★

当集成电路图形的关键尺寸和间距达到曝光光源的波长极限时，传统的匀胶铬版在光学衍射作用下，相邻部分的光强将相互叠加，造成投影对比度不足而无法正确成像，如图 5.4a 所示。为了提高曝光分辨率的极限，引入了利用光学相位差增加光强对比度的移相掩模版。此类掩模版需要利用光学相位差进行光强补偿，原理如图 5.4b 所示，移相光掩模是在相邻透光层之间加上相位移涂敷层，以抵消光束间的衍射作用，提升曝光分辨率的极限[5]。

移相光掩模的应用始于采用深紫外光刻工艺的先进集成电路晶圆片制造。由于光刻机的曝光波长不同（如曝光波长为 248nm 的 KrF 深紫外光刻机，或曝光波长为 193nm 的 ArF 光刻机），需要分别使用对应 248nm 或 193nm 波长下可提供 180°相位补偿透光光强的 KrF 移相光掩模或 ArF 移相光掩模。

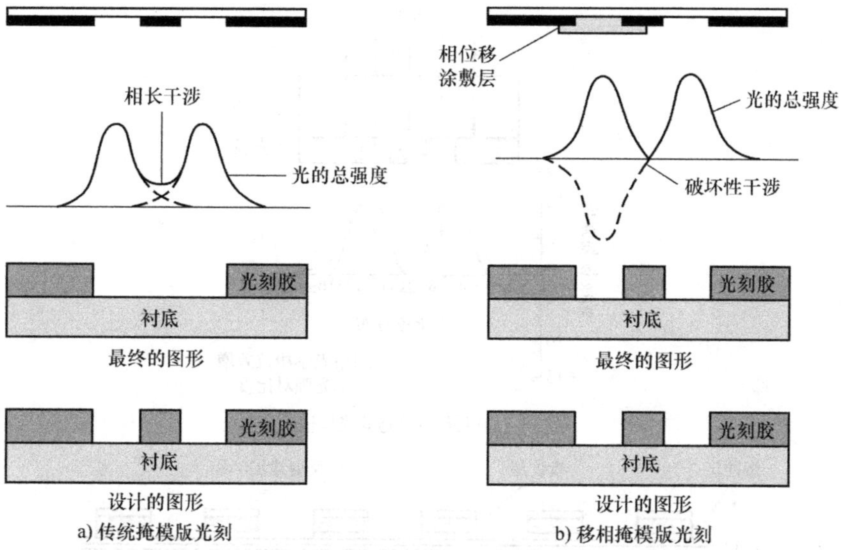

图 5.4 传统掩模版光刻与移相掩模版光刻的工作原理

5.3.5 极紫外光掩模 ★★★

随着集成电路技术节点的不断发展，出现了以极紫外为曝光光源（光源波长为 13 ~ 15nm，一般为 13.5nm）的极紫外光刻（EUVL）技术。由于其曝光波长极短，这样的曝光环境下物质吸收性很强，传统的穿透式光刻掩模版不能继续使用，而要改成适应反射式光学系统多层堆叠结构的反射型掩模版，包括中间层、顶部覆盖层钌（Ru）和吸收层 TaN 等[6]。其中，掩模中间层是由金属 Mo 和 Si 组成的多层膜结构，对极紫外光有较高的反射系数。由于 13nm 的极紫外光具有 X 射线光谱特性，可实现反射微影过程的图形转移和传递几乎无失真，因此掩模的图形设计和相关工艺复杂程度可以得到相应的降低。传统的穿透式光掩模与极紫外光掩模的比较如图 5.5 所示。

对于极紫外光掩模的制备，除了图形关键尺寸缩小带来的工艺挑战以外，在应用过程中的高热稳定性和抗辐射技术也需要重视。由于发射型掩模版进行传统的蒙版保护，所以掩模的储存、运输及操作等非常困难。在此基础上，极紫外光掩模在微影曝光端的应用，必须与光掩模检验、清洗和修补机台组合在一起，以避免使用过程中的污染或其他原因在芯片上造成的缺陷，而这将导致微影端工艺和设备的维护费用非常高，反过来又促使掩模制造方抓紧对高温耐久的掩模蒙版的研发。

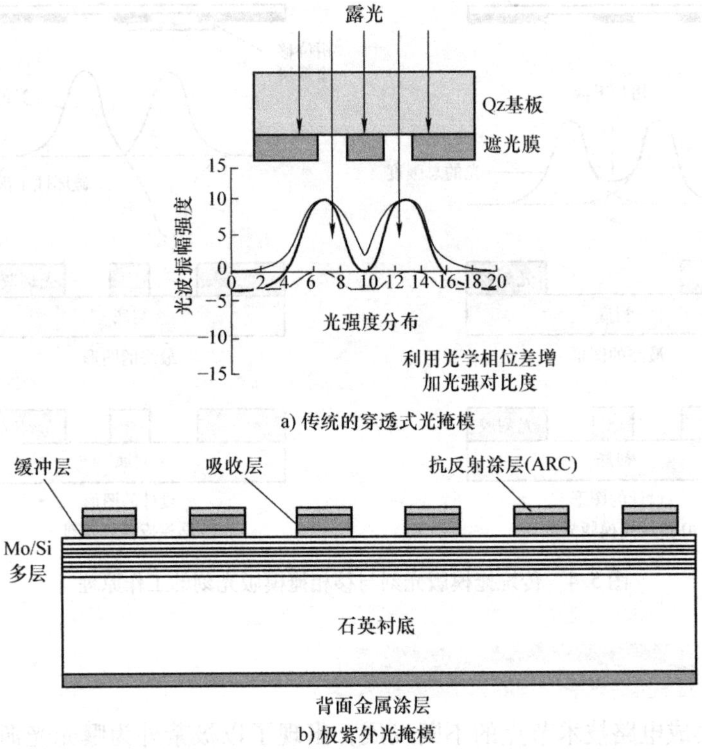

图 5.5 传统的穿透式光掩模与极紫外光掩模的比较

5.3.6 光刻胶 ★★★

光刻胶又称为光致抗蚀剂，是一种感光材料，其中的感光成分在光的照射下会发生化学变化，从而引起溶解速率的改变，其主要作用是将掩模版上的图形转移到晶圆片等衬底上。光刻胶的工作原理如图 5.6 所示。首先，将光刻胶涂布在衬底片上，前烘去除其中的溶剂；其次，透过掩模版进行曝光，使曝光部分的感光组分发生化学反应；然后，进行曝光后烘烤；最后通过显影将光刻胶部分溶解（对于正光刻胶，曝光区域被溶解；对于负光刻胶，未曝光区域被溶解），从而实现集成电路图形从掩模版到衬底片的转移。

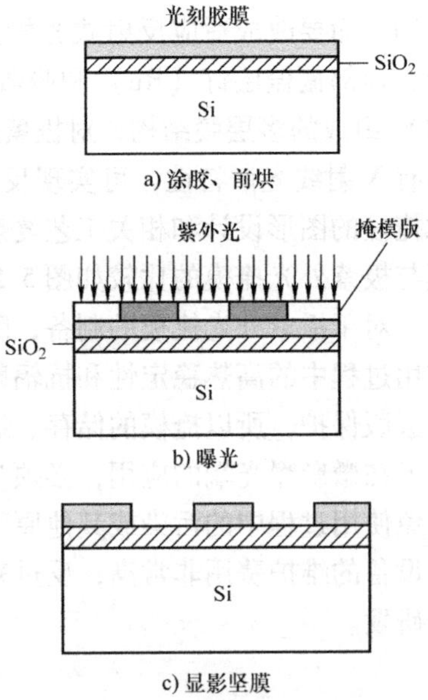

图 5.6 光刻胶的工作原理

光刻胶的组分主要包括成膜树脂、感光

组分、微量添加剂和溶剂。其中，成膜树脂用于提供机械性能和抗刻蚀能力；感光组分在光照下发生化学变化，引起溶解速度的改变；微量添加剂包括染料、增黏剂等，用以改善光刻胶性能；溶剂用于溶解各组分，使之均匀混合。目前大量使用的光刻胶既可以根据光化学反应机理分为传统光刻胶和化学放大型光刻胶，也可以按感光波长分为紫外、深紫外、极紫外、电子束、离子束及 X 射线类光刻胶。

5.3.7 光刻胶配套试剂 ★★★

光刻胶配套试剂是指在集成电路制造中与光刻胶配套使用的试剂，主要包括增黏剂、稀释剂、去边剂、显影液和剥离液。大部分配套试剂的组分是有机溶剂和微量添加剂，溶剂和添加剂都是具有低金属离子及颗粒含量的高纯试剂。

1）增黏剂：是在涂布光刻胶前对基片进行处理的一种试剂，主要组分是六甲基二硅氮烷。其主要作用是通过与基片表面的羟基反应，将晶圆片表面由亲水性变为疏水性，提高光刻胶与晶圆片之间的黏附性，减少由光刻胶黏附性不好而引起的缺陷，从而提高光刻胶的抗湿法腐蚀性能。

2）稀释剂：是一种用于稀释光刻胶的溶剂，其主要作用是调整光刻胶的黏度，使其适用于不同的膜厚。其主要材料是常用的光刻胶溶剂，如丙二醇甲醚醋酸酯（PGMEA）、丙二醇甲醚（PGME）、乳酸乙酯（EL）、二庚酮（MAK）等。

3）去边剂：是在光刻胶涂布过程中用于清洗晶圆片边缘光刻胶的配套试剂。在旋转涂布过程中，光刻胶会回溅到晶圆片的背面，随着晶圆片进入后续环节，易引起设备的污染，增加环境中的颗粒，因此应通过去边工艺将基片背面的光刻胶清洗掉。去边剂的主要组分是有机溶剂，如丙二醇甲醚醋酸酯、丙二醇甲醚、乳酸乙酯等，需要与光刻胶的溶剂匹配。去边剂能快速溶解光刻胶，具有高纯度、低颗粒含量的特点。

4）显影液：是在显影过程中使用的配套试剂，其作用是溶解晶圆片上不需要的光刻胶。对于正性光刻胶，显影液主要是碱的水溶液，如四甲基氢氧化铵、氢氧化钠等；对于环化橡胶型的负性光刻胶，显影液的主要成分是有机溶剂。

5）剥离液：是指在曝光显影及后续工艺后用于去除基片上的光刻胶的配套试剂。由于光刻胶在显影后要经过不同的工艺，如湿法刻蚀、干法刻蚀、离子注入等，这会引起光刻胶的结构变化，不易被去除，因此需要剥离液对光刻胶有较强的溶解性能。其基本组分是有机溶剂与有机胺类添加剂，常用的剥离液溶剂包括 N-甲基吡咯烷酮（纳米 P）、二甲基亚砜（DMSO）等。

5.4 光刻设备

5.4.1 光刻技术的发展历程 ★★★

光刻技术经历了接触/接近式光刻、光学投影光刻、步进重复光刻、扫描光刻、浸没式光刻、EUV光刻的发展历程，如图5.7所示。

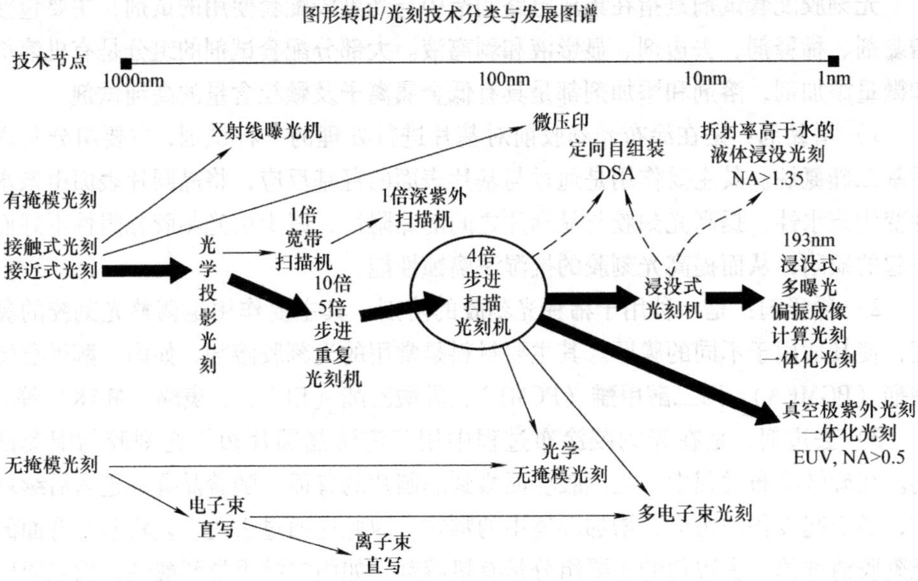

图5.7 光刻技术的发展历程

接触/接近式光刻机是最早用于集成电路大规模制造的光刻机，它从20世纪60年代初开始用于集成电路的生产。其基本分辨率R的计算公式为[1]

$$R = K_{\rho}\sqrt{\lambda\left(g + \frac{T}{2}\right)}$$

$$\lambda < g < \frac{\overline{\omega}^2}{\lambda}$$

式中，K_{ρ}是工艺因子，一般工艺取$K_{\rho}=1.5$；λ为光源的波长；g为掩模版与光刻胶之间的间距；T为光刻胶厚度；$\overline{\omega}$为掩模版上图形的尺寸宽度。

接触/接近式光刻机的最高分辨率可以达到亚微米级，掩模版上的图形与曝光在衬底上的图形在尺寸上基本是1:1的关系，即掩模版与衬底的尺寸一样大，可以一次曝光整个衬底，但是最小分辨率受上述公式的约束。在接触/接近式光刻中，掩模版会在曝光过程中受到污染，属于消耗品，污染缺陷率较高，但接触/接近式光刻机设备由于结构简单，维护和使用成本低，至今仍然用于小尺寸衬底的工业批量生产，是微米级器件制造的首选光刻方式。

投影光刻机自 20 世纪 70 年代中后期开始替代接触/接近式光刻机，是先进集成电路大批量制造中唯一使用的光刻形式。投影光刻是将掩模版上的电路图形通过一个投影物镜成像，曝光衬底上的光刻胶，从而将图形转印、记录在光刻胶上。早期的投影光刻机的掩模版与衬底图形尺寸比例为 1∶1，通过扫描方式完成整个衬底的曝光过程。随着集成电路特征尺寸的不断缩小和衬底尺寸的增大，缩小倍率的步进重复光刻机问世，替代了图形比例为 1∶1 的扫描光刻方式。当集成电路图形特征尺寸小于 0.25μm 时，由于集成电路集成度的进一步提高，芯片面积更大，要求一次曝光的面积增大，促使更为先进的步进扫描光刻机问世。在光刻机光学系统尺寸不增加太多的情况下，扫描方式曝光能够获得更大的一次曝光面积，并且可以通过均化光刻机特定误差来提高曝光质量，也为光刻机提供了更多误差补偿手段。在目前最为先进的 10nm 技术节点，以及未来的 7nm、5nm 技术节点集成电路的大规模生产中，步进扫描光刻都是主流的光刻方式。投影光刻机的基本分辨率计算公式为

$$R = k_1 \frac{\lambda}{\mathrm{NA}}$$

式中，k_1 为工艺因子，根据衍射成像原理，其理论极限值是 0.25；NA 为投影光刻机成像物镜的数值孔径；λ 为所使用的光源的波长。提高投影光刻机分辨率的理论和工程途径是增大数值孔径 NA，缩减波长 λ，减小 k_1。主流的曝光波长从 g 线（436nm）、i 线（365nm）、KrF（248nm）、ArF（193nm），一直缩减到极紫外线（EUV）（13.5nm）。EUV 光源波长是光刻机能够使用的终极波长，最短可以达到 6.8nm，但 6.8nm 波长的 EUV 光刻机将面临巨大的工程技术挑战。与其他光刻机的投影成像系统不同，EUV 光刻机只能使用全反射投影成像光学系统。目前，一台商用的用于集成电路规模生产的 EUV 光刻机市场售价超过 1 亿美元，是集成电路生产线上最为昂贵、最为复杂的设备。目前，世界上能够提供商用 EUV 光刻机的企业只有荷兰 ASML 一家。

评价光刻机技术等级和经济性的主要指标有 3 个，即分辨率、套刻精度和产出率。

1）分辨率：是指光刻机能够将掩模版上的电路图形在衬底面光刻胶上转印的最小极限特征尺寸（Critical Dimension，CD）。通常，分辨率用该极限电路图形的半节距表示。形成的特征尺寸越小，光刻胶的分辨率越好，特征尺寸示意图如图 5.8 所示。

2）套刻精度：是指以上一层图形的位置（或特定的参考位置）为参考，本

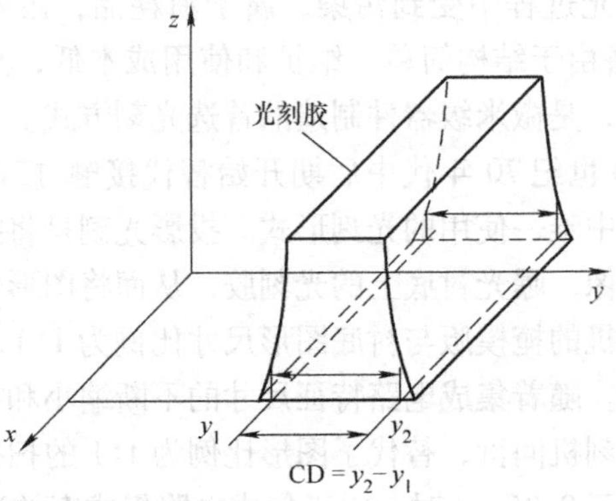

图 5.8 特征尺寸示意图

层图形预定的期望位置与实际转印位置之间的偏差。

3）产出率：光刻机的产出率决定了光刻机的经济性能。产出率的单位为光刻机每小时（或每天）处理的衬底的片数，通常以 wph 或 wpd 来表示。

5.4.2 接触/接近式光刻机 ★★★

接触式光刻技术出现于 20 世纪 60 年代，并广泛应用于 20 世纪 70 年代，它是小规模集成电路时代的主要光刻手段，主要用于生产特征尺寸大于 5μm 的集成电路。在接触/接近式光刻机中，通常晶圆片置于一个手动控制水平位置和旋转的工件台上。操作者利用分立视场显微镜同时观察掩模和晶圆片的位置，并通过手动控制工件台的位置来实现掩模版与晶圆片的对准。晶圆片与掩模版对准后，二者将被压紧，使得掩模版与晶圆片表面的光刻胶直接接触。移开显微镜物镜后，将压紧的晶圆片与掩模版移入曝光台进行曝光。汞灯发出的光经透镜准直平行照射掩模版，由于掩模版与晶圆片上的光刻胶层直接接触，所以曝光后掩模图形按照 1∶1 的比例移转印至光刻胶层。

在接触式光刻技术中，由于晶圆片与掩模版直接接触，减小了光的衍射效应，因此可以实现较小特征尺寸的曝光。但是，接触式光刻要求涂有光刻胶的晶圆片与掩模版紧密接触，在接触过程中晶圆片与掩模之间的摩擦会在二者表面形成划痕，与此同时很容易产生颗粒污染。晶圆片表面的划痕与颗粒污染会导致半导体器件致命缺陷的产生。掩模版表面的划痕与颗粒污染将缩短掩模版的使用寿命，降低晶片成品率，提高接触式光刻的应用成本。

接触式光刻设备是最为简单、经济的光学光刻设备，且可实现亚微米级的特征尺寸图形的曝光，因此至今仍应用于小批量产品制造和实验室研究中。在大规模的集成电路生产中，为避免因掩模版与晶圆片的直接接触而导致的光刻成本上升，接近式光刻技术得以引入。

接近式光刻技术于 20 世纪 70 年代在小规模集成电路时代与中规模集成电路时代早期被广泛应用。与接触式光刻不同，接近式光刻中的掩模版与晶圆片上的光刻胶并未直接接触，而是留有被氮气填充的间隙。掩模版浮在氮气之上，掩模版与晶圆片之间的间隙大小由氮气的气压来决定。由于接近式光刻技术不存在晶圆片与掩模版的直接接触，减少了光刻过程中引入的缺陷，从而降低了掩模版的损耗，提高了晶圆片成品率。接近式光刻技术中，晶圆片与掩模版存在的间隙使得晶圆片处于非涅耳衍射区域。而衍射的存在限制了接近式光刻设备分辨率的进一步提高，因此该技术主要适用于特征尺寸在 3μm 以上的集成电路生产。

5.4.3　步进重复光刻机 ★★★

步进重复光刻机是晶圆片光刻工艺发展史上最重要的设备之一，它推动光刻亚微米工艺迈入了量产阶段。步进重复光刻机利用 22mm × 22mm 的典型静态曝光视场和缩小比为 5:1 或 4:1 的光学投影物镜，将掩模版上的图形转印到晶圆片上。图 5.9 所示为步进重复光刻机的工作原理示意图[7]。

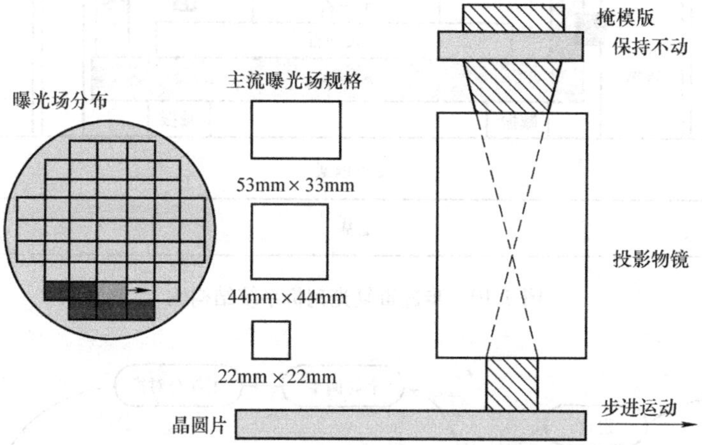

图 5.9　步进重复光刻机的工作原理示意图

步进重复光刻机一般由曝光分系统、工件台分系统、掩模台分系统、调焦/调平分系统、对准分系统、主框架分系统、晶圆片传输分系统、掩模传输分系统、电子分系统和软件分系统组成。图 5.10 所示为步进重复光刻机系统结构图。典型的步进重复光刻机工作过程为：首先，利用晶圆片传输分系统将涂覆好光刻胶的晶圆片传输到工件台上，同时利用掩模传输分系统将需要曝光的掩模传输到掩模台上；然后，系统利用调焦/调平分系统对工件台上载有的晶圆片进行多点高度测量，获得待曝光晶圆片表面的高度和倾斜角度等信息，以便在曝光过程中始终将晶圆片曝光区域控制在投影物镜焦深范围内；随后，系统利用对准分系统对掩模和晶圆片进行对准，以便在曝光过程中控制掩模图像与晶圆片图形转印的位置精度始终在套刻要求范围内；最后，按规定路径完成晶圆片整面的步进-曝光动作，实现图形转印功能。图5.11所示为步进重复光刻机工作流程图。

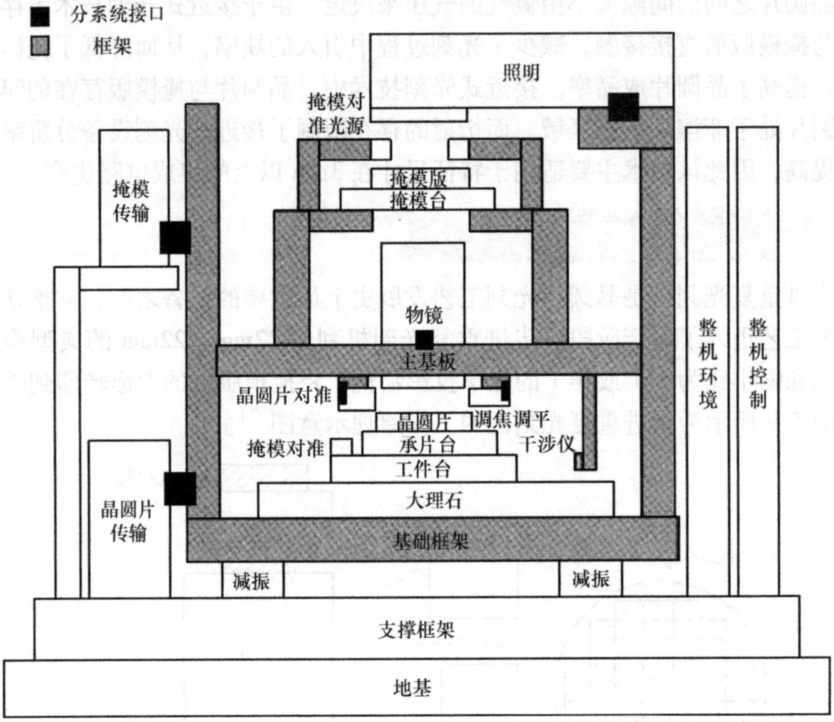

图5.10　步进重复光刻机系统结构图

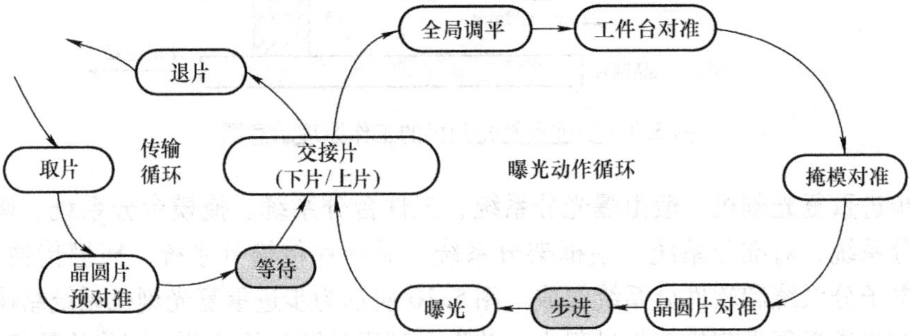

图5.11　步进重复光刻机工作流程图

后续发展起来的步进扫描光刻机是在上述基本工作过程的基础上，将步进→

曝光改进为扫描→曝光，调焦/调平→对准→曝光在双台机型上改进为测量（调焦/调平→对准）与扫描曝光并行。

与步进扫描光刻机相比，由于步进重复光刻机不需要实现掩模和晶圆片同步反向扫描，在结构上不需要扫描掩模台和同步扫描控制系统，因而结构相对简单、成本相对较低、工作可靠。

IC 工艺进入 0.25μm 后，由于步进扫描光刻机在扫描曝光视场尺寸及曝光均匀性上均具有优势，使得步进重复光刻机的应用开始缩减。目前，Nikon 提供的最新型步进重复光刻机具有与步进扫描光刻机同样大的静态曝光视场，每小时可加工 200 片以上的晶圆片，具有极高的生产效率，此类光刻机目前主要用于 IC 非关键层的制造。图 5.12 所示为 SMEE 公司生产的步进重复光刻机。

图 5.12　SMEE 公司生产的步进重复光刻机

5.4.4　步进扫描光刻机 ★★★

步进扫描光刻机的应用始于 20 世纪 90 年代。通过配置不同的曝光光源，步进扫描技术可支撑不同的工艺技术节点，从 365nm、248nm、193nm 浸没式，直至 EUV 光刻。与步进重复光刻机不同，步进扫描光刻机的单场曝光采用动态扫描方式，即掩模版相对晶圆片同步完成扫描运动；完成当前场曝光后，晶圆片由工件台承载步进至下一扫描场位置，继续进行重复曝光；重复步进并扫描曝光多次，直至整个晶圆片所有场曝光完毕。

步进扫描光刻机的投影物镜倍率通常为 4∶1，即掩模图形尺寸为晶圆片图形尺寸的 4 倍，故掩模台扫描速度也为工件台的 4 倍，且扫描方向相反。步进扫描光刻机的工作原理示意图如图 5.13 所示。

与步进重复光刻机相比，步进扫描光刻机成像系统的静态视场更小。在同等成像性能约束下，投影物镜制造难度降低。因此在 0.18μm 工艺节点后，即采用 KrF 光源后，高端光刻机厂商基本采用步进扫描技术，并一直沿用至今。

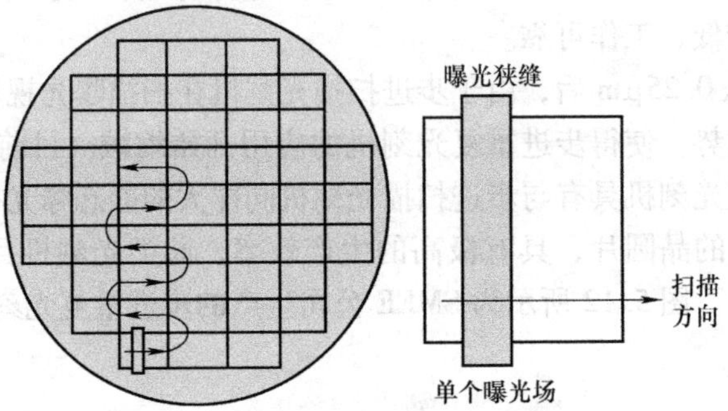

a) 步进扫描示意图

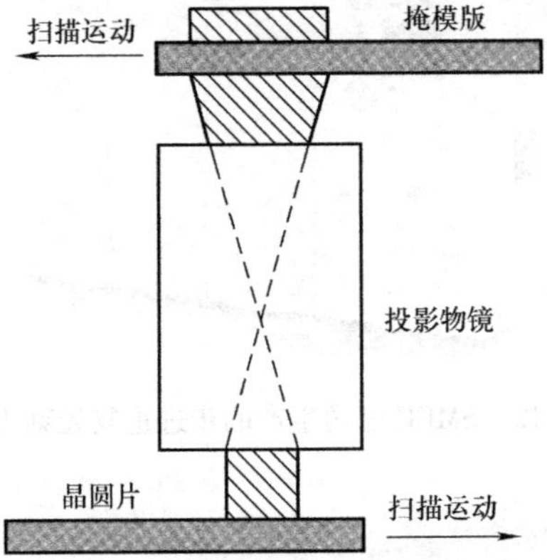

b) 扫描曝光原理示意图

图 5.13　步进扫描光刻机的工作原理示意图

步进扫描光刻机需要时刻保持掩模台相对工件台的高速、高精度同步运动。为满足高产出率与高成品率的量产需要，通常要求运动台具备较高的速度和加速度，以及超高的相对运动控制精度。以现今最高端的浸没式光刻机为例，其工件台扫描速度高达 80mm/s，对应的掩模台速度达到 3.2m/s，同时相对运动控制精度达到纳米量级。正因如此，步进扫描光刻机整机设计开发难度较大，需要解决的核心技术包括整机架构动态稳定性控制技术、同步高精度运动控制技术等。图 5.14所示为步进扫描光刻机系统结构图。

通过配置不同种类的光源（如 i 线、KrF、ArF），步进扫描光刻机可支撑半导体前道工艺几乎所有的技术节点。典型的硅基底 CMOS 工艺，从 0.18μm 节点开始便大量采用步进扫描光刻机；目前在 7nm 以下工艺节点使用的极紫外（EUV）光刻机也采用步进扫描方式。经部分适应性改造，步进扫描光刻机也可以支撑 MEMS、功率器件、射频器件等诸多非硅基底工艺的研发与生产。

步进扫描投影光刻机的主要生产厂商包括 ASML（荷兰）、Nikon（日本）、Canon（日本）和 SMEE（中国）。ASML 于 2001 年推出了 TWINSCAN 系列步进扫描光刻机，它采用双工件台系统架构，可以有效地提高设备产出率，已成为目前应用最为广泛的高端光刻机，如图 5.15 所示。

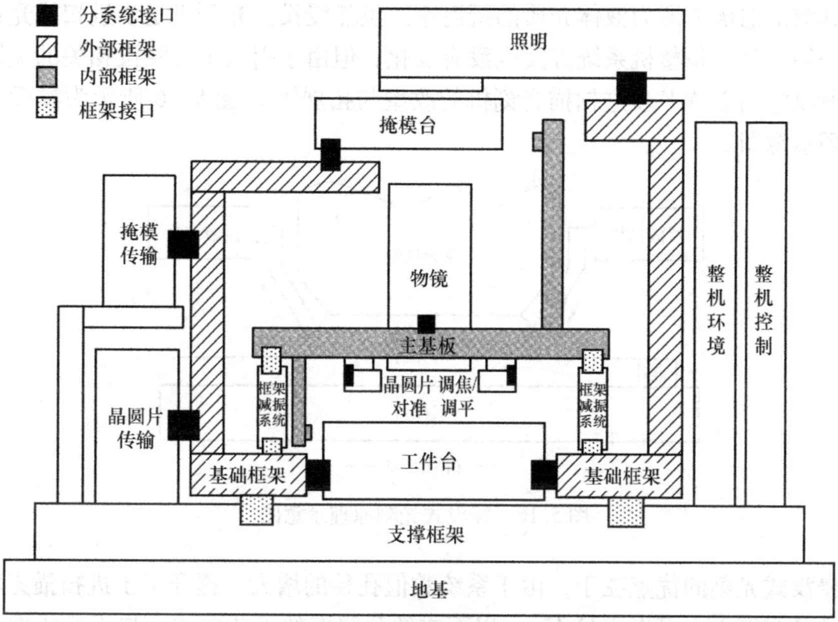

图 5.14　步进扫描光刻机系统结构图

图 5.15　ASML 公司 TWINSCAN 系列步进扫描光刻机

5.4.5 浸没式光刻机 ★★★

由瑞利公式可知，在曝光波长不变的情况下，进一步提高成像分辨率的有效方法是增大成像系统的数值孔径。对于45nm以下及更高的成像分辨率，采用ArF干法曝光方式已经无法满足要求（因其最大支持65nm成像分辨率），故而需要引入浸没式光刻方法。传统的光刻技术中，其镜头与光刻胶之间的介质是空气，而浸没式光刻技术是将空气介质换成液体（通常是折射率为1.44的超纯水）。实际上，浸没式光刻技术利用光通过液体介质后光源波长缩短来提高分辨率，其缩短的倍率即为液体介质的折射率。虽然浸没式光刻机是步进扫描光刻机中的一种，其设备整机系统方案也没有变化，但由于引入了与浸没相关的关键技术，所以它属于ArF步进扫描光刻机的改型与拓展[8]。图5.16所示为浸没式光刻原理示意图。

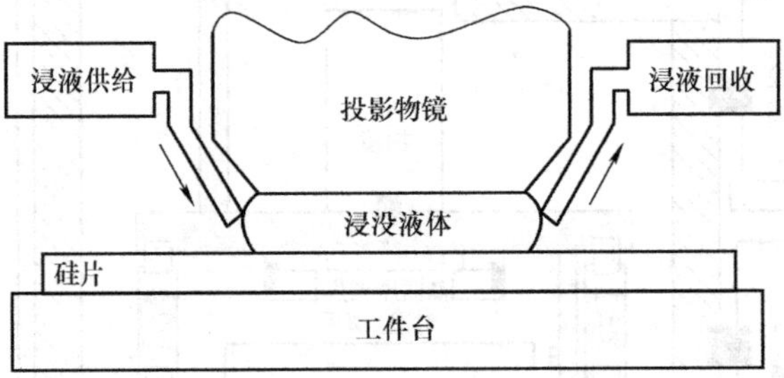

图5.16 浸没式光刻原理示意图

浸没式光刻的优点在于，由于系统数值孔径的增大，提升了步进扫描光刻机的成像分辨能力，可以满足45nm以下成像分辨率的工艺要求。与干式成像系统相比，在相同分辨率与对比度的要求下，浸没式成像系统可以进一步提升有效焦深范围，即

$$\frac{\mathrm{DOF}_{浸没}}{\mathrm{DOF}_{干式}}=\frac{1-\sqrt{1-(\lambda/p)^2}}{n-\sqrt{n^2-(\lambda/p)^2}}$$

由于浸没式光刻机仍然沿用ArF光源，因此保证了工艺的延续性，节省了光源、设备及工艺的研发成本。在此基础上，结合多重图形和计算光刻技术，浸没式光刻机得以在22nm及以下工艺节点应用。在EUV光刻机正式投入量产前，浸没式光刻机已得到广泛的应用，并能够满足7nm节点的工艺要求。但是，由于浸没液体的引入，导致设备本身工程难度大幅度增加，其关键技术包括浸没液体供给与回收技术、浸没式液场维持技术、浸没式光刻污染与缺陷控制技术、超大数值孔径浸液式投影物镜开发与维护、浸液条件下成像质量检测技术等。

由于光刻物理极限的限制，工艺因子的最小值为 0.25，即采用 ArF 浸没式光刻技术，考虑设备的实际工作能力，其可实现最小分辨率为 38nm。为了实现更小的工艺线宽要求，目前通过采用多重图形技术，同时借助高精度在线检测与一体化计算光刻技术，使得 ArF 步进扫描光刻机性能不断提升，现在可支撑 7nm 节点工艺，有效地解决了 EUV 光刻机成熟前集成电路工艺的发展问题。

多重图形技术原理示意图如图 5.17 所示。由图 5.17 可见，为了实现高密度周期图形工艺，需要将一次曝光过程拆分为多次，即通过大周期小线宽掩模图形采用两次光刻工艺过程实现小周期小线宽图形的制备，在第 1 次光刻后进行一次涂胶，并进行第 2 次光刻过程，通过刻蚀和去胶，最终在晶圆片表面的硬掩模上形成小周期密集图形。

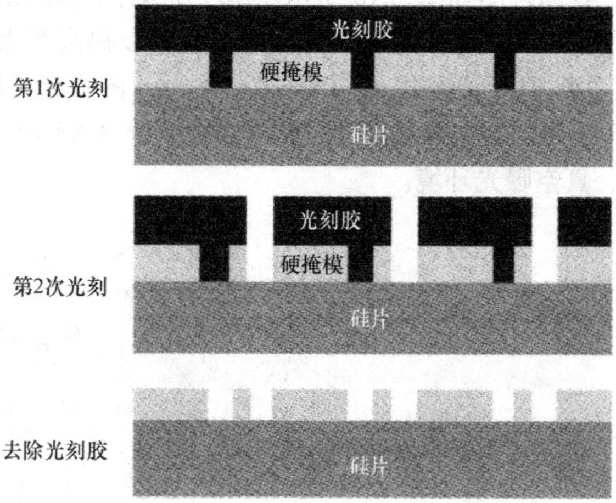

图 5.17 多重图形技术原理示意图

目前，商用的 ArFi 步进扫描光刻机主要由两家公司提供，即荷兰的 ASML 与日本的尼康。其中，ASML NXT1980Di 的单台售价约为 8000 万欧元。

5.4.6 极紫外光刻机 ★★★

为了提高光刻分辨率，在采用准分子光源后进一步缩短曝光波长，引入波长为 10~14nm 的极紫外光作为曝光光源。极紫外光的波长极短，可使用的反射式光学系统也通常由 Mo/Si 或 Mo/Be 等多层膜反射镜组成。其中，Mo/Si 多层膜在 13.0~13.5nm 波长范围内的反射率的理论最大值约为 70%，Mo/Be 多层膜在更短的 11.1nm 波长处的反射率的理论最大值约为 80%。虽然 Mo/Be 多层膜反射镜的反射率更高，但是 Be 的毒性较强，因此在研发 EUV 光刻技术时放弃了对此类材料的研究。现在的 EUV 光刻技术采用的是 Mo/Si 多层膜，其曝光波长也确定为 13.5nm。

主流的极紫外光源采用激光致等离子体（Laser-produced Plasma，LPP）技术，通过高强度激光激发热熔状态的 Sn 等离子体发光。长期以来，光源功率与可用性是制约 EUV 光刻机效率的瓶颈，通过主振荡功率放大器、预测等离子体（Predictive Plasma，PP）技术和原位收集镜清洁技术，EUV 光源的功率及稳定性得到大幅的提高。

EUV 光刻机主要由光源、照明、物镜、工件台、掩模台、晶圆片对准、调焦/调平、掩模传输、晶圆片传输、真空框架等分系统组成。极紫外光经过多层镀膜的反射镜组成的照明系统后，照射在反射掩模上，被掩模反射的光进入由一系列反射镜构成的光学全反射成像系统，并最终在真空环境下将掩模的反射像投影在晶圆片表面，其原理图如图 5.18 所示。EUV 光刻机的曝光视场和成像视场均为弧形，并采用步进扫描方式实现全晶圆片曝光，以提高产出率。ASML 公司的最先进的 NXE 系列 EUV 光刻机采用波长为 13.5nm 的曝光光源、反射型掩模（6°角斜入射）、6 镜结构的 4 倍缩小反射投影物镜系统（NA = 0.33）、扫描视场为 26mm × 33mm、真空曝光环境。

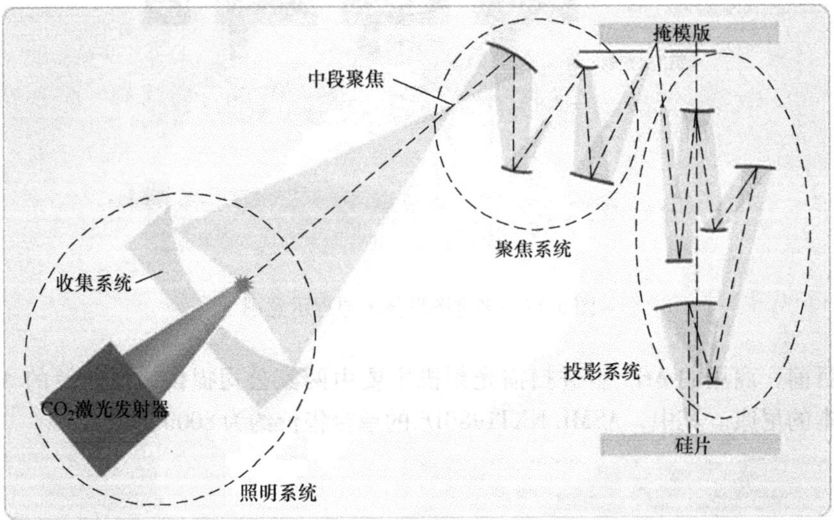

图 5.18　极紫外光光刻原理示意图

相对于浸没式光刻机，采用极紫外光源的 EUV 光刻机的单次曝光分辨率得到大幅的提高，可有效地避免因多次光刻刻蚀形成高分辨率图形所需的复杂工艺。目前数值孔径为 0.33 的 NXE 3400B 光刻机的单次曝光分辨率达到 13nm，产出率达到 125 片/h。为了满足摩尔定律进一步延伸的需求，未来使用数值孔径为 0.5 的 EUV 光刻机将采用中心拦光的投影物镜系统，采用 0.25 倍/0.125 倍的非对称倍率，扫描曝光视场从 26m×33mm 缩小为 26mm×16.5mm，单次曝光分辨率可达 8nm 以下[9]。图 5.19 所示为 ASML 公司生产的 EUV 光刻机。

图 5.19　ASML 公司生产的 EUV 光刻机

5.4.7　电子束光刻系统 ★★★

电子束光刻系统是一种利用计算机输入的地址和图形数据控制聚焦电子束在涂有感光材料的晶圆片上直接绘制电路版图的曝光系统，又称为电子束直写光刻机。电子束光刻系统可以在晶圆片上一次性曝光形成微纳米结构图形，也可以进行多层集成电路版图套刻，或者用于多种曝光设备之间的匹配和混合光刻。

为了实现多层电子束光刻，必须在晶圆片上事先制备电子束直写套刻标志，该标志既包含电子束多次直写的套刻标志，也包含混合电子束光刻和光学光刻的套刻标志。利用电子探测器检测出电子束在扫描对准标志时产生的背向散射电子或二次电子信号，即可确定晶圆片上套刻标志图形的位置误差、角度误差和倍率误差；通过数据补偿技术修正图形数据，补偿检测出来的位置误差、角度误差和倍率误差，即可使电子束写入的图形与晶圆片上的图形达到精确套准[10]。

电子束光刻系统从功能上可分为快速掩模制造电子束光刻系统和高精度纳米电子束光刻系统。电子束光刻系统通常采用高斯束矢量扫描曝光技术进行纳米级电子芯片直写，其电子束斑的电子密度呈高斯分布。为了提高电子束斑的电子密度均匀性，需要在电子光学柱中插入微小圆形光阑来遮挡高斯束斑外围电子密度不均匀的部分，仅让中心高密度的电子通过。在电子束曝光工艺中，可根据不同的曝光速度和精度需求，选择适当孔径的圆形光阑进行曝光。在电子束光刻过程中，也可选择大小束斑混合曝光的方式来提高电子束的曝光效率。

由于电子束扫描场的尺寸有限，所以在电子束曝光前，需要对电子束曝光的图形数据进行扫描场切割处理和数据格式转换处理，根据扫描场尺寸将集成电路版图细分为若干图形组。为了提高写场拼接精度，还要将扫描场进一步划分为许多子场，在电子束曝光过程中，电子束按规定的子场宽度尺寸（如 250nm）从扫描场内最接近台面起始点的图形单元开始，进行连续的扫描曝光；当一个子场扫描曝光完成后，电子束直接偏转到下一个邻近子场图形的位置，继续进行扫描曝光；当整个扫描场内的图形组扫描曝光完成后，工件台直接移动到下一个需要曝光的扫描场位置，电子束直接偏转到该扫描场内进行子场扫描曝光，直至完成整个晶圆片的图形曝光。纳米直写电子束光刻系统通常采用矢量扫描方式曝光[5]。

此外，正在开发的下一代生产型电子束光刻设备，如反射式电子束光刻系统、电子束步进系统、接近式电子光刻系统和多电子束光刻系统，可以提高批量生产的曝光效率[11]。

5.4.8 纳米电子束直写系统 ★★★

电子束光刻系统既可以在晶圆片表面的光刻胶上直接扫描曝光纳米图形，也可以应用于纳米尺度掩模版的制造，如 X 射线掩模版、极紫外（EUV）光刻掩模版、光学投影光刻掩模版、电子束投影光刻掩模版、压印模板和嵌段聚合物自组装模版等。在纳米加工中，通常采用矢量扫描式的电子束直写系统。纳米电子束光刻中的关键工艺和技术包括电子束邻近效应校正技术、匹配和混合光刻技术以及电子束纳米加工工艺等[12]。

(1) 电子束邻近效应校正技术

在电子束曝光中，入射电子与固体原子会产生弹性碰撞或非弹性碰撞，进入光刻胶中的电子会向周围散射；穿过光刻胶进入衬底后的电子会不断地与基片材料的原子发生碰撞，并沿着不同的轨迹产生散射，一部分大角度散射的电子会穿过基片界面的背面而返回光刻胶中参与曝光，这些电子称为背向散射电子。在电子束曝光中，光刻胶同时吸收大量前向散射电子和背向散射电子的能量，这些散射电子与参与曝光的电子相叠加后，会造成曝光图形失真，即邻近效应现象。在电子束曝光中，必须减少邻近效应的影响，所采取的措施包括电子束曝光条件的优化、电子束邻近效应的几何修正、电子束邻近效应剂量调制校正等技术。

(2) 匹配和混合光刻技术

纳米电子束曝光中的电子束斑为纳米尺度，最小的间隔可达到 0.125nm，具有极高的曝光分辨率，但其扫描曝光的效率很低。采用混合曝光技术，如电子束与光学光刻系统匹配的混合曝光技术、大小电子束流混合曝光技术、大小剂量混合曝光技术、大小光阑混合曝光技术、大小束斑混合曝光技术等，可以解决纳米电子束曝光效率低的问题。

（3）电子束纳米加工工艺

电子束纳米加工工艺既包括电子光刻胶工艺，也涉及下述纳米电子束光刻技术[13]。

1）电子束光刻系统的电子光学柱参数调试技术：包括加速电压的调整和电子束流的调整等。

2）电子光刻胶应用工艺技术：包括电子光刻胶曝光剂量的优化，高灵敏度和高分辨率电子光刻胶的应用，以及电子光刻胶显影工艺问题等。

3）电子束曝光图形数据可制造性设计问题：包括电子束曝光时间可制造性问题和电子束曝光邻近效应可制造性设计问题。

4）利用电子束变剂量曝光解决纳米尺度曝光条件不确定性的问题。

5）亚 20nm 尺度电子束线曝光技术的问题。

6）高深宽比光刻胶图形坍塌与黏连的问题。

7）绝缘衬底电子束曝光的电荷积累问题：包括富含纳米导电颗粒水溶性涂层应用技术。

8）高加速电压电子束曝光和大剂量电子束曝光条件下的光刻胶变性问题。

9）导电金属膜在高能电子束轰击下激发二次电子、背向散射电子、X 射线及其他电磁辐射的漫散射曝光积累问题等。

图 5.20 所示为 RAITH 电子束直写系统。

图 5.20 RAITH 电子束直写系统

5.4.9 晶圆片匀胶显影设备 ★★★

晶圆片匀胶显影设备是指光刻工艺过程中与光刻机配套使用的匀胶、显影及烘烤设备。在早期的集成电路工艺和较低端的半导体工艺中，此类设备往往单独使用。随着集成电路制造工艺自动化程度的不断提高，在200mm及以上的大型生产线上，此类设备一般都与光刻设备联机作业，组成配套的晶圆片处理与光刻生产线，与光刻机配合完成精细的光刻工艺流程。为提高生产效率，近年来开发出多种工艺模块定制组合的积木式机台，同时可带有胶膜厚度自动测量装置及特征尺寸自动测量装置。晶圆片匀胶显影设备的主要工艺流程如图5.21所示。

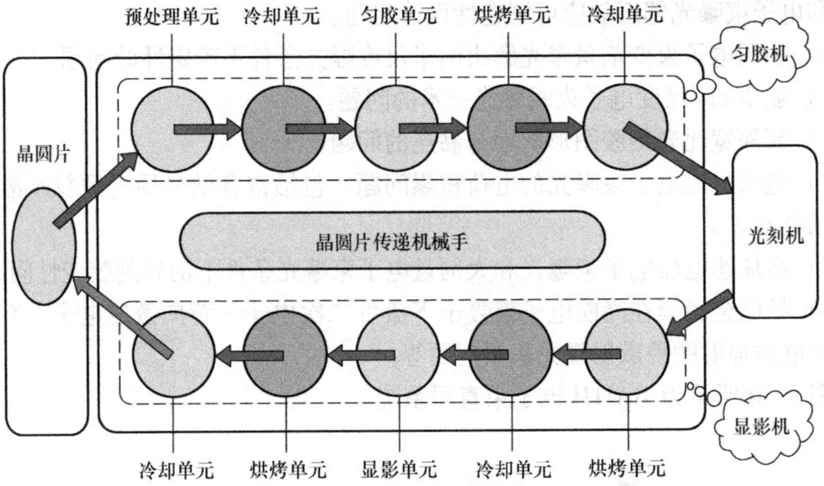

图5.21　晶圆片匀胶显影设备的主要工艺流程

晶圆片匀胶显影设备主要由匀胶、显影、烘烤三大系统组成，通过晶圆片传递机械手，使晶圆片在各系统之间传输和处理，完成晶圆片的光刻胶涂覆、固化、光刻、显影、坚膜的工艺过程。

(1) 匀胶系统

匀胶系统的主要功能是实现光刻胶的均匀涂覆，它是用高精度的光刻胶泵，将定量的光刻胶准确地滴到指定位置，通过电动机的加速旋转，利用离心力将光刻胶均匀地涂覆于晶圆片表面。匀胶系统的具体工作过程是：将片盒中的晶圆片传送到载片台上（用真空吸附），光刻胶在滴胶系统的驱动下，通过胶嘴滴落在晶圆片上，在主轴电动机的带动下进行旋转并完成涂胶工艺。晶圆片的旋转速度为50~800r/min（可调），精度为±1r/min。匀胶工艺包括预涂增黏剂、晶圆片冷却、旋涂光刻胶、晶圆片涂胶后软烘等流程，其流程如图5.22所示。

在旋涂光刻胶前，晶圆片需预涂增黏剂，并在100~140℃温度下进行烘烤

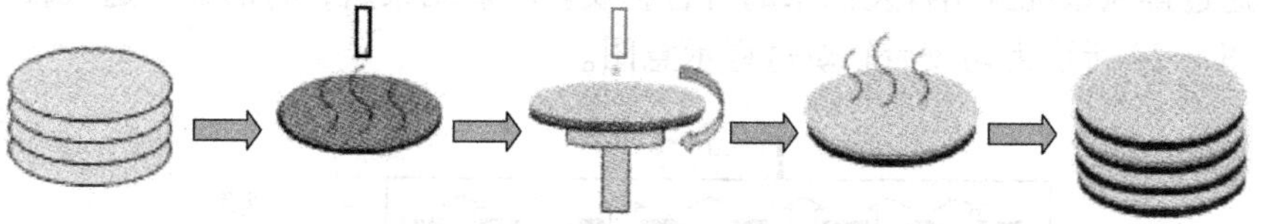

图5.22 匀胶工艺流程

处理，以增强光刻胶与晶圆片的附着力。增黏剂通过发泡挥发形式喷覆在晶圆片表面，喷覆与烘烤是在密封腔内完成的，并通过真空泵排出挥发的有害物质。

随着光刻胶对温度敏感性的增强，为保证光刻胶膜厚度的一致性，在涂覆光刻胶前要控制晶圆片温度及晶圆片间温度的一致性（一般控制在22～25℃，可以通过冷盘工艺模块来控制晶圆片的温度）。

每条匀胶生产线可配置多个匀胶单元，每个匀胶单元可有一个或多个滴胶系统，可涂不同种类的光刻胶。随着晶圆片尺寸的增大，出现了多点滴胶或胶嘴移动式滴胶。胶膜厚度一般为100～1000nm，同一晶圆片以及不同晶圆片之间的膜厚偏差最大值为2～5nm。滴胶系统所用胶泵有单级泵和双级泵两种。滴胶系统还包括过滤器、除气泡和光刻胶回吸控制等装置。旋涂光刻胶流程如图5.23所示。

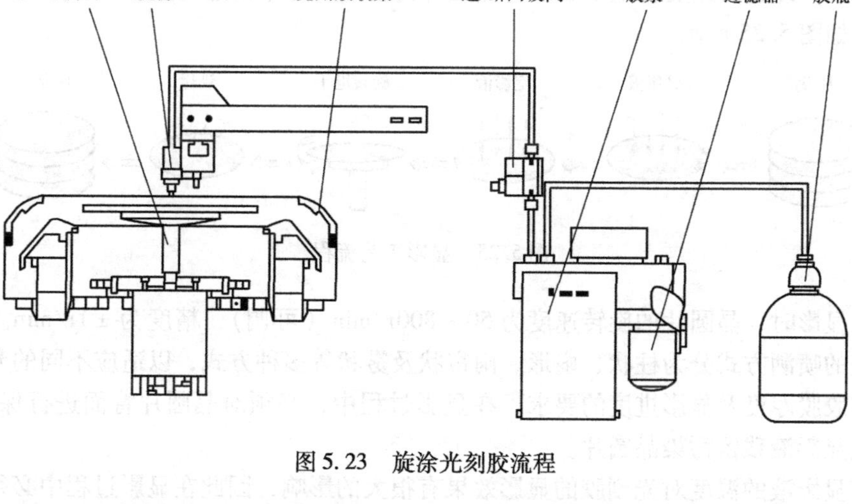

图5.23 旋涂光刻胶流程

匀胶单元一般配有边缘光刻胶清除及背面杂质清洗功能，用于去除晶圆片正面边缘1～5mm处光刻胶，同时清洗掉晶圆片背面的杂质。

软烘是指对涂过胶的晶圆片进行90～180℃烘烤，烘烤时间一般为1～2min。

涂胶后的晶圆片要按一定的升温速率进行烘干，烘烤过程在相对密封的腔体内进行，通过排风系统排出挥发出来的有害物质。软烘结束后，将晶圆片送入收片盒内。图 5. 24 所示为匀胶后软烘过程示意图。

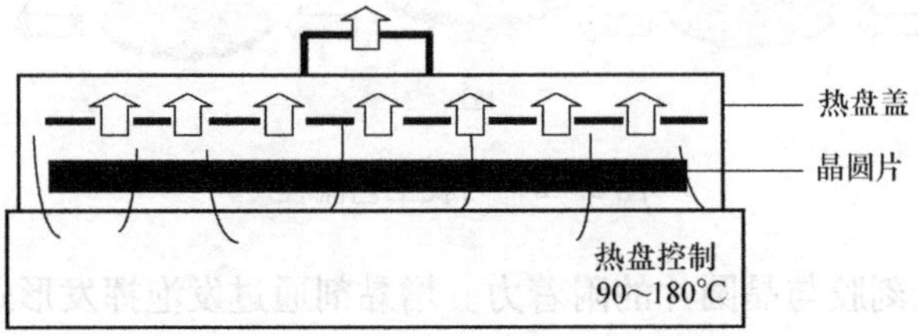

图 5. 24　匀胶后软烘过程示意图

主轴转速的稳定性和重复性是决定胶膜厚度均匀性和一致性的关键，起动加速度的大小是能否将不同黏稠度的光刻胶甩开并使胶均匀的决定性因素。涂胶环境温湿度的控制、涂胶腔体的结构、涂胶前晶圆片的温度控制、涂胶后的软烘控制等都会影响光刻胶的涂覆效果。

(2) 显影系统

显影系统的主要功能是对曝光后的晶圆片进行显影及坚膜。其工艺流程是：利用气压或泵将显影液通过显影喷嘴喷洒到高速旋转的晶圆片上，与光刻胶发生反应后形成相应的图形，然后喷洒清洗液去除显影液及光刻胶，再喷洒定影液进行定影，经过高速旋转甩干后，将晶圆片传输到烘烤单元进行坚膜，最后送回片盒，如图 5. 25 所示。

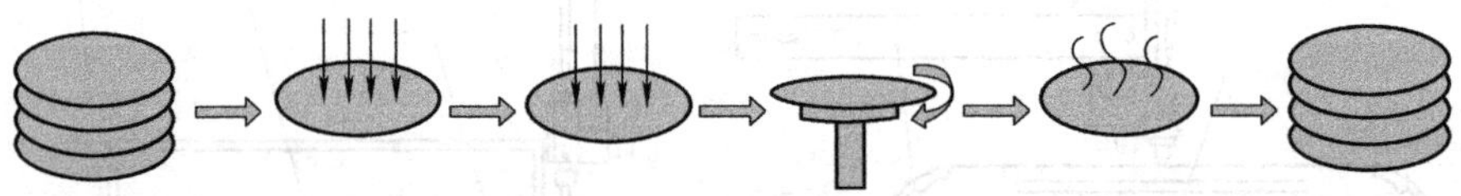

图 5. 25　显影工艺流程

显影时，晶圆片的旋转速度为 50 ~ 800r/min（可调），精度为 ± 1r/min。显影液的喷洒方式分为柱状、扇形、雨帘状及雾状等多种方式，以适应不同的光刻胶、胶膜厚度及显影进度的要求。在显影过程中，必须对晶圆片背面进行保护，防止显影液残留污染晶圆片。

显影液的温度对光刻胶的显影效果有很大的影响，因此在显影过程中必须保持温度恒定（一般控制在 23℃）。目前，采用水浴方式控制显影液温度。在显影液管路外套保温管，保温管内有恒温循环水，循环水由专用的恒温槽控制水温（控温范围为 20 ~ 25℃，精度为 ± 0. 2℃）。

显影后的烘烤在独立的烘烤单元进行，烘烤单元与匀胶系统所用的烘烤单元基本相同，其温度范围一般为 90～180℃，烘烤时间一般为 1～2min。烘烤的主要作用是去除光刻胶中剩余的溶剂，同时增加光刻胶与晶圆片之间的黏附力。

影响显影效果的主要因素有显影液成分、显影时间、显影方式、烘烤温度及烘烤时间等。显影后，必须对图形进行检测，以确定显影效果。常见的显影问题包括不完全显影、显影不足和过显影等。

（3）烘烤系统

烘烤的目的是通过烘烤设备提供的高温促使光刻胶中的溶剂蒸发，使光刻胶黏结力达到最大化，以便光刻胶均匀、牢固地附着于晶圆片表面。由于匀胶/显影设备的自动化，多数烘烤单元与匀胶/显影单元一起集成于晶圆片匀胶显影设备中，实现了匀胶-烘烤-显影-坚膜的一体化。但是，少数客户由于特殊的工艺要求或受晶圆片匀胶显影设备配置的限制，需要在晶圆片匀胶显影设备外单独配置专用的自动烘烤设备，此类设备一般为定制式非标设备。

自动烘烤设备的工作过程与晶圆片匀胶显影设备相同，只是省略了匀胶与显影单元，取而代之的是配置更多的烘烤单元。用于 150～300mm 晶圆片处理时，通常配置 12～24 个烘烤单元，以适应不同工艺与产能的需求。设备的产能主要由晶圆片要求的烘烤的工艺时间所决定，因此可以通过适当增加烘烤单元的数量来提高产能。但是，当烘烤单元增加到一定数量时，其产能将受到晶圆片传输单元能力的限制。

决定烘烤设备性能的是烘烤温度、烘烤温度精度及温度在晶圆片不同区域的均匀性。烘烤温度是受光刻胶热流程特性限制的，一般为 30～200℃。烘烤温度精度、温度分布的均匀性则是由烘烤单元的加热方式、控制方法及热盘结构所决定的。

光刻胶烘烤产生的挥发物主要为各种有机溶剂，有较大的刺激性气味，大量吸入会对人体产生一定的伤害，因此烘烤设备应采取适当的措施对其进行收集与强制排出（多采取整体的封闭结构，以利于挥发物的收集与排放）。

晶圆片匀胶显影设备的国外生产厂商主要有日本的东京电子有限公司（TEL）和 DNS 公司，以及德国的苏斯公司等。图 5.26 所示为 TEL 的匀胶显影设备。

5.4.10　湿法去胶系统 ★★★

湿法去胶设备主要用于晶圆片刻蚀后其表面作为阻挡层的光刻胶的去除，适用于 50～300mm 晶圆片的处理，按工作方式可分为单片处理机台和槽式处理机台两类。随着晶圆片尺寸的逐渐增大，集成电路生产中越来越多地采用单片湿法去胶设备。常见的单片去胶处理方法有常压去胶液冲洗方法和高压去胶液冲洗方

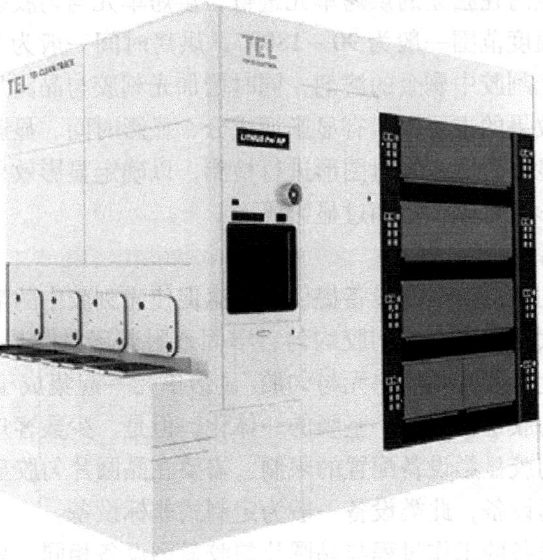

图 5.26　TEL 的匀胶显影设备

法。为了配合厚胶的去除，单片处理机台一般也配有浸泡单元，可以将多个晶圆片同时浸泡，以提高设备的产能。

单片湿法去胶的一般工艺流程为：浸泡（可选）→高压去胶（可选）→常压去胶→清洗甩干。

浸泡工艺在浸泡槽中进行。浸泡槽内一般具有去胶液加热和超声波清洗辅助功能，加热的去胶液的分子运动更强烈，对胶膜的溶解也更快一些。超声波的清洗原理为：在频率为 20～40Hz 的超声波作用下，液体会产生局部密度差异（密度低的疏部和密度高的密部），其中疏部可能接近真空，从而形成空腔；当空腔撕裂时，其周边会产生强大的局部压力，会加速胶膜的剥离和脱落，同时也起到加速溶解的作用[14]。超声波去胶效果与介质温度以及超声波的频率、功率、压力等条件有关。一般情况下，增加功率对提高清洗效果比较有效，但对具有沟槽结构或减薄的晶圆片，功率过大会有破片的风险。因此，合理地布置超声波源的位置也是机台设计的关键点之一。

常压去胶液冲洗方法适用于去除较薄的胶膜（约 10μm），其工艺最为常见，使用加热后的去胶液直接对晶圆片表面进行喷洒，直至晶圆片表面的胶膜完全溶解后，再使用纯水清洗晶圆片，最后将晶圆片甩干后取回。在机台设计上，需要具有对去胶液管路保温的功能。去胶液的加热一般在供液桶内完成，加热温度为 50～80℃。

高压去胶液冲洗方法一般应用于较难去除的光刻胶，或者在提高机台产能时使用。通过气液增压泵将去胶液加压至 5 ~ 20MPa，然后选择柱状或扇状喷嘴冲刷晶圆片表面。因高压去胶液冲击晶圆片表面时会产生大量的“水雾”，所以整个工艺单元的密封设计也是要重点考虑的。在整个去胶过程中，晶圆片需要以较高的速度旋转，在旋转的过程中不断地向晶圆片表面喷洒去胶液，利用去胶液的溶解作用和高速旋转的离心作用，使溶解的胶膜或颗粒及时脱离晶圆片表面。高压去胶液一般也需要加热。

单片湿法去胶设备对晶圆片的处理采用干进干出的方式，但在工艺过程中会涉及湿晶圆片的传递步骤，因此其机械手和承片台不能使用真空吸附的方式，以免去胶液进入真空管路，引起管路的腐蚀破坏。

去胶液价格较高，而且使用过一次的去胶液对胶膜还有很强的溶解能力，所以去胶设备一般都具有去胶液回收功能，这样不仅可以充分利用去胶液的溶解能力，减少环境污染，也可以减少去胶液温度的波动。

去胶液的气味刺激性较大，吸入其蒸气会对人体造成一定的伤害，所以此类设备多采用片盒到片盒的全自动工作方式。国外主要的湿法去胶设备生产厂商有美国 SSEC 公司和东京电子有限公司。

参考文献

[1] QUIRK M, SERDA J. 半导体制造技术 [M]. 韩郑生, 等译. 北京: 电子工业出版社, 2015.

[2] XIAO H. 半导体制造技术导论 [M]. 杨银堂, 段宝兴, 译. 北京: 电子工业出版社, 2013.

[3] 李亚明. 光刻技术的发展 [J]. 电子世界, 2014 (24): 18.

[4] 王阳元, 康晋锋. 硅集成电路光刻技术的发展与挑战 [J]. 半导体学报, 2002, 23 (3): 225 - 237.

[5] 陈宝饮, 刘明, 徐秋霞, 等. 微光刻与微纳米加工技术 [C]. 第十三届全国电子束 · 离子束 · 光子束学术年会 (长沙), 2005: 9 - 23.

[6] OIZUMI H, IZUMI A, MOTAI K, et al. Atomic hydrogen cleaning of surface Ru oxide formed by extreme ultraviolet irradiation of Ru - capped multilayer mirrors in H_2O ambience [J]. Japanese Journal of Applied Physics, 2007, 46 (7L): L633.

[7] 蒋文波, 胡松. 传统光学光刻的极限及下一代光刻技术 [J]. 微纳电子技术, 2008, (6): 361 - 365.

[8] 袁琼雁, 王向朝. 国际主流光刻机研发的最新进展 [J]. 激光与光电子学进展, 2007, (1).

[9] CHENLI X, JIAN Y, HUA Y, et al. Outgassing analysis of molecular glass photoresists under EUV irradiation [J]. Science China Chemistry, 2014, 57 (12): 1746 - 1750.

[10] 何杰, 夏建白. 半导体科学与技术 [M]. 北京: 科学出版社, 2007.

[11] 陈宝钦. 电子束光刻技术与图形数据处理技术 [J]. 微纳电子技术, 2011, 48 (6):

345 - 352.
[12] 于明岩．微纳系统电子束光刻关键技术及相关机理研究［D］．哈尔滨：哈尔滨理工大学，2015.
[13] 杜宇禅．极紫外光刻掩模关键技术研究［D］．北京：中国科学院大学，2013.
[14] 刘传军，赵权，刘春香，等．硅片清洗原理与方法综述［J］．半导体情报，2000，37（2）：30 - 36.

第6章 »

刻蚀工艺及设备

6.1 简　　介

集成电路制造工艺中的刻蚀分为湿法刻蚀和干法刻蚀两种。早期普遍采用的是湿法刻蚀，但由于其在线宽控制及刻蚀方向性等多方面的局限，3μm 之后的工艺大多采用干法刻蚀，湿法刻蚀仅用于某些特殊材料层的去除和残留物的清洗。干法刻蚀是指使用气态的化学刻蚀剂与晶圆片上的材料发生反应，以刻蚀掉需去除的部分材料并形成可挥发性的反应生成物，然后将其抽离反应腔的过程。刻蚀剂通常直接或间接地产生于刻蚀气体的等离子体，所以干法刻蚀也称为等离子体刻蚀。

等离子体是刻蚀气体在外加电磁场（如产生于射频电源）的作用下通过辉光放电而形成的一种处于弱电离状态的气体，它包括电子、离子和中性的活性粒子。其中，活性粒子可以与被刻蚀材料直接发生化学反应而达成刻蚀，但这种纯化学反应通常仅发生在极少数材料且不具有方向性；当离子具有一定的能量时，可以通过直接的物理溅射达成刻蚀，但这种纯物理反应的刻蚀率极低，并且选择性很差。绝大多数的等离子体刻蚀是在活性粒子和离子同时参与下完成的。在此过程中，离子轰击具有两个功能，一是破坏被刻蚀材料表面的原子键，从而加大中性粒子与其反应的速率；二是将沉积于反应界面的反应生成物打掉，以利于刻蚀剂与被刻蚀材料表面充分接触，从而使刻蚀持续进行。而沉积于刻蚀结构侧壁的反应生成物则不能有效地被具有方向性的离子轰击所去除，从而阻断了侧壁的刻蚀并形成了各向异性刻蚀[1,2]。表 6.1 所示为等离子体刻蚀类型及应用。

表 6.1　等离子体刻蚀类型及应用

刻蚀类型	主要特点	设备举例	主要应用
物理刻蚀	方向性好、选择性很低	溅射刻蚀	表面清洗

（续）

刻蚀类型	主要特点	设备举例	主要应用
物理化学混合刻蚀	方向性和选择性兼具且可控	反应离子刻蚀	各种形状（如孔、槽）的硅氧化物及金属等材料的刻蚀
化学刻蚀	方向性很差、选择性很高	去胶机	光刻胶去除、氮化硅去除、掩模氧化层去除

过去的30多年间，随着集成电路制造技术的持续发展，等离子体刻蚀设备经历了快速的迭代发展。总体而言，早期的等离子体刻蚀设备采用多晶圆片系统，即反应腔可容纳多个晶圆片，如圆筒形设备和六角形设备，有些平板式设备也是如此。随着刻蚀精度和均匀度要求的提高，以及晶圆片直径的增大，自进入200mm晶圆片时代起，绝大多数的刻蚀设备均采用单晶圆片形式。由于单片形式每次只完成一个晶圆片的刻蚀处理，需要大大增加刻蚀率，而越来越精细的刻蚀必须在低气压环境中完成，所以单片式刻蚀设备的演进历史在其初期就是低气压环境下稳定且高密度等离子体技术的发展史。后来在实践中发现高密度等离子体并不是一定会带来高刻蚀率，反而可能导致器件损伤和低选择率等问题，因此高密度不再是最主要的追求目标。随着近代集成电路技术的革命性突破，如三维鳍式场效应管（FinFET）和立体闪存结构，刻蚀工艺的要求不仅越来越高，并且涉及面越来越广，使得刻蚀设备的发展除了普遍追求均匀性和精确的控制以外，更呈现出多样化和特殊化。

刻蚀设备是一种集合了等离子体、材料、真空、精密加工、控制软件等多领域最先进技术的高科技产品，也是各种芯片生产设备中最为复杂、难度最大且使用比例最高的设备之一。一台先进的带有4个反应腔的300mm晶圆片刻蚀系统，其售价可高达500万美元以上。目前，美国和日本在刻蚀设备制造领域处于领先地位，主要的生产商包括美国的迈林半导体（Lam Research）和应用材料（Applied Materials）以及日本的东京电子有限公司（TEL）和日立（Hitachi）。近10多年，中国的设备生产商在此领域进步显著，中微半导体设备有限公司自主开发的介质刻蚀设备已经被国内外芯片制造大厂引入先进生产线中进行大规模生产，用于硅通孔刻蚀的设备也进入国内外多个封装厂实现量产。北方华创微电子装备有限公司的硅刻蚀机已进入中芯国际等多条生产线的先进工艺中进行大规模生产。

6.2 刻蚀工艺

6.2.1 湿法刻蚀和清洗 ★★★

湿法刻蚀是集成电路制造工艺中最早采用的技术之一。虽然由于受其刻蚀的各向同性的限制，使得大部分的湿法刻蚀工艺被具有各向异性的干法刻蚀替代，但是它在尺寸较大的非关键层清洗中依然发挥着重要的作用。尤其是在对氧化物去除残留与表皮剥离的刻蚀中，比干法刻蚀更为有效和经济。湿法刻蚀的对象主要有氧化硅、氮化硅、单晶硅和多晶硅等。湿法刻蚀氧化硅通常采用氢氟酸（HF）为主要化学载体。为了提高选择性，工艺中采用氟化铵缓冲的稀氢氟酸。为了保持 pH 值的稳定，可以加入少量的强酸或其他元素。掺杂的氧化硅比纯氧化硅更容易腐蚀。湿法化学剥离主要是为了去除光刻胶和硬掩模（氮化硅）。热磷酸（H_3PO_4）是用于湿法化学剥离去除氮化硅的主要化学液，对于氧化硅有较好的选择比。在进行这类化学剥离工艺前，需要将附着在表面的氧化硅用氢氟酸进行预处理，以便将氮化硅均匀地清除掉[3,4]。

湿法清洗与湿法刻蚀类似，主要是通过化学反应去除硅片表面的污染物，包括颗粒、有机物、金属和氧化物。主流的湿法清洗就是湿化学法。虽然干法清洗可以替代很多湿法清洗，但是目前尚未找到可以完全取代湿法清洗的方法。湿法清洗常用的化学品有硫酸、盐酸、氢氟酸、磷酸、过氧化氢、氢氧化铵、氟化铵等，在实际应用中视需要以一种或多种化学品按照一定比例与去离子水调配组成清洗液，如 SC1、SC2、DHF、BHF 等[4,5]。

清洗常用于氧化膜沉积前工艺，因为氧化膜的制备必须在绝对清洁的硅片表面上进行。常见的硅片清洗流程见表 6.2[5]。

表 6.2 常见的硅片清洗流程

序号	清洗工艺步骤	工艺目的
1	热的 H_2SO_4/H_2O_2	去除有机物和金属
2	超纯水	清洗
3	稀释的 HF（DHF）	去除自然氧化层
4	超纯水	清洗
5	$NH_4OH / H_2O_2/ H_2O$	去除颗粒
6	超纯水清洗（室温、80～90℃ 、室温）	清洗
7	$HCl/H_2O_2/ H_2O$	去除金属
8	超纯水	清洗
9	稀释的 HF（DHF）	去除自然氧化层
10	超纯水	清洗
11	干燥	干燥

1970 年，由美国无线电公司的 W. Kern 和 D. Puotinen 提出了 RCA 湿法清洗方法。在这种方法中，1 号清洗液（RCA1 或 SC1）是碱性溶液，能去除表面颗粒物和有机物质；2 号清洗液（RCA2 或 SC2）是酸性溶液，能去除表面金属污

染物和颗粒。近年来，清洗技术在雾化蒸汽清洗、超声波辅助清洗等新技术的支撑下，在高端芯片制造工艺中获得了更广泛的应用。

6.2.2 干法刻蚀和清洗 ★★★

产业中的干法刻蚀主要是指等离子体刻蚀，即利用增强活性的等离子体对特定物质进行刻蚀。大规模生产工艺中的设备系统采用的是低温非平衡态等离子体。等离子体刻蚀主要采用两种放电模式，即电容耦合放电和电感耦合放电。在电容耦合放电模式中，等离子体在两块平行板电容中通过外加射频（RF）电源产生和维持放电，通常的气压在数毫托至数十毫托，电离率小于 10^{-5}。在电感耦合放电模式中，一般在较低气压下（数十毫托），通过电感耦合输入能量来产生和维持等离子体，通常电离率大于 10^{-5}，故又称为高密度等离子体。高密度等离子体源也可以通过电子回旋共振和回旋波放电得到。高密度等离子体通过外加射频或微波电源和基片上的射频偏压电源，独立控制离子流量和离子轰击能量，可以优化刻蚀工艺的刻蚀率和选择比，同时降低刻蚀损伤[4]。

干法刻蚀工艺流程为：将刻蚀气体注入真空反应腔，待反应腔内压力稳定后，利用射频辉光放电产生等离子体；受高速电子撞击后分解产生自由基，扩散到衬底表面并被吸附。在离子轰击作用下，被吸附的自由基与衬底表面的原子或分子发生反应，从而形成气态副产物，该副产物从反应室中被排出，其过程如图 6.1所示。

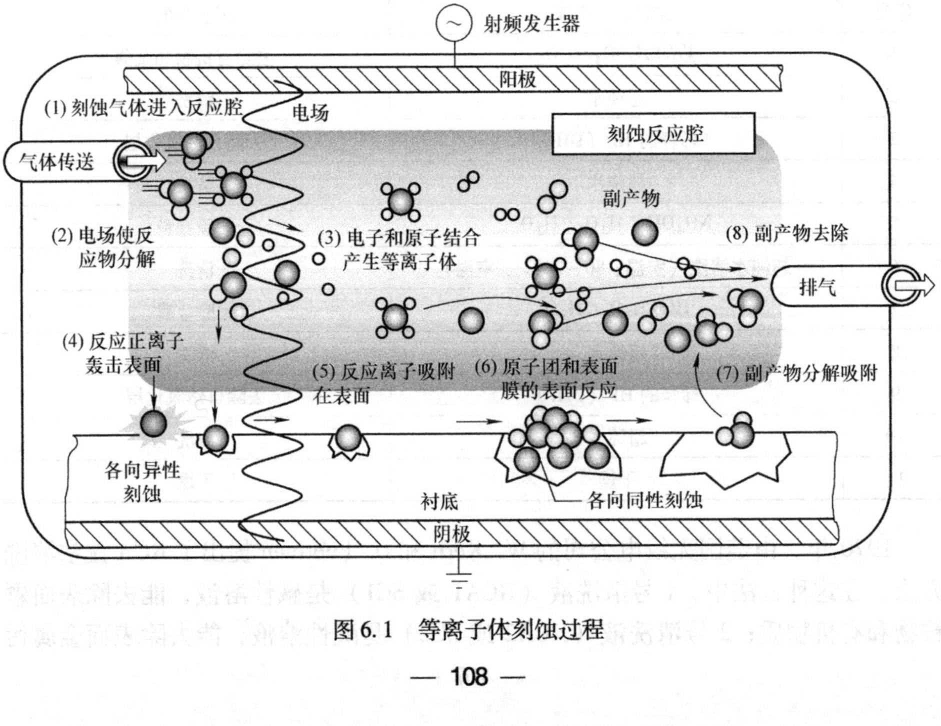

图 6.1　等离子体刻蚀过程

干法刻蚀工艺可以分为如下 4 类：

1）物理溅射刻蚀：主要依靠等离子体中的载能离子轰击被刻蚀材料的表面，溅射出的原子数量取决于入射粒子的能量和角度。当能量和角度不变时，不同材料的溅射率通常只有 2 ~3 倍的差异，因此没有选择性特征。反应过程以各向异性为主。

2）化学刻蚀：等离子体提供气相的刻蚀原子和分子，与物质表面产生化学反应后产生挥发性气体，例如：

$$\mathrm{Si}\text{（固态）} + 4\mathrm{F} \rightarrow \mathrm{SiF_4}\text{（气态）}$$

$$\text{光刻胶} + \mathrm{O}\text{（气态）} \rightarrow \mathrm{CO_2}\text{（气态）} + \mathrm{H_2O}\text{（气态）}$$

这种纯化学的反应具有良好的选择性，在不考虑晶格结构时，呈现各向同性特征。

3）离子能量驱动刻蚀：离子既是产生刻蚀的粒子，又是载能粒子。这种载能粒子的刻蚀效率比单纯的物理或化学刻蚀要高一个量级以上。其中，工艺的物理和化学参数的优化是控制刻蚀过程的核心。

4）离子-阻挡层复合刻蚀：主要是指在刻蚀过程中有复合粒子产生聚合物类的阻挡保护层。等离子体在刻蚀工艺过程中需要有这样的保护层来阻止侧壁的刻蚀反应。例如，在 Cl 和 Cl_2 刻蚀中加入 C，可以在刻蚀中产生氯碳化合物层来保护侧壁不被刻蚀。

干法清洗主要是指等离子体清洗。利用等离子体中的离子轰击被清洗表面，加上激活状态的原子、分子与被清洗表面相互作用，从而实现去除和灰化光刻胶。与干法刻蚀不同的是，干法清洗工艺参数中通常不包括方向的选择性，因此工艺设计相对较为简单。在大生产工艺中，主要采用氟基气体、氧或氢作为反应等离子体的主体，此外加入含有一定数量的氩等离子体，可以增强离子轰击效果，从而提高清洗效率。

在等离子干法清洗工艺中，通常采用远程等离子体的方法。这是因为清洗工艺中希望降低等离子体中离子的轰击效果，以控制离子轰击引起的损伤；而化学自由基的反应得到增强，则可以提高清洗的效率。远程等离子体可以利用微波在反应腔室外生成稳定且高密度的等离子体，产生大量的自由基进入反应腔体实现清洗需要的反应。产业中干法清洗气源大多采用氟基气体，如 NF_3 等，在微波等离子体中有 99% 以上的 NF_3 被分解。干法清洗工艺中几乎没有离子轰击效应，故有利于保护硅片免受损伤并延长反应腔体寿命。

6.3 湿法刻蚀与清洗设备

6.3.1 槽式晶圆片清洗机 ★★★

槽式晶圆片清洗机主要由前开式晶圆片传送盒传输模块、晶圆片装载/卸载传输模块、排风进气模块、化学药液槽体模块、去离子水槽体模块、干燥槽体模块和控制模块构成，它可以同时对多盒晶圆片进行清洗，可以做到晶圆片干进干出。图6.2 所示为两种典型的槽式晶圆片清洗机布局示意图。布局的选择是由该设备在厂房中所处位置决定的，干法刻蚀区域一般选择Ⅰ型，扩散沉积区域选择Ⅱ型。典型的干法刻蚀后清洗的工艺流程如下：

SPM→HQDR1 + DHF + OF→SC1→HQDR2→DRY

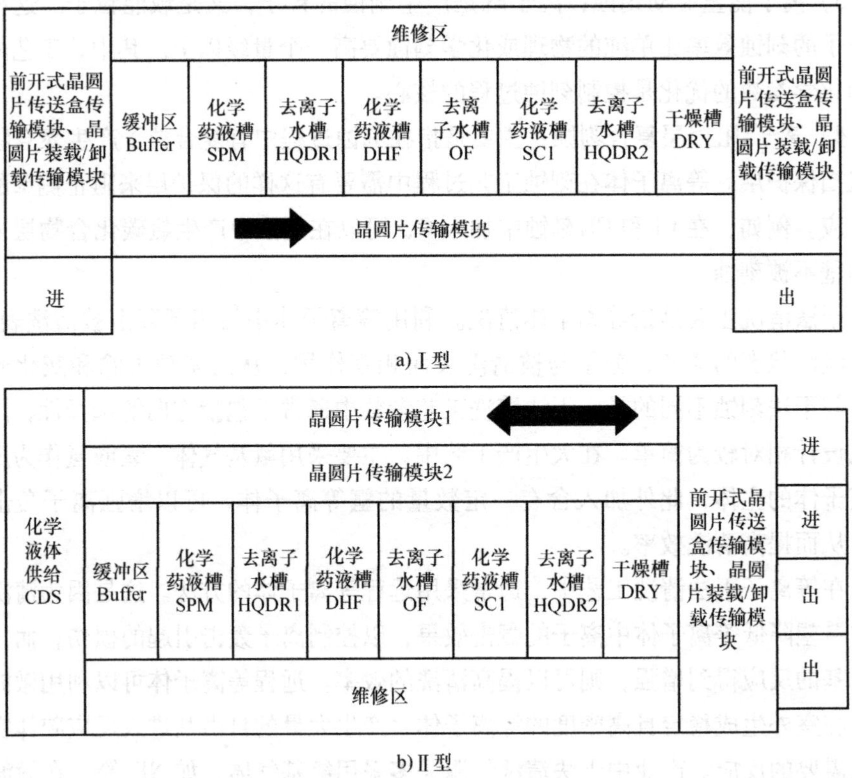

图6.2 两种典型的槽式晶圆片清洗机布局示意图

其中，SPM 为硫酸（H_2SO_4）、过氧化物（H_2O_2）和去离子水的混合物，用于去除晶圆片表层的有机物，HQDR1（Hot Quick Dump Rinse）用于去除晶圆片表层的 SPM，DHF（稀释的氢氟酸）用于去除薄膜，OF（Over Flow）用于去除晶圆片表层的 DHF，SC1（氨水，NH_4OH）用于晶圆片清洗，HQDR2 用于去除晶圆片表层的 SC1，DRY 用于干燥晶圆片。

晶圆片传输模块将晶圆片在各个工艺模块之间传输，水平位置的精确控制和进入各槽体的垂直速度是关键控制参数，直接影响清洗效果。化学药液槽体模块主要用于准备化学药液，该槽体模块由槽体、兆声波发生器、循环泵、热交换器、过滤器、浓度计、流量计、温度计和液位计等构成，主要用于实现对化学药液浓度、温度及循环流量的精确控制，从而实现清洗工艺目标。其中，兆声波发生器的主要作用是加强对晶圆片表面颗粒清洗的效果。图 6.3 所示为典型化学药液槽体模块示意图。

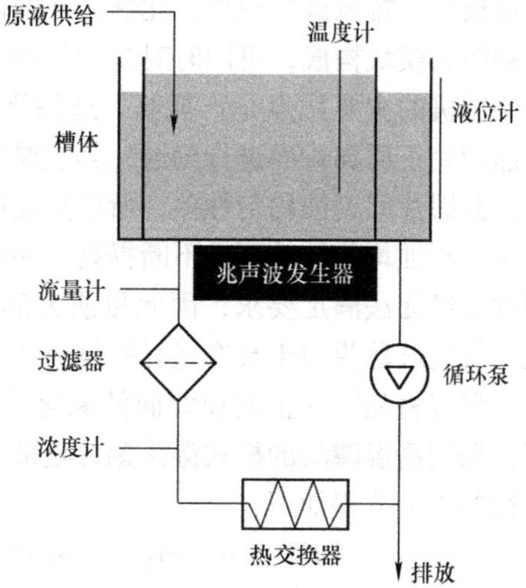

图 6.3　典型化学药液槽体模块示意图

在完成化学药液槽工艺后，晶圆片需要原液供给及时进入去离子水槽进行清洗，去除残留在晶圆片表面的化学药液，以避免过刻蚀的发生。去离子水槽主要有两种，一种是溢流槽（Over Flow，OF），用于湿法刻蚀后的清洗；另一种是热水快速排放槽（Hot Quick Dump Rinse，HQDR），主要用于去胶或颗粒清洗后的清洗，一般会配备有兆声波清洗功能。干燥槽是槽体晶圆片清洗机的核心模块，其主要作用是保证晶圆片干燥时不产生颗粒、水痕和图形损伤，并且可以控制化学氧化层的厚度。

排风进气模块的主要作用是控制进入工艺模块气体的洁净度，同时将产生的化学气雾排放至厂务系统，以确保清洗工艺效果及机台人员安全。控制模块主要是根据设定的工艺流程完成对晶圆片的清洗刻蚀工艺，同时将关键参数上传至工厂数据控制系统。

28nm 以及更先进工艺的湿法清洗对晶圆片表面小颗粒的数量及刻蚀均匀性的要求越来越高，同时必须达到图形无损干燥。而槽式晶圆片清洗机的槽体内部化学药液的差异性、干燥方式，以及与晶圆片接触点过多，导致无法满足这些工艺需求，现已逐渐被单晶圆片清洗机取代，目前在整个清洗流程中约占 20% 的步骤。

6.3.2 槽式晶圆片刻蚀机 ★★★

槽式晶圆片刻蚀机主要由前开式晶圆片传送盒传输模块、晶圆片装载/卸载传输模块、排风进气模块、化学药液槽体模块、去离子水槽体模块、干燥槽体模块和控制模块构成，可同时对多盒晶圆片进行刻蚀，可以做到晶圆片干进干出。该刻蚀机的主要优点是产能高，适用于超高温化学液体（120℃以上），可同时对晶圆片正面和背面进行刻蚀；其主要缺点是占地面积大，薄膜刻蚀量控制精度小，晶圆片间刻蚀均匀性差，所以只能用于晶圆片整面刻蚀工艺。由于对薄膜刻蚀量和刻蚀均匀性的要求不断提高，晶圆片刻蚀要求片内均匀性小于2%，槽式刻蚀已经无法满足要求，因此目前大部分的薄膜湿法刻蚀主要由单片刻蚀机完成。氮化硅薄膜由于具有优异的材料特性，常被选作牺牲层，待完成特定的工艺后，需要将晶圆片正面和背面的氮化硅薄膜全部去除。在满足工艺要求的前提下，采用高温磷酸的槽式湿法刻蚀是最有效的一种方式。典型的氮化硅槽体湿法刻蚀的工艺流程如下：

$$DHF \rightarrow OF \rightarrow H_3PO_4 \rightarrow HQDR1 \rightarrow SC1 \rightarrow HQDR2 \rightarrow DRY$$

其中，DHF 用于去除晶圆片表层的氧化硅；OF 用于去除晶圆片表面的 DHF；H_3PO_4用于去除氮化硅；HQDR1 用于去除晶圆片表层的 H_3PO_4；SC1 用于晶圆片清洗；HQDR2 用于去除晶圆片表层的 SC1；DRY 用于干燥晶圆片。

图 6.4 所示为典型槽式晶圆片刻蚀机布局示意图。槽式晶圆片刻蚀机与槽式晶圆片清洗机采用同一机台架构，二者最大的差别在于刻蚀机化学槽体的各项参数控制更加严格，主要通过如下 2 个关键零部件进行控制：

1）高温泵：适当的化学液体循环流速可以保证槽体内浓度和温度的均匀性。

2）加热器：高效的化学液体加热装置可以保证高温控制的稳定性。

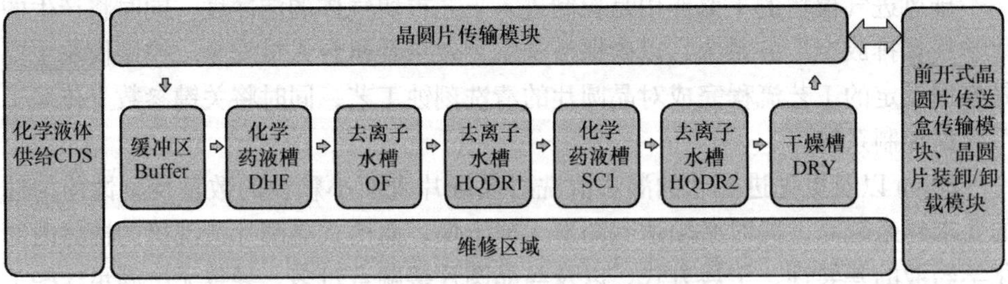

图 6.4 典型槽式晶圆片刻蚀机布局示意图

同时，针对不同的刻蚀薄膜，也需要制定特定的功能，如针对氮化硅薄膜的湿法刻蚀，需要精确控制磷酸中水的含量与温度。

28nm 以及更先进工艺对晶圆片薄膜的去除要求越来越高，不仅刻蚀量和刻蚀均匀性的控制指标在提高，对晶圆片表面的粗糙度也有更严格的要求。同时，有些工艺要求只能进行背面薄膜的去除，这就导致了槽式湿法刻蚀机市场的不断萎缩。日本的芝浦电子已经开发出氮化硅单片湿法刻蚀机来取代槽式晶圆片刻蚀。

6.3.3 单晶圆片湿法设备 ★★★

根据不同的工艺目的，单晶圆片湿法设备可分为三大类。第一类为单晶圆片清洗设备，其清洗目标物包括颗粒、有机物、自然氧化层、金属杂质等污染物；第二类为单晶圆片刷洗设备，其主要工艺目的是去除晶圆片表面颗粒；第三类为单晶圆片刻蚀设备，主要用于去除薄膜。按照工艺用途的不同，单晶圆片刻蚀设备又可以分为两种，第一种是轻度刻蚀设备，主要用于去除由高能离子注入所引起的表层薄膜损伤层；第二种是牺牲层去除设备，主要用于晶圆片减薄或化学机械抛光后的阻挡层去除。

从机台总体架构来看，所有种类的单晶圆片湿法设备基本架构都类似，一般由主体框架、晶圆片传输系统、腔体模块、化学药液供给传输模块、软件系统和电控模块 6 部分组成，如图 6.5 所示。

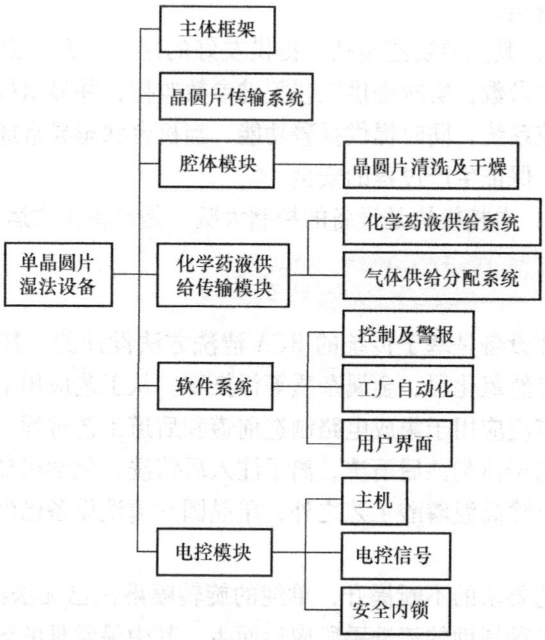

图 6.5　单晶圆片湿法设备基本架构

1）主体框架：主要包括工艺腔体配置及腔体的布局，目前最常见的腔体配置数量为 8 个或 12 个。为了实现产能的最大化，设备厂商已经开始制造 24 个腔体的机台。而对于腔体如何摆放，在保证晶圆片传输路径短、工艺便利的同时，还能做到无尘室占地最小，各厂商有各自的解决方案。

2）晶圆片传输系统：主要由 3 部分组成，即装卸端口、设备前端模块和晶圆片传输机械手。装卸端口必须满足晶圆片传输要求。设备前端模块装备高效空气颗粒过滤器，并且满足不同技术节点对颗粒大小控制的要求。晶圆片传输机械手用于传送清洗前和清洗后的晶圆片，必须保证晶圆片在传输的过程中没有颗粒增加，同时也需要避免静电的产生。

3）腔体模块：腔体模块是执行晶圆片清洗和干燥的区域，旋转喷淋法是单片湿法设备的工艺基础。简单来说，旋转喷淋法是指利用电动机驱动等机械方法将晶圆片以较高速度旋转，在旋转的过程中，通过向晶圆片表面喷淋清洗液、刻蚀液等流体介质，并利用高速旋转的离心作用，实现流体介质在整个晶圆片表面的均匀覆盖和脱离的工艺过程。

4）化学药液供给传输模块：化学药液供给系统一般有两种模式，即独立于主机台以外的供液子系统和集成在主机台内部的在线混酸系统。这两种供液系统均可实现不同药液、不同比例的自动调配，主要用于 SPM、DHF、SC1、SC2 等 RCA 药液的精准混合。

5）软件系统：其主要功能包括，提供友好的用户界面，由用户确定工艺配方，设置硬件工作参数，实时提供工艺关键参数监控，并显示机台实时状态；控制整机机械和电控系统，同时提供报警功能，当机台状态异常或工艺配方设置出错时将自动报警，保证生产过程的安全。

6）电控模块：电控模块是设备的控制大脑，是设备正常运行的保障。

6.3.4 单晶圆片清洗设备 ★★★

单晶圆片清洗设备是基于传统的 RCA 清洗方法设计的，其工艺目的是清洗颗粒、有机物、自然氧化层、金属杂质等污染物。从工艺应用上来说，单晶圆片清洗设备目前已广泛应用于集成电路制造前道和后道工艺过程，包括成膜前与成膜后的清洗、等离子体刻蚀后清洗、离子注入后清洗、化学机械抛光后清洗和金属沉积后清洗等。除高温磷酸工艺之外，单晶圆片清洗设备已经基本上可以兼容所有的清洗工艺。

随着清洗工艺要求的不断提升，单纯的旋转喷淋法已无法满足工艺的需求。在这种情况下，各种辅助的清洗手段应运而生，其中最常见的包括如下 2 种。

（1）纳米喷射

从清洗原理来讲，纳米喷射是在二流体雾化喷嘴的两端分别通入液体介质和高纯氮气，使用高压气体为动力，辅助液体微雾化成极微细的液体粒子，并将其喷射至晶圆片表面，从而达到去除颗粒的效果。图6.6所示为纳米喷射清洗示意图。

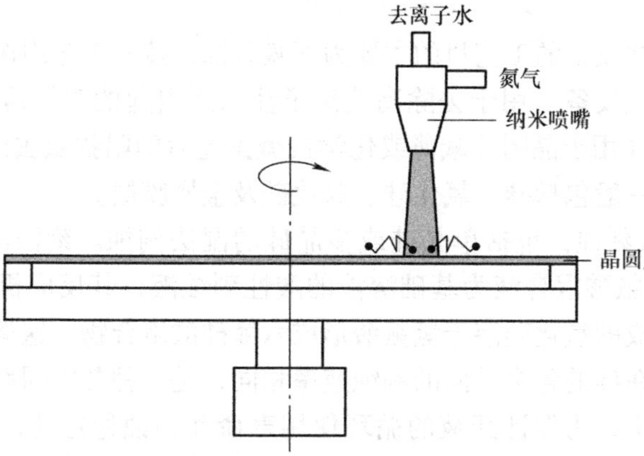

图6.6 纳米喷射清洗示意图

纳米喷射清洗技术中的重要影响因素为喷雾粒径（即喷雾液滴的平均粒子直径）、喷射至晶圆片表面的液滴数量、液滴喷射速度、喷雾角度和喷雾高度。

液滴数量和喷雾粒径决定着喷雾液滴与晶圆片接触的概率和可清洗的图形尺寸。液滴速度决定着对晶圆片表面污染物的冲击力和去除效果。喷雾角度（喷雾进行时最接近两侧的喷雾夹角角度）与喷雾高度（喷嘴口至晶圆片的距离）决定着喷雾覆盖面积的大小。因此，在纳米喷射清洗中，最重要的工艺参数为氮气流量和清洗液流量。由于这种清洗技术主要基于物理的冲击力，早期的设计无法应用于图形片的清洗。2010年以后，日本DNS公司更新升级后的Nanospray3技术，减轻了清洗时对元器件的损伤程度，并已拓展了其应用范围。

（2）兆声波清洗

美国无线电公司于1979年提出兆声波辅助晶圆片清洗工艺。兆声波结合SC1可以非常有效地去除颗粒，同时能显著降低化学药液的使用量。特别是对于小尺寸颗粒的去除，效果更加明显。为了获得好的清洗效果，同时避免对晶圆片（特别是有图形的晶圆片）产生损伤，需要选择特定的兆声波振荡频率范围。通常使用的兆声波频率为800kHz～3MHz。兆声波由兆声波发生器产生，传递到清洗液体中，然后对晶圆片进行清洗。兆声波是一种机械波，在传输的液体介质中产生周期性的压缩或拉伸。当低压相中兆声波的强度超过液体的固有拉伸强度时，液体将会被拉开而形成一个空穴，液体中溶解的气体会向空穴中扩散，在一个循环周期中空穴的体积会逐渐变大，这个现象被称为空穴现象。空穴现象可产生显著的清洗效果。由于在兆声波中边界层厚度非常小，空穴的运动可以在距离晶圆片表面非常近的位置产生局部流体流动，这个现象被称为微流，通过这种流动和空穴破碎所产生的冲击波可将颗粒从晶圆片表面去除。

6.3.5 单晶圆片刻蚀设备 ★★★

单晶圆片刻蚀设备的工艺目的主要为薄膜刻蚀，按照工艺用途可以将其分为两类，即轻度刻蚀设备（用于去除高能离子注入所引起的表层薄膜损伤层）和牺牲层去除设备（用于晶圆片减薄或化学机械抛光后的阻挡层去除）。在工艺中需要去除的材料一般包括硅、氧化硅、氮化硅及金属膜层。

1）硅的湿法刻蚀：包括单晶硅或多晶硅的湿法刻蚀。刻蚀液一般有两种，一种是以硝酸-氢氟酸混合液为基础溶液的酸性刻蚀液，其反应机理是：硝酸将硅表面氧化，形成的氧化硅溶于氢氟酸形成六氟硅酸络合物，这类刻蚀液对硅的刻蚀速率极高，在硅的各个晶向的刻蚀速率相同，是一种各向同性的湿法刻蚀方法，在实际生产中，为保证药液的循环使用寿命和刻蚀稳定性，经常会添加醋酸、硫酸和磷酸等调节硅的刻蚀速率；另一种硅刻蚀液是以氢氧化钾或四甲基氢氧化铵为基础溶液的碱性刻蚀液，此类溶液在硅的不同晶向上具有不同的刻蚀速率，是一种各向异性的湿法刻蚀方法，因此在集成电路生产中经常被用作特殊微结构的加工。

2）氧化硅的湿法刻蚀：最常见的氧化硅刻蚀液是氢氟酸刻蚀液，但由于氢氟酸溶液中的水较易挥发，在长时间的工艺过程中刻蚀速率不稳定，因此在有些需要精确控制刻蚀速率的工艺中引入了缓冲氧化硅刻蚀液（Buffered Oxide Etchant, BOE）。这种刻蚀液由氢氟酸、氟化铵（NH_4F）和表面活性剂混合而成，其中氢氟酸仍为氧化硅的主要刻蚀剂；氟化铵的作用是作为缓冲剂，提供反应过程中被不断消耗的氟离子，以保持刻蚀速率的稳定性；表面活性剂的作用是通过降低刻蚀液的表面张力，提升其在晶圆片表面的浸润性，以改善刻蚀效果。

3）氮化硅的湿法刻蚀：适用于氮化硅的刻蚀液包括氢氟酸、BOE 和高温磷酸（85%磷酸溶液，使用温度高于170℃）。由于磷酸对氧化硅的刻蚀速率很低，因此在集成电路工艺过程中，经常用磷酸作为氮化硅的膜层刻蚀剂。

4）金属膜层的湿法刻蚀：在集成电路工艺过程中，经常会出现金属膜层的刻蚀工艺，如铝、铜、钛、钽等。铝的湿法刻蚀液一般由磷酸、硝酸、醋酸及水混合而成，使用的工艺温度一般为 35 ~ 45℃。铜的湿法刻蚀液一般为氢氟酸和硝酸的混合物。

湿法刻蚀工艺及其硬件设计中，需要注意以下事项：

1）湿法刻蚀速率可通过改变溶液浓度及温度予以控制。刻蚀液的温度及流量的波动容易造成刻蚀液性能的波动，使用高精度的化学药液混合系统和保温系统是保证湿法刻蚀工艺正常进行的基础。

2）出于成本考量，刻蚀液一般需要回收使用，其浓度在循环利用过程中的变化会造成刻蚀速率的波动，因此应根据晶圆片的作业片数和药液使用时间来管控药液的使用寿命，及时更换新鲜药液。同时，混液系统内配置了刻蚀液的自动补加功能，当晶圆片作业的数量达到设定值时，混液系统自动对刻蚀储液槽进行补液，每次的补液量可由操作人员通过控制软件设定。在某些图形刻蚀的关键步骤中，控制软件会根据工艺片数的累计值自动调整每片刻蚀液的作用时间，刻蚀时间甚至可精准到0.1s。

3）由于刻蚀液在晶圆片表面各处的甩出速度不一致，且刻蚀过程中经常会有气泡产生，这些气泡会附着在晶圆片表面，从而局部地抑制刻蚀的进行，因此会造成刻蚀的不均匀性。针对此问题，在硬件设计中，刻蚀液喷嘴可在高精度电动机驱动下来回扫描，且在晶圆片的不同区域根据刻蚀速率的差异自动调整喷嘴的扫描速度，以补偿纯离心力导致的刻蚀不均匀。

4）刻蚀液一般为高浓度强刻蚀性液体，在反应过程中容易在腔体内产生化学雾，若不及时抽排而滞留在晶圆片上方，会造成晶圆片表面缺陷。因此在硬件设计上，需要在加强腔体排风的同时，兼顾送风和排风的风压平衡。单晶圆片刻蚀设备又分为晶圆片正面刻蚀和晶圆片背面刻蚀两种类型。晶圆片正面刻蚀设备的整体硬件结构与单晶圆片清洗设备基本一致，差异之处在于所施用的化学药剂不同。晶圆片背面刻蚀设备一般用于背面薄膜去除、晶圆片背面的多晶硅刻蚀和晶背减薄。

6.4 干法刻蚀设备

6.4.1 等离子体刻蚀设备的分类 ★★★

除接近纯物理反应的离子溅射刻蚀设备和接近纯化学反应的去胶设备以外，等离子体刻蚀可以根据等离子体产生和控制技术的不同而大致分为两大类，即电容耦合等离子体（Capacitively Coupled Plasma，CCP）刻蚀和电感耦合等离子体（Inductively Coupled Plasma，ICP）刻蚀。下面以电容耦合和电感耦合为主线，将等离子体刻蚀设备按其结构进行简单明了的分类[6]。

电容耦合等离子体刻蚀是将射频电源接在反应腔上、下电极中的一个或两个上，两个极板之间的等离子体形成简化等效电路中的电容，如图6.7a所示。其特点是驱动电流I_1与等离子体电流I_2方向相同。最早出现的此类技术有两种，一种是早期的等离子体刻蚀，即将射频电源接到上电极，而晶圆片所在的下电极接地，如图6.8a所示，因为这样产生的等离子体不会在晶圆片表面形成足够厚的离子鞘层，离子轰击的能量较低，通常用于硅刻蚀等以活性粒子为主要刻蚀剂的工艺；另一种是早期的反应离子刻蚀（Reactive Ion Etching，RIE），即将射频电源接在晶圆片所在的下电极，而将具有较大面积的上电极接地，如图 6.8b 所示。这种技术能形成较厚的离子鞘层，适用于需要较高离子能量参与反应的电介质刻蚀工艺。在早期的反应离子刻蚀的基础上，加上一个与射频电场垂直的直流磁场，形成 ExB 漂移，可以增加电子与气体粒子的碰撞机会，从而有效地提高等离子体浓度和刻蚀率，这种刻蚀称为磁场增强型反应离子刻蚀（Magnetron Enhanced Reactive Ion Etching，MERIE），如图 6.8c 所示。以上 3 种技术存在一个相同的缺点，即等离子体浓度及其能量无法分别控制。例如，为了提高刻蚀率，可以采用加大射频功率的方法来提高等离子体浓度，但加大的射频功率必然会导致离子能量升高，从而会造成对晶圆片上器件的损伤。近十年来，电容耦合技术都采用多个射频源设计，将其分别接在上、下电极或都接在下电极，通过对不同射频频率的选择和搭配，电极面积、间距、材料及其他关键参数相互配合，可以尽量将等离子体浓度和离子能量去耦合，如图 6.8d 所示。其中，高频率射频源用于控制等离子体浓度，称为源电源；而接在下电极的低频率射频源则用于控制离子能量，称为偏压电源。但受电容耦合本身特性所限，这样的去耦合是有局限性的。另外，由于等离子体的带电粒子在极板之间随射频电场方向来回碰撞而造成动能损耗，导致无法获得高密度等离子体，这种情况在低气压条件下尤为明显。

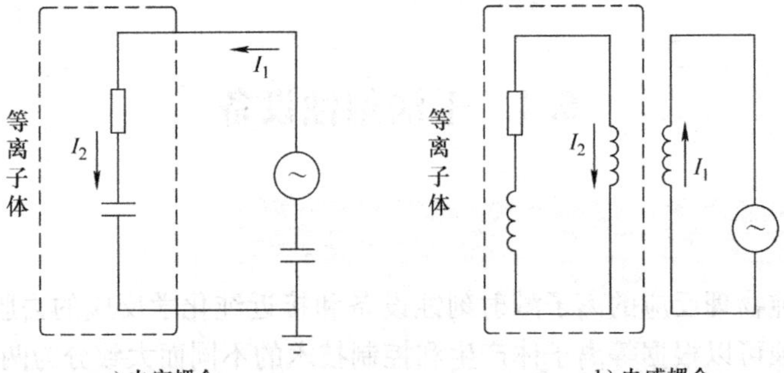

图 6.7　电容耦合和电感耦合的简化等效电路

电感耦合等离子体刻蚀是将一组或多组连接射频电源的线圈置于反应腔上部或周围，线圈中的射频电流所产生的交变磁场透过介质窗口进入反应腔，实现对电子的加速，从而产生等离子体。在简化的等效电路（变压器）中，线圈为一次绕组电感，而等离子体则为二次绕组电感（见图 6.7b），其特点是驱动电流 I_1 和等离子体电流 I_2 方向相反。这种耦合方式能够在低气压下获得比电容耦合高一个数量级以上的等离子体浓度。此外，第 2 个射频电源接在晶圆片所在位置作为偏压电源，提供离子轰击能量，因此离子浓度取决于线圈的源电源而离子能量取决于偏压电源，从而达到比较彻底的浓度与能量的去耦合，如图 6. 8e 所示。

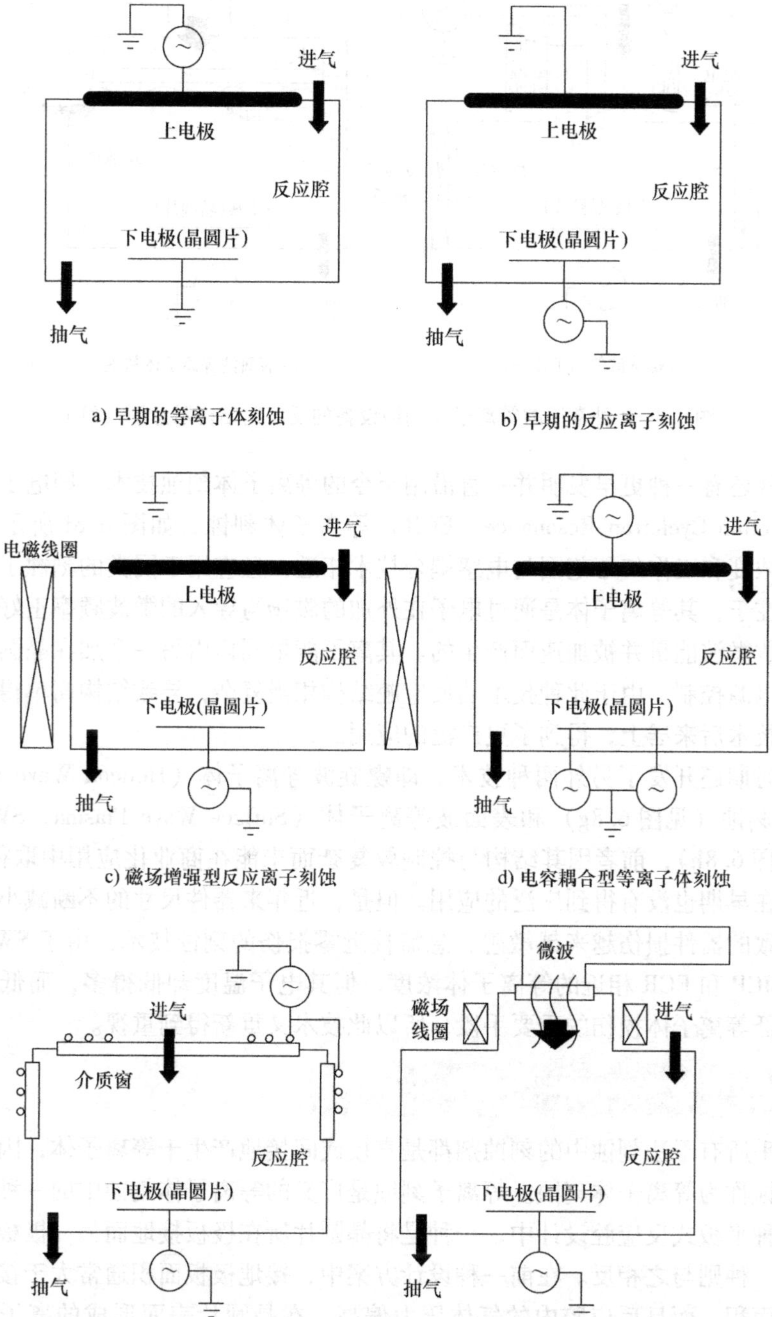

a) 早期的等离子体刻蚀　　b) 早期的反应离子刻蚀

c) 磁场增强型反应离子刻蚀　　d) 电容耦合型等离子体刻蚀

e) 电感耦合型等离子体刻蚀　　f) 电子回旋共振等离子体刻蚀

图 6. 8　8 种常用的等离子体刻蚀设备的反应腔结构示意图

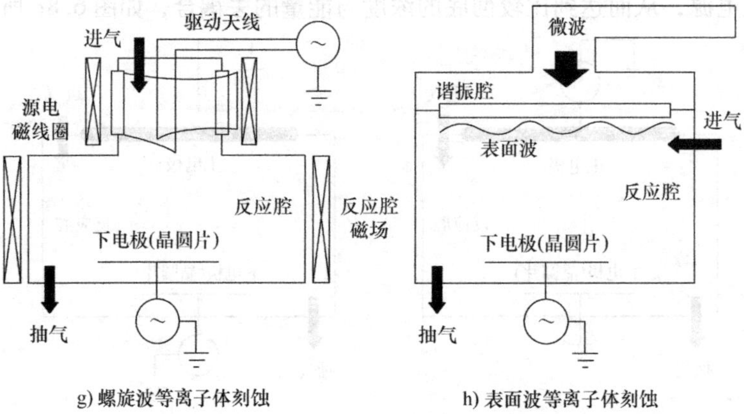

图 6.8　8 种常用的等离子体刻蚀设备的反应腔结构示意图（续）

另外还有一种更早发明并一直沿用至今的等离子体刻蚀技术，即电子回旋共振（Electron Cyclotron Resonance，ECR）等离子体刻蚀，如图 6.8f 所示。其等离子体浓度和工作气压范围与电感耦合技术相近，且应用于同类的刻蚀工艺。不同之处在于，其等离子体是通过电子在外加的磁场与导入的微波频率正好达到共振时吸收微波能量并被加速而产生的。其离子能量同样由另一个加在晶圆片位置的偏压电源控制。由于此种技术的反应腔结构相当复杂，导致结构简单得多的电感耦合技术后来居上，得到了更广泛的应用。

同时期还开发了另外两种技术，即螺旋波等离子体（Helicon Wave Plasma，HWP）刻蚀（见图 6.8g）和表面波等离子体（Surface Wave Plasma，SWP）刻蚀（见图 6.8h），前者因其结构与控制较复杂而未能在商业化应用中取得成功，而后者在早期也没有得到广泛的应用。但是，近年来器件尺寸的不断减小对等离子体导致的器件损伤越来越敏感，急需接近零损伤的刻蚀技术，由于 SWP 可以产生与 ICP 和 ECR 相近的等离子体浓度，但其电子温度却低得多，而低电子温度是降低等离子体损伤的重要手段，所以此技术又重新得到重视。

6.4.2　等离子体刻蚀设备 ★★★

几乎所有干法刻蚀中的刻蚀剂都是直接或间接地产生于等离子体，因此常将干法刻蚀称为等离子体刻蚀。等离子刻蚀是广义的等离子体刻蚀中的一种。在早期的两种平板式反应腔设计中，一种是将晶圆片所在极板接地而另一极板接射频源；另一种则与之相反。在前一种设计方案中，接地极板面积通常大于接射频源极板的面积，而且反应腔内的气体压力偏高，在晶圆片表面形成的离子鞘层很薄，晶圆片仿佛“浸泡”在等离子体中，刻蚀主要是由等离子体中的活性粒子与被刻蚀材料表面的化学反应来完成的，离子轰击的能量很小，其参与刻蚀的程度很低，这种设计称为等离子刻蚀模式。而在另一种设计方案中，因为离子轰击的参与程度较大，所以称为反应离子刻蚀模式[7]。

图 6.9a 所示为典型的平板多片式等离子刻蚀设备的简化示意图。其射频电源接在反应腔的上电极，晶圆片所在的下电极接地，金属反应腔壁一般也接地，所以接地面积大于电源电极面积，使得上电极表面的离子鞘层比晶圆片表面的离子鞘层厚得多，因而承受较大的离子轰击。上、下电极均具有冷却功能，上电极冷却是为了带走由离子轰击产生的热量，下电极冷却是为了控制晶圆片的反应温度。刻蚀气体从反应腔的上方、侧面或晶圆片底座的下方导入，经过晶圆片表面空间后，从反应腔下方被抽出，反应腔的工作压力为 0.1～10Torr㊀。

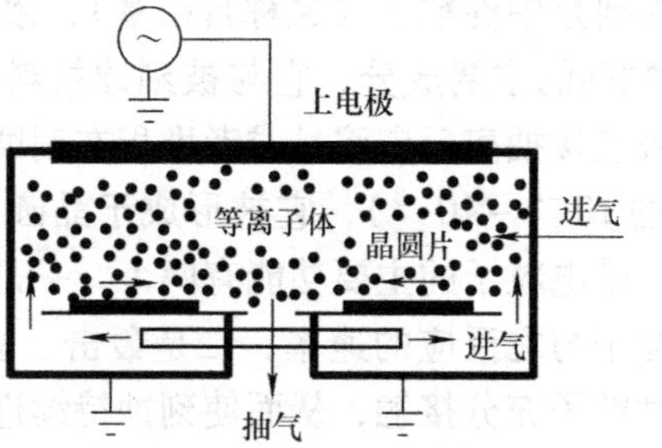

a) 平板多片式等离子刻蚀

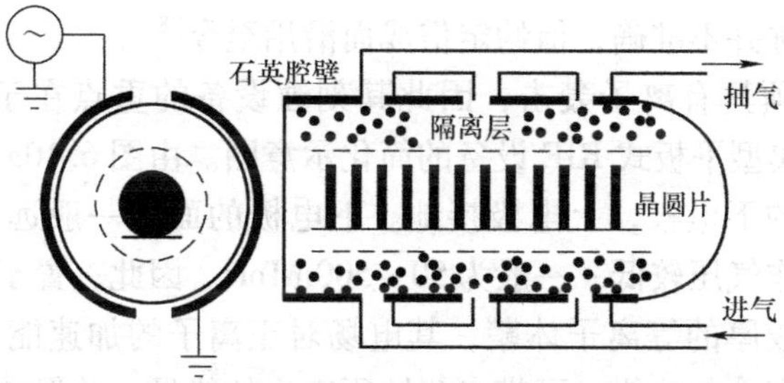

b) 筒状多片式等离子刻蚀

图 6.9　等离子刻蚀设备的简化示意图

图 6.9b 所示为筒状多片式等离子刻蚀设备的示意图。反应腔体采用石英材料，腔外的半圆柱形电极分别接 13.56MHz 的射频电源和地，从而形成电容耦合，产生等离子体（也可以采用线圈绕在石英腔体外实现电感耦合而产生等离子体）。多个晶圆片垂直放置于一个石英舟中；刻蚀气体由反应腔下方导入，从上方抽出。晶圆片与反应腔壁之间是一个有通孔的金属圆柱状隔离层，其功能是

㊀ 1Torr = 133.322Pa。

将等离子体带电粒子局限在腔壁和隔离层之间，使得不带电的活性粒子可以通过通孔扩散至晶圆片区并与之发生反应，而带电离子基本不参与反应。这种刻蚀设备是历史上最早研制成功并在生产线上大量使用的等离子体刻蚀设备，所以业内一直将其称为等离子刻蚀设备。

由于离子轰击的参与程度很低（或为零），等离子刻蚀设备具有各向同性和刻蚀选择率较高的特点，一般用于光刻胶的去除和氮化硅刻蚀。

6.4.3 反应离子刻蚀设备 ★★★

反应离子刻蚀（RIE）是指由活性粒子和带电离子同时参与完成的刻蚀过程。其中，活性粒子主要是中性粒子（又称自由基），浓度较高（约为气体浓度的1%～10%），是刻蚀剂的主要成分，它与被刻蚀材料发生化学反应所产生的生成物，或者挥发并被直接抽离反应腔，或者堆积在刻蚀表面；而带电离子则浓度较低（为气体浓度的 10^{-4}～10^{-3}），它被形成于晶圆片表面的离子鞘的电场加速而轰击刻蚀表面。带电粒子的主要功能有两个，一是破坏被刻蚀材料的原子结构，从而加快活性粒子与之反应的速率；二是轰击、去除堆积的反应生成物，以使被刻蚀材料与活性粒子充分接触，从而使刻蚀持续进行。

因为离子不直接参与刻蚀反应（或占比很小，如物理性的轰击去除和活性离子的直接化学刻蚀），严格地说，上述刻蚀过程应该称为离子辅助刻蚀，反应离子刻蚀这个名称并不准确，但约定俗成而沿用至今[8]。

由于 RIE 必须具有离子轰击，因此其刻蚀设备的重点在于离子鞘的形成。图 6.10a 所示为典型平板式 RIE 设备的简化示意图。由图 6.10a 可见，射频电源接在晶圆片所在的下电极，上电极接地。下电极的面积一般远小于上电极的面积，反应腔的工作气压较低，一般为 50～500mTorr。因此，置于下电极的晶圆片表面会形成一个较厚的等离子体鞘，其电场对正离子的加速能量可达 500eV 以上。温控基座具有冷却功能，可带走刻蚀所产生的热量，并保持刻蚀在稳定可控的温度条件下进行。喷淋头可以使气体更均匀地分布到晶圆片上。光学刻蚀终点侦测系统的应用可以减少衬底材料损失。反应腔内衬是一个便于拆装的组件，进行设备保养时仅需更换已事先清洗干净的内衬而不用现场清洗腔壁，从而大大节省保养时间，增加设备的在线率。

上述 RIE 也被称为二极反应离子刻蚀。为了增加刻蚀的可控性，后续开发的同类刻蚀设备在反应腔壁上增加了第 2 射频电源，或者将反应腔壁接地而将第 2 射频电源加在上电极上，形成三极反应离子刻蚀，并且逐渐演化成电容耦合等离子体刻蚀设备。

图 6.10b 所示为另一种更早开发的曾经在市场上颇为风行的反应离子刻蚀设备的简化示意图，被称为六面筒式刻蚀设备。晶圆片被手动放置在一个六面柱的

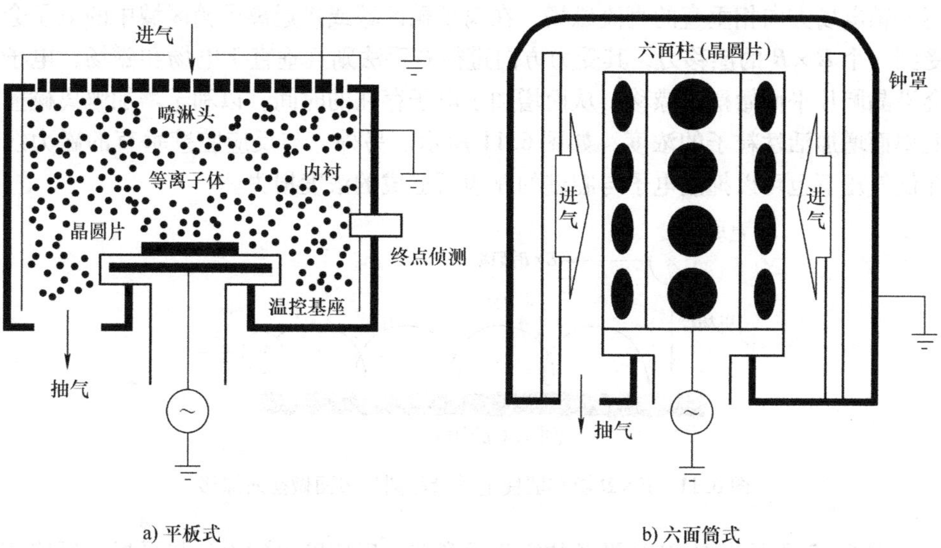

图 6.10　RIE 设备的简化示意图

6 个面上，每一面可放置 4 个晶圆片，一次可处理 24 个晶圆片。六面筒为阴极接射频电源，反应腔壁（钟罩）接地，接地极面积约为接电源极面积的 2 倍，气体由处于钟罩壁与六面柱之间的供气板喷出，抽气泵位于钟罩下方，腔内工作气压为 20 ~ 100mTorr。

由于离子轰击具有方向性，不论是破坏原子结构，还是去除堆积物，垂直于晶圆片表面的轰击对刻蚀结构侧面的影响都远小于对正面的影响，所以刻蚀是各向异性的。此类刻蚀反应适用于线条、通孔及有一定深宽比结构的刻蚀，并由于离子轰击所造成的物理效应，它可以用于刻蚀那些采用偏化学反应的等离子刻蚀无法刻蚀的材料，如氧化硅和难熔金属[9]。

最早的 RIE 设备于 20 世纪 80 年代投入使用，由于采用单一的射频电源和比较简单的反应腔设计，所以在刻蚀率、均匀度和选择比等方面均存在局限性。

6.4.4　磁场增强反应离子刻蚀设备 ★★★

磁场增强反应离子刻蚀（Magnetically Enhanced Reactive Ion Etching, MERIE）设备是一种在平板式 RIE 设备的基础上外加一个直流磁场而构成的旨在提高刻蚀速率的刻蚀设备[10]。

随着刻蚀线宽尺寸的减小和刻蚀结构深宽比的增加，刻蚀过程中离子在轰击晶圆片的行程中必须减少与其他粒子的碰撞，以保持其方向性和能量。虽然可以通过降低工作气压以增加离子的自由程来达到减少碰撞的目的，但这样会直接导致等离子体浓度的降低，从而影响刻蚀速率。若在平板结构的基础上增加一个与离子鞘电场方向相垂直的直流磁场，在离子鞘区域或接近离子鞘区域中的电子会受到一个 $\boldsymbol{E}\times\boldsymbol{B}$ 的漂移力，其受力方向遵循右手法则且垂直于电场和磁场，电子会沿晶圆片平面做摆线漂移，从而增加了电子存在的时间，以利于增加解离碰撞概率而增加活性粒子的浓度，如图 6.11 所示。另外，与反应腔壁垂直的磁力线在低气压下也可以抑制电子与腔壁的碰撞所造成的浓度损失。

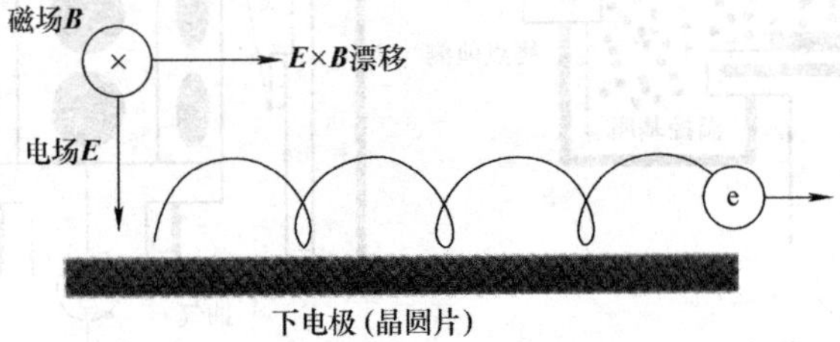

图 6.11　$\boldsymbol{E}\times\boldsymbol{B}$ 漂移驱使电子沿晶圆片表面做摆线漂移

图 6.12 所示为 MERIE 设备的简化示意图。反应腔内的设计与平板式反应离子刻蚀相似。外加磁场的设计分为两类，一类是用多个磁场方向渐变的偶极子永磁铁围绕放置在圆形反应腔周围，使得反应腔晶圆片上方形成一个均匀的磁场，这种刻蚀称为偶极子环磁控管式刻蚀，如图 6.13a 所示。直流磁场导致的电子漂移会造成等离子体浓度的空间分布不均匀，这个问题可以通过慢速旋转平行磁场加以解决。偶极子环磁控管式刻蚀是通过永磁体系统的机械转动来消除等离子体浓度的空间分布不均匀性。偶极子环磁控管式刻蚀的优点是刻蚀均匀性较好，其缺点是磁场大小不可调节。

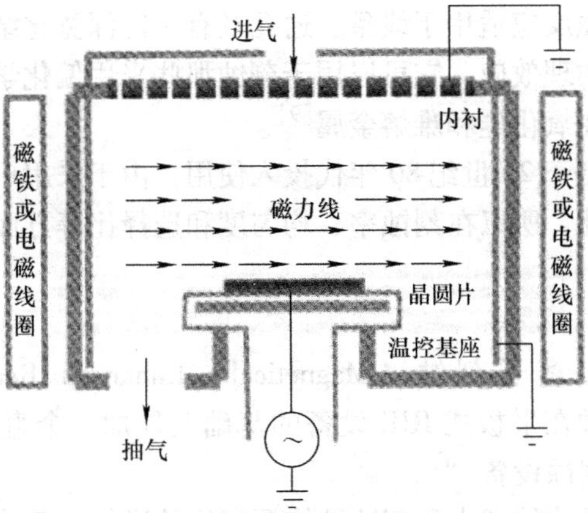

图 6.12　MERIE 设备的简化示意图

另一类是在反应腔周围放置两对亥姆霍兹线圈来产生直流磁场，如图 6.13b

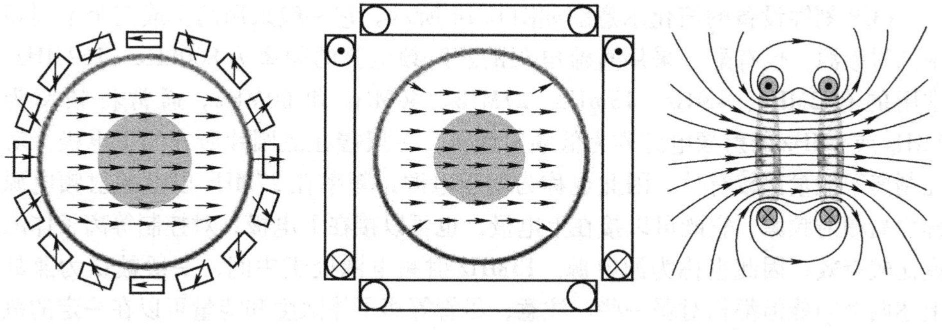

a) 偶极子环磁控管式　　b) 亥姆霍兹线圈式(右图仅呈现一对线圈)

图 6.13　外加磁场俯视图

所示。它是利用两对线圈内的驱动电流的相位差来消除直流磁场所导致的电子漂移造成的等离子体浓度的空间分布不均匀性，其优点是通过调节线圈驱动电流的大小及相位，可以调节磁场强度和转动速度，并可以实现一机两用（当驱动电流为零时，相当于反应离子刻蚀）；其缺点是刻蚀均匀性较差。

所加的磁感应强度在晶圆片表面通常为 50 ~ 200Gs㊀之间，等离子体浓度可达 $10^{10}cm^{-2}$ 水平，工作气压为 50 ~ 500mTorr。通常情况下，磁场对刻蚀速率的增强效应随气压的增加而减小。MERIE 设备在生产线上的应用与反应离子刻蚀设备相似，主要用于电介质的各向异性刻蚀，它对氧化硅的刻蚀速率可达 1μm/min。

MERIE 设备于 20 世纪 90 年代大规模投入使用，当时单片式刻蚀设备已经成为行业主流设备。MERIE 设备的最大缺点是磁场所造成的等离子体浓度的空间分布不均匀性会导致集成电路器件内的电流差或电压差，从而产生器件损伤，由于此种损伤是由瞬时不均匀性造成的，因此磁场的旋转并不能对其加以消除[11]。随着集成电路尺寸的不断缩小，其器件损伤对等离子体的不均匀性越来越敏感，以磁场增强来达到增加刻蚀速率的技术逐渐被多射频电源平板式反应离子刻蚀技术，即电容耦合等离子体刻蚀技术所取代。

6.4.5　电容耦合等离子体刻蚀设备 ★★★

电容耦合等离子体（CCP）刻蚀设备是一种由施加在极板上的射频（或直流）电源通过电容耦合的方式在反应腔内产生等离子体并用于刻蚀的设备。其

㊀ $1Gs = 10^{-4}T$。

刻蚀原理与反应离子刻蚀设备类似。

CCP 刻蚀设备的简化示意图如图 6.14 所示。它一般采用两个或三个不同频率的射频源，也有配合采用直流电源的。射频电源的频率为 800kHz ~ 162MHz，常用的有 2MHz、4MHz、13MHz、27MHz、40MHz 和 60MHz。通常将频率为 2MHz 或 4MHz 的射频电源称为低频射频源，一般接在晶圆片所在的下电极，对控制离子能量比较有效，因此也称为偏压电源；频率在 27MHz 以上的射频电源称为高频射频源，它既可以接在上电极，也可以接在下电极，对控制等离子体浓度比较有效，因此也称为源电源。13MHz 射频电源处于中间，一般被认为兼具上述两个功能但都相对弱一些。注意，尽管等离子体浓度和能量可以在一定的范围内分别通过不同频率的射频源的功率加以调节（即所谓的去耦合效应），但是由于电容耦合的特点，它们无法得到完全独立的调节和控制。

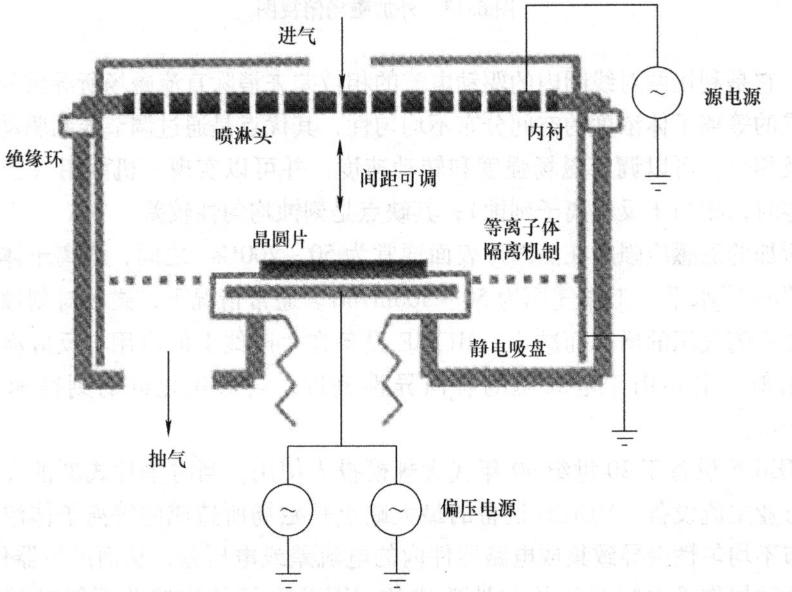

图 6.14　CCP 刻蚀设备的简化示意图

早期的反应腔工作气压为 50 ~ 500mTorr，近年来针对高深宽比结构的刻蚀要求，工作气压可低至 10mTorr，以增加离子的自由程，减少因碰撞所造成的能量损失。离子能量一般为 100eV ~ 10keV。出于同样的原因，近年来通过采用功率高达 10kW 的偏压电源，可以产生 2keV 或更高的离子能量，用以加强离子垂直进入极高深宽比结构底部而不发生偏移的能力。等离子体浓度一般为 10^9 ~ $10^{10}cm^{-3}$，在使用高频和大功率的条件下也可达 $10^{11}cm^{-3}$的水平。

离子的能量分布对刻蚀的细部表现及器件损伤有着明显的影响，所以对优化离子能量分布的技术的开发成为先进刻蚀设备的重点之一。目前已成功运用于生产的技术有多射频混合驱动、直流叠加、射频配合直流脉冲偏压，以及偏压电源和源电源同步脉冲式射频输出等[12]。

CCP 刻蚀设备是各类等离子体刻蚀设备中应用最广泛的两类设备之一，主要用于电介质材料的刻蚀工艺，如逻辑芯片工艺前段的栅侧墙和硬掩模刻蚀，中段的接触孔刻蚀，后段的镶嵌式和铝垫刻蚀等，以及在 3D 闪存芯片工艺（以氮化硅/氧化硅结构为例）中的深槽、深孔和连线接触孔的刻蚀等。

CCP 刻蚀设备所面临的挑战和改进方向主要有两个方面，一是在极高离子能量的应用方面，对高深宽比结构的刻蚀能力（如 3D 闪存的孔槽刻蚀要求高于 50:1），目前采用的加大偏压功率以提高离子能量的方法已经使用高达万瓦的射频电源，针对其产生的大量热量，反应腔的冷却和温控技术需要不断改进；二是需要在新型刻蚀气体的开发上有所突破，从根本上解决刻蚀能力的问题。

6.4.6 电感耦合等离子体刻蚀设备 ★★★

电感耦合等离子体（ICP）刻蚀设备是一种将射频电源的能量经由电感线圈，以磁场耦合的形式进入反应腔内部，从而产生等离子体并用于刻蚀的设备。其刻蚀原理也属于广义的反应离子刻蚀。

ICP 刻蚀设备的等离子体源设计主要分为两种，一种是由美国泛林公司开发生产的变压器耦合型等离子体（Transformer Coupled Plasma，TCP）技术，如图 6.15 所示。其电感线圈置于反应腔上方的介质窗平面上，13.56MHz 的射频信号在线圈中产生一个垂直于介质窗并以线圈轴为中心径向发散的交变磁场，该磁场透过介质窗进入反应腔，而交变磁场又在反应腔中产生平行于介质窗的交变电场，从而实现对刻蚀气体的解离并产生等离子体。由于可以将此原理理解成一个以电感线圈为一次绕组而反应腔中的等离子体为二次绕组的变压器，ICP 刻蚀因此而得名。TCP 技术的主要优势是结构易于放大，比如从 200mm 晶圆片放大到 300mm 晶圆片，TCP 可以通过简单地将线圈的尺寸增大而保持同样的刻蚀效果。

另一种等离子体源设计是由美国应用材料公司开发生产的去耦合型等离子体源（Decoupled Plasma Source，DPS）技术，如图 6.16 所示。其电感线圈立体地绕在一个半球形的介质窗上，产生等离子体的原理与前述 TCP 技术类似但气体的解离效率比较高，有利于获取较高的等离子体浓度。由于电感耦合产生等离子体的效率比电容耦合的高，且等离子体主要产生于接近介质窗的区域，其等离子体浓度基本上由连接电感线圈的源电源的功率决定，而晶圆片表面离子鞘中的离子能量则基本上由偏压电源的功率决定，所以离子的浓度和能量能够独立控制，从而实现去耦合[13]。

通常，ICP 刻蚀设备的反应腔工作气压范围为 1～50mTorr（比 CCP 刻蚀设

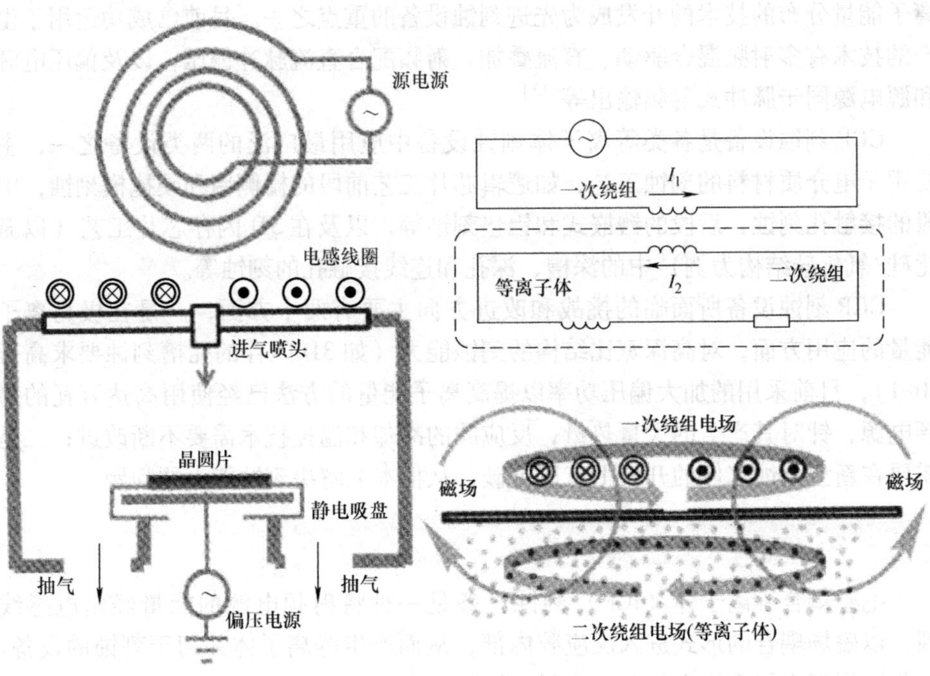

图 6.15　TCP 型 ICP 刻蚀设备示意图及其等效电路

备的低)，等离子体浓度范围为 1010 ~ 1012cm^{-3}（比 CCP 刻蚀设备的高)，刻蚀气体的解离率可以达到约 90%。偏压电源功率一般为 100W 以内，离子能量在数十 eV 或上百 eV（近年来在低能量应用中经常会低至数十 eV 甚至数 eV)。

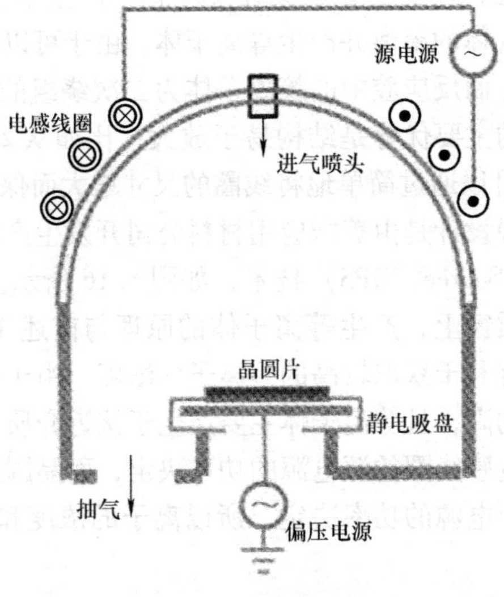

图 6.16　DPS 型 ICP 刻蚀设备示意图

ICP 刻蚀设备是各类等离子体刻蚀设备中应用最广泛的两类设备之一，它主要用于对硅浅沟槽、锗（Ge）、多晶硅栅结构、金属栅结构、应变硅（Strained-Si）、金属导线、金属焊垫（Pad）、镶嵌式刻蚀金属硬掩模和多重成像技术中的多道工序的刻蚀。另外，随着三维集成电路、CMOS 图像传感器和微机电系统（Micro-electro-mechanical System，MEMS）的兴起，以及硅通孔（Through Si Via，TSV）、大尺寸斜孔槽和不同形貌的深硅刻蚀应用的快速增加，多个厂商推出了专为这些应用而开发的刻蚀设备，其特点是刻蚀深度大（数十甚至数百微米），所以多工作在高气流量、高气压和高功率条件下。

ICP 刻蚀设备所面临的挑战和改善方向主要有如下 3 个方面：

1）刻蚀后关键尺寸（Critical Dimension，CD）均匀度：大多数对 CD 敏感的刻蚀是由此类设备承担的，如栅结构、浅沟槽和多重成像工艺中的刻蚀，而晶圆片的工作温度对 CD 的影响很大，因此采用温度均匀性和重复性好，能够多区域分别控温且变温快速的静电吸盘成为关键。尤其是多区温控，它能够修正由前一步工序（如光刻）造成的 CD 不均匀性，功效极大。现在已经有超过 100 个温控区的静电吸盘正在被研发。

2）刻蚀选择性：随着器件尺寸的不断缩小（尤其是 FinFET 的出现），提高选择性或减少（甚至完全消除）对衬底材料的侵蚀至关重要，因此必须对刻蚀条件进行精确的调控，从而实现反应生成物的选择性沉积。目前，相关研究重点集中在控制离子的轰击能量方面，如通过对源电源和偏压电源信号的同步脉冲调制、对射频波形的调制，以及采用脉冲直流偏压技术来剪除离子能量分布中的高能段并精确调控离子的能量。

3）等离子体引起的损伤：先进集成电路已进入原子尺度和单一或数个电子效应的时代，降低等离子体的电子温度是将损伤降至最小（甚至为零）的途径之一，表面波等离子体技术重新被采用就是一个例子。此外，还有一些研究旨在利用脉冲等离子体的后发光阶段所产生的负离子来平衡正电荷积累，从而实现降低损伤的目的。

参 考 文 献

[1] LIEBERMAN M A，LICHTENBERG A J. Principles of plasma discharges and materials processing [M]. 2nd ed. New Jersey：John Wiley & Sons，2005.

[2] FRANCIS F CHEN，JANE P CHANG. Lecture notes on plasma processing [M]. New York：Plenum/Kluwer Publishers，2002.

[3] QUIRK M，SERDA J. 半导体制造技术 [M]. 韩郑生，等译. 北京：电子工业出版社，2015.

[4] XIAO H. 半导体制造技术导论 [M]. 杨银堂，段宝兴，译. 北京：电子工业出版社，2013.

[5] HATTORI T. Tends in wafer cleaning technology [M] // Ultraclean Surface Processing of Silicon Wafer. Berlin: Springer Belin Heidelberg, 1988: 437 - 450.

[6] VINCENT M DONNE, AVINOAM KORNBLIT. Plasma etching: yesterday, today, and tomorrow [J]. Journal of Vacuum Science Technology A, 2013, 31 (5): 050825.

[7] ALAN R REINBERG. Plasma etching equipment and technology [M] // Dennis M. Manos, Daniel L. Flamm. Plasma Etching: An Introduction. New York: Academic Press Inc. 1989.

[8] COBURN J W, HAROLD F WINTERS. Plasma etching: A discussion of mechanisms [J]. Journal of Vacuum Science and Technology, 1979, 16 (2): 391 - 403.

[9] HANDA S. Technology of reactive ion etching [M] // Minoru Sugawara. Plasma Etching: Fundamentals and Applications. Oxford: Oxford Univ. Press, 1998.

[10] ALEX V VASENKOV, MARK J KUSHNER. Modeling of magnetically enhanced capacitively coupled plasma source: $Ar/C_4F_8/O_2$ discharges [J]. Journal of Applied Physics, 2004, 95 (3): 834 - 845.

[11] KAZUO NOJIRI, KAZUYUKI TSUNOKUNI. Study of gate oxide breakdown caused by charge buildup during dry etching [J]. Journal of Vacuum Science and Technology B, 1993, 11 (5): 1819 - 1824.

[12] KITAJIMA T, TAKEO Y, TOSHIAKI MAKABE. Two - dimensional CT images of two - frequency capacitively coupled plasma [J]. Journal of Vacuum Science and Technology A, 1999, 17 (5): 2510 - 2516.

[13] JOHN C FORSTER, JOHN H KELLER. Planar Inductive Sources [M] // Oleg A. Popov. High Density Plasma Sources. New Jersey: Noyes Publications, 1996.

第7章 离子注入工艺及设备

7.1 简　介

离子注入工艺是集成电路制造的主要工艺之一，它是指将离子束加速到一定定能量（一般在 keV 至 MeV 量级）范围内，然后注入固体材料表层内，以改变材料表层物理性质的工艺。在集成电路工艺中，固体材料通常是硅，而注入的杂质离子通常是硼离子、磷离子、砷离子、铟离子、锗离子等，如图 7.1 所示。注入的离子可改变固体材料表层电导率或形成 PN 结。当集成电路的特征尺寸缩小到亚微米时代后，离子注入工艺得到了广泛的应用。

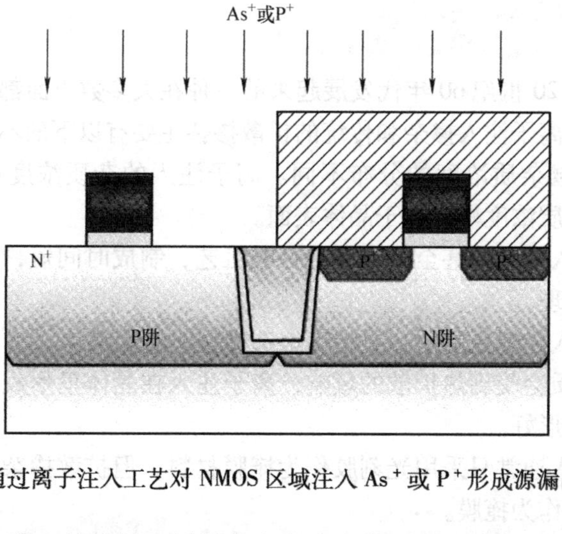

图 7.1　通过离子注入工艺对 NMOS 区域注入 As^+ 或 P^+ 形成源漏的示意图

1）通过调节注入的能量和剂量来改变注入离子的深度和浓度，可以获得衬底内部比表面浓度更高的杂质离子分布，而这是扩散工艺无法实现的[1]。

2）进入衬底材料的入射离子虽然会因为碰撞发生很小的横向偏移，但总体来讲可以按照掩模图形在所需的位置获得掺杂，而且掩模材料可以是包括光刻胶在内的任意半导体工艺常用的材料，非常有利于提高集成度。

3）离子注入利用扫描的方法在晶圆片上顺次打入离子，突破扩散工艺中固溶度的限制，可以得到更高的浓度、更浅的结深、更均匀的分布。

在集成电路制造工艺中，离子注入通常应用于深埋层、倒掺杂阱、阈值电压调节、源漏扩展注入、源漏注入、多晶硅栅掺杂、形成 PN 结和电阻/电容等。在绝缘体上硅衬底材料制备工艺中，主要通过高浓度氧离子注入的方法来形成埋氧层，或者通过高浓度氢离子注入的方法来实现智能切割。离子注入是通过离子注入机来完成的，其最重要的工艺参数是剂量和能量：剂量决定了最终的浓度，而能量决定了离子的射程（即深度）。根据器件设计需求的不同，注入的条件分为大剂量高能量、中剂量中能量、中剂量低能量或大剂量低能量等。为了获得理想的注入效果，针对不同的工艺要求，应配备不同的注入机。离子注入后，一般要经过高温退火过程，用以修复离子注入导致的晶格损伤，同时激活杂质离子。在传统集成电路工艺中，虽然退火温度对掺杂有很大的影响，但离子注入工艺本身的温度并不重要。在 14nm 以下技术节点，某些离子注入工艺需在低温或高温的环境下进行，这样可以改变晶格损伤等的影响。

7.2 离子注入工艺

7.2.1 基本原理 ★★★

离子注入是 20 世纪 60 年代发展起来的一种在大多数方面都优于传统扩散技术的掺杂工艺。离子注入掺杂和传统的扩散掺杂主要有以下的不同：

1）掺杂区域杂质浓度的分布不同。离子注入的杂质浓度峰值位于晶体内部，而扩散的杂质浓度峰值位于晶体表面。

2）离子注入是常温甚至低温下进行的工艺，制成时间短，扩散掺杂需要较长时间的高温处理。

3）离子注入能够更灵活、更精确地选择注入的元素。

4）由于杂质会受到热扩散的影响，离子注入在晶体里形成的波形较扩散在晶体里形成的波形好。

5）离子注入通常只采用光刻胶作为掩膜材料，但扩散掺杂需要生长或淀积一定厚度的薄膜作为掩膜。

6）离子注入在现今集成电路的制造中已经基本取代了扩散而成为最主要的掺杂工艺。

当具有一定能量的入射离子束轰击固体靶片（通常为晶圆片）时，离子与靶面的原子将经历多种不同的交互作用，并通过一定的方式将能量传递给靶原子使其激发或电离，离子也可以通过动量转移而失去一定的能量，最后被靶原子散射出去或停止在靶材料中。若注入的离子较重，则大多数的离子将被注入固体靶中。反之，如果注入的离子较轻，则许多的注入离子将从靶面上反弹。基本上，这些被注入靶内的高能离子，将与固体靶内的晶格原子及电子产生程度不同的碰撞。其中离子与固体靶原子的碰撞，由于其在质量上较接近，因此可以视为一种弹性碰撞。而且每一次离子与固体靶原子的碰撞，均将使离子对固体靶原子转移约 E_T 的能量[2]。

$$E_{\mathrm{T}} = \frac{4M_1M_2}{(M_1 + M_2)^2}Ef(\theta) \tag{7-1}$$

式中，E 为离子在碰撞前所具有的能量；M_1 和 M_2 分别为离子与固体靶原子的质量；$f(\theta)$ 是一个与两者的撞击角度相关的函数。

很显然，注入固体靶内离子的能量，将随着与固体靶原子的碰撞次数的增加而逐渐减弱。而对于吸收离子能量的晶格原子，除了有些从晶格位置上脱离之外，大部分被转移的能量将转变为晶格的热运动，使固体靶的表面温度上升。至于注入离子与晶格原子中电子间的库仑交互作用，则可以被认为是一种非弹性的碰撞。这些电子吸收离子能量后，视所吸收能量的高低，将被激发或被电离，形成所谓的二次电子。被激发的电子经过一段时间后，将回到基态，并以光波的形式释放辐射能。简单地说，当具有高能量的离子注入固体靶内后，将与固体靶中的原子和电子进行多次碰撞。这些碰撞将使离子的能量逐渐地减弱，直至最后使得注入离子的运动因此而停止。这时，离子从靶表面往固体内部运动所移动的距离，便定义为离子对固体靶的注入的范围。

在半导体工艺中，离子注入的固体靶一般是晶格原子呈周期性排列的硅。假如注入离子的运动路径刚好沿硅中无硅原子“挡”住的方向，则注入的离子将可以“长驱直入”地打入硅衬底的相当深处，如图 7.2a 中的 A 线。也就是说，因为硅的结晶排列的特性，使得在某些角度上，硅衬底将有长距离的通道，如图 7.2c所示。假如注入离子的运动方向与这些像隧道一般的通道互相平行的话，这些注入的离子将不会与硅原子发生碰撞，而将被深深地注入硅衬底之中，这种现象被称为“通道效应”或“沟道效应”。图 7.2b 显示因通道效应使得注入离子的深度分布偏离无定形靶中深度分布（高斯分布）的情况。当通道现象发生后，阻挡高能离子注入晶体的阻挡源将来自于离子与电子的非弹性碰撞，或硅衬底材料中的外来杂质与本身的缺陷[2]。

离子注入的通道现象将导致对注入离子深度控制上的困难，为此在进行离子注入时，必须预先采取一些措施来降低并抑制通道现象的发生。现在比较常用的通道现象的抑制方式主要有如图 7.3 所示的 3 种。最直接的方法就是把晶圆片对注入离子的运动方向倾斜一定的角度，通常所使用的角度在0°~15°，比较常见的是7°，如图7.3a所示；图7.3b所示为另一种常用的沟道效应抑制法，它的工艺概念是在结晶硅的表面铺一层非结晶系的材质，使入射的注入离子在进入硅底材之前，先与无固定排列方式的非晶系原子产生碰撞而散射，如此便可降低沟道效应的程度。晶圆片表面经氧化所产生的 SiO_2 是现在常用的非晶系材料，厚度在数十纳米；至于第3种方法，其原理与第2种相近，目的也是用一层排列紊乱的非晶系层，来减少注入离子顺沟道方向的规则运动。不过这层非晶材料的制作方式则大有不同，它是先利用一次轻微的离子注入，把晶圆片表面的晶态硅破坏成非晶硅，然后才接着进行真正的杂质注入，如图7.3c所示。

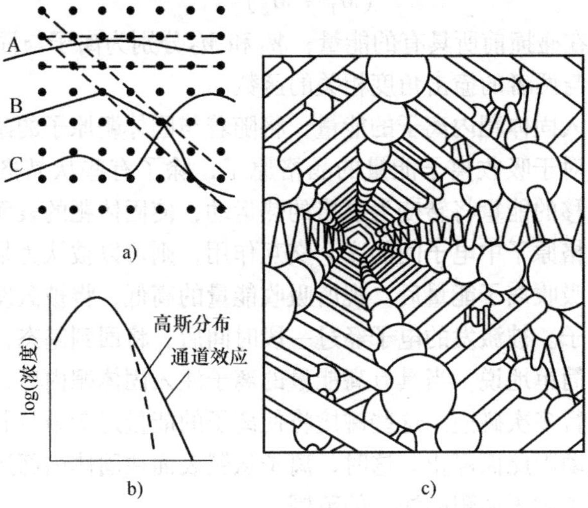

图7.2　通道效应示意图

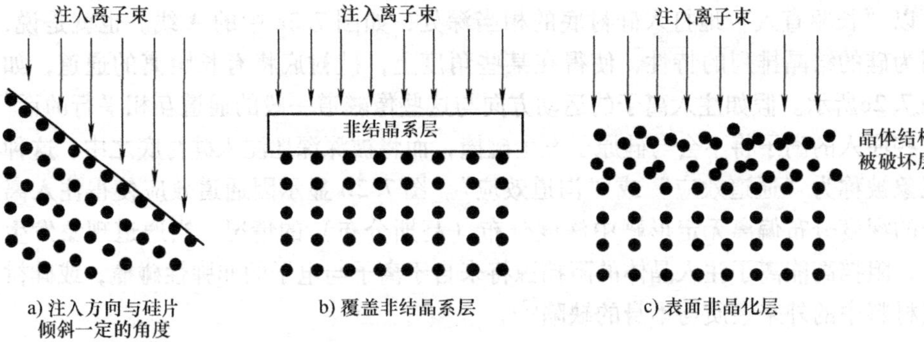

图7.3　三种常见的抑制“通道效应”方式示意图

7.2.2　离子注入主要参数 ★★★

离子注入是一种灵活的工艺，必须满足严格的芯片设计和生产要求。重要的离子注入参数有：

1）剂量。

2）射程。

剂量（D）是指单位面积硅片表面注入的离子数，单位是原子每平方厘米（也可以是离子每平方厘米），D 可由下面的公式计算：

$$D = \frac{It}{qS} \tag{7-2}$$

式中，D 为注入剂量（离子数/单位面积）；t 为注入时间；I 为束流；q 为离子所带的电荷量（单电荷为 1.6×10^{19} C⊖）；S 为注入面积。

离子注入成为硅片制造的重要技术，其主要原因之一是它能够重复地向硅片中注入相同剂量的杂质。注入机是借助离子的正电荷来实现此目的的。当正杂质离子形成离子束，它的流量被称为离子束电流，单位是 mA。中低电流的范围为 0.1～10mA，大电流的范围为 10～25mA。如式（7-2）所示，离子束电流的量级是定义剂量的一个关键变量。如果电流增大，单位时间内注入的杂质原子数量也增大。大电流有利于提高硅片产量（单位生产时间注入更多离子），但也会产生均匀性问题。

当一束离子轰击固体靶时，部分离子被靶表面反射而离开表面，成为溅射离子；而另外一部分将射入靶内成为注入离子。离子注入过程中有两种主要的能量损失类型：第一种是运动离子和靶原子之间的屏蔽库仑碰撞（称为核阻止）；第二种是运动离子上的电子和固体中的各种电子（束缚电子和自由电子）之间的相互作用（称为电子阻止）。当离子能量较低时，核阻止起主要作用；当离子能量较高时，电子阻止成为占优势的过程。注入离子的能量释放完成后，将停留在靶内的某一位置，离子由靶表面进入停止所走过的总距离，称为射程 R；这个距离在入射方向上的投影称为投影射程 R_P，如图 7.4 所示[3]。

决定离子射程的主要参数是离子的能量、注入原子和衬底材料的原子序数，在单晶情况下，衬底的取向和晶格原子的振幅（由温度决定）也是重要的参数。但是并非所有的离子都恰好停止在投影射程上，有的穿行距离近些，有的距离远些。离子也会在横向移动。综合所有这些离子运动，就产生了注入硅片的杂质原子穿行的距离分布，即偏差 ΔR，R 表示可以形成多深的结，而 ΔR 表示被注入元素在 R 附近的分布（见图 7.4）。随着杂质原子的注入能量增加，投影射程将

⊖　1C＝1A·s。

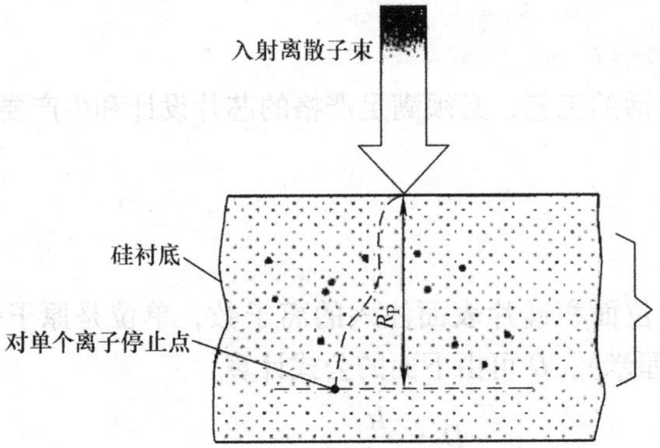

图 7.4 注入离子的射程与投影射程

增加，但杂质浓度的峰值会因偏差的增加而降低。投影射程图能够预测一定注入能量下的投影射程，如图 7.5 所示[3]。注入能量越高，意味着杂质原子能穿入硅片越深，射程越大。由于控制结深就是控制射程，所以注入能量是注入机的一个很重要的参数。高能量注入机的能量大于 200keV，甚至达到 2～3MeV。低能量注入机的能量目前已经下降到约 200eV，能够掺杂非常浅的源漏区。

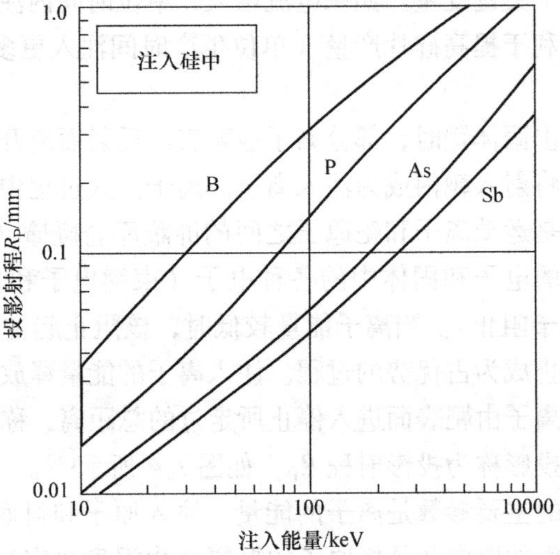

图 7.5 注入能量对应的投影射程

注入的离子在硅原子间穿过，会在晶格中产生一条受损害的路径，损伤的情况取决于杂质离子的轻重，如图 7.6 所示[3]。轻杂质原子擦过硅原子，转移的能量很少，沿大散射角方向偏转。重离子每次与硅原子碰撞都会转移许多能量，并沿相对较小的散射角度偏转。每个移位硅原子也会产生大数量的移位。

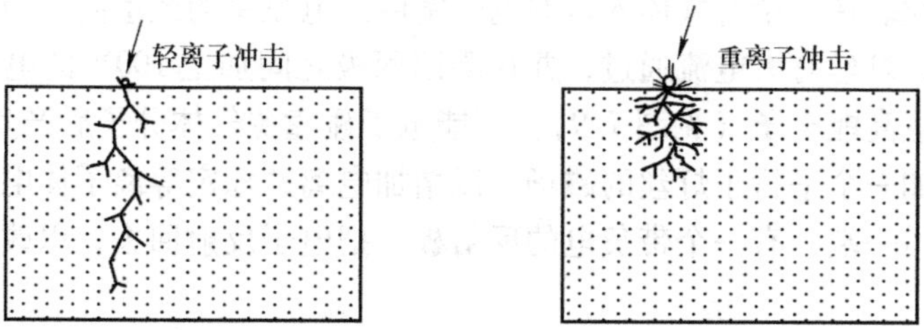

图 7.6　由于轻离子和重离子引起的晶格损伤

7.3　离子注入设备

7.3.1　基本结构 ★★★

离子注入设备包括 7 个基本模块：①离子源和吸极；②质量分析仪（即分析磁体）；③加速管；④扫描盘；⑤静电中和系统；⑥工艺腔；⑦剂量控制系统。所有模块都处在由真空系统建立的真空环境中。离子注入机的基本结构示意图如图 7.7 所示。

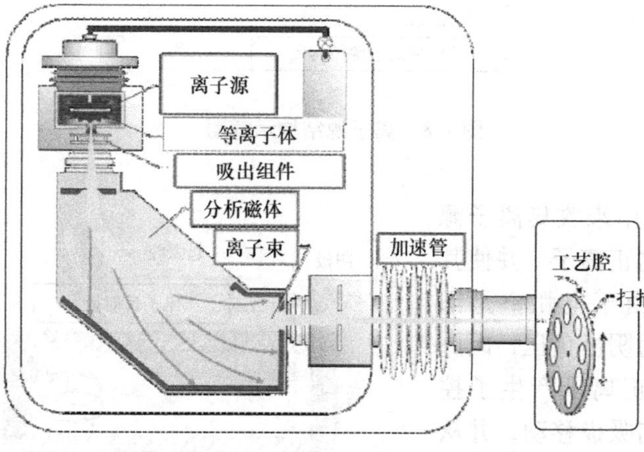

图 7.7　离子注入机的基本结构示意图

（1）离子源和吸极

1）离子源：通常和吸极在同一个真空腔内。等待注入的杂质必须以离子状态存在才能被电场控制和加速。最常用到的 B^+、P^+、As^+ 等是由电离原子或分子得到的，用到的杂质源有 BF_3、PH_3 和 AsH_3 等，其结构如图 7.8 所示。灯丝释放出的电子撞击气体原子产生离子。电子通常由热钨丝源产生伯纳斯离子源为例，阴极灯丝装在一个有气体入口的电弧室内。电弧室的腔室内壁为阳极，当通入气体源时，灯丝有大电流通过，并在阴阳两极之间加上100V的电压，就会在灯丝周围产生高能电子（见图7.9）。高能电子碰撞源气体分子后产生了正离子。外部磁铁施加一个平行于灯丝的磁场，以增加电离并稳定等离子体电弧室内，在相对灯丝的另一端，有一个带负电的反射板，把电子反射回去，以改进电子的产生和效率。

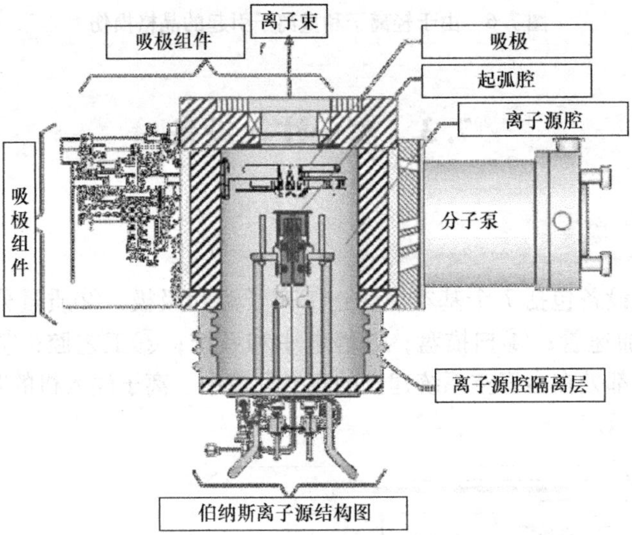

图7.8　离子源结构示意图

2）吸极：用来收集离子源电弧室内产生的正离子，并使其形成离子束。由于电弧室是阳极，而吸极上为阴极负压，因此产生的电场对正离子产生了控制，使正离子向吸极移动，并从离子狭缝引出，如图7.10所示。电场强度越大，离子经过加速获得的动能就越大。吸极上还有抑制电压，阻止等离子体中的电子的干扰，同时抑制电极可以把离子形成离子束，聚焦为一个平行离子束流，使其通过注入机。

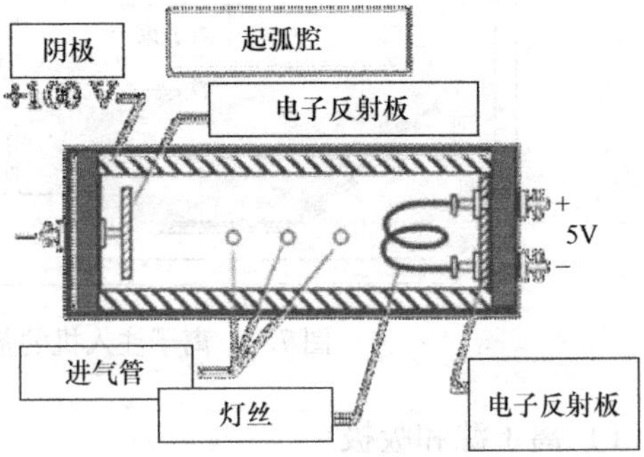

图7.9　电弧室结构示意图

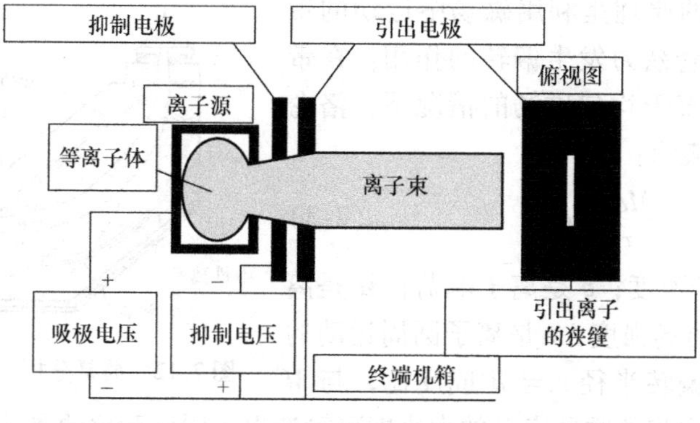

图 7.10　吸极结构示意图

(2) 质量分析仪

从离子源产生的离子可能有很多种，在吸极电压的加速下，离子都以较高的速度运动。不同的离子又有着不同的原子质量单位和不同的质荷比。图 7.11 所示为质量分析仪分析出的质荷比图，即原子质量单位/所带电荷的比值。

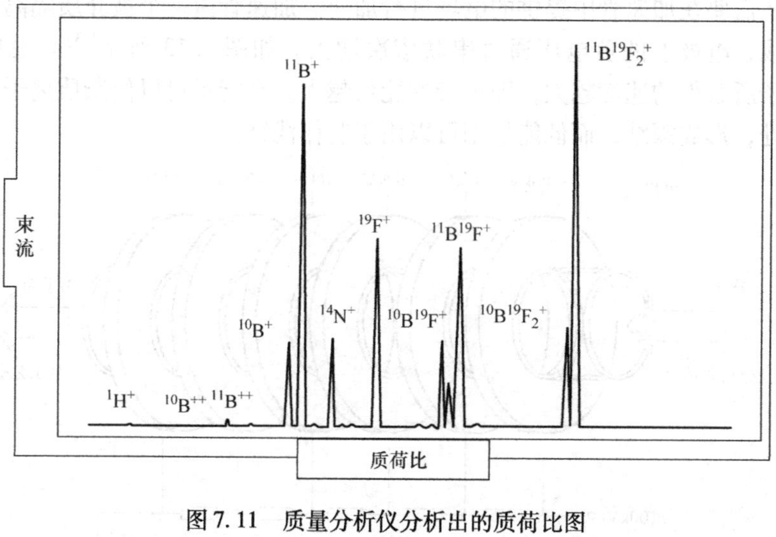

图 7.11　质量分析仪分析出的质荷比图

注入机中的带有磁性模块的质量分析仪将所需要掺杂的杂质离子从混合的等离子束中分离出来。如图 7.12 所示，分析磁体形成 90°角，其磁场使离子的运行轨迹偏转成弧形，不同质荷比的离子在磁场作用下运动轨迹的不同将使离子分离。对于一定强度的磁场过重离子和较轻离子不能偏转到合适的角度，无法通过磁场，只有特定的一种离子能够发生恰当的偏转，顺利通过分析磁铁的中心，最后掺杂进硅片中。

磁分析器的原理是利用磁场中运动的带电粒子受到洛仑兹力发生偏转的作用。在带电粒子速度垂直于均匀磁场的情况下，洛仑兹力可用下式表示：

$$\frac{Mv^2}{r}=qvB \tag{7-3}$$

式中，v 是离子速度；q 是离子电荷；M 是离子质量；B 是磁场强度；r 是离子圆周运动的半径。可见，偏转半径 r 与 B 成反比，与 M 成正比。因此调节励磁电流 B 的大小即可筛选出不同质荷比的离子。

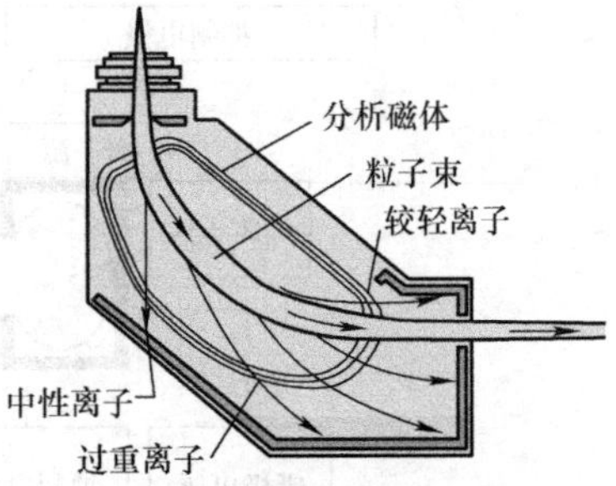

图 7.12　质量分析仪原理示意图

由于同一质荷比的离子在相同的磁场情况下，具有相同的偏转半径，所以磁分析器无法筛选，如 N_2^+ 和 Si^+、N^+ 和 Si^{++}、H_2^+ 和 He^{++} 等，因此对气体的纯度要求很高。

(3) 加速管

为了获得更高的速度，需要更高的能量。除了吸极和质量分析仪所给的电场以外，还需要在加速管中提供的电场进行加速。加速管由一个被介质隔离的串联电极构成，电极上的负电压通过串联依次增大。如图 7.13 所示[3]。总电压越高，离子所获得的速度越大，即携带的能量越大。高能量可以使杂质离子被注入硅片深处，形成深结，而低能量则可以用于制作浅结。

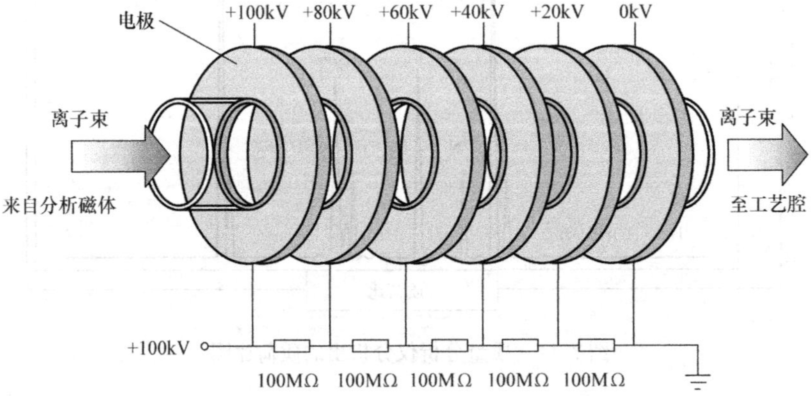

图 7.13　加速管示意图

(4) 扫描盘

经过聚焦后的离子束通常直径很小，中束流注入机束斑直径约为 1cm，大束流束斑约为 3cm，要通过扫描方式覆盖整片硅片。剂量注入的重复性则由扫描决定。通常，注入机的扫描系统有 4 种：①静电扫描；②机械扫描；③混合扫描；

④平行扫描。

图 7.14 所示为静电扫描方式。静电扫描在一套 X-Y 电极上加特定电压，使离子束发生偏转，注入固定的硅片。当一边电极被设为负压时，正离子束就会向此电极方向偏转。把两组电极放于合适的位置，并连续调整电压，偏转的离子束就能扫描整个硅片。这种扫描方式就像在一个表面上喷油漆，需要来回喷几次才能均匀地覆盖整个表面。静电扫描使束斑每秒在横向（x 轴）移动 15000 次，在纵向（y 轴）移动 1200 次。硅片边缘的均匀性必须特别注意，因为在边缘处扫描实际上是停止后折回的。在静电扫描系统中，可以旋转硅片，并使其相对于离子束有一定的倾斜，以获得所需的结特性并减小沟道效应。中低电流的注入设备通常一次注入一个硅片。低电流注入中，为了得到一致的剂量，硅片可能被扫描 7 ~ 10s。

由于在静电扫描过程中硅片是固定的，颗粒沾污发生的机会大大降低。这种扫描的另一个优点是电子和中性离子不会发生偏转，能够从束流中消除。主要缺点是离子束不能垂直轰击硅片，会导致光刻材料的阴影效应，阻碍离子束的注入。

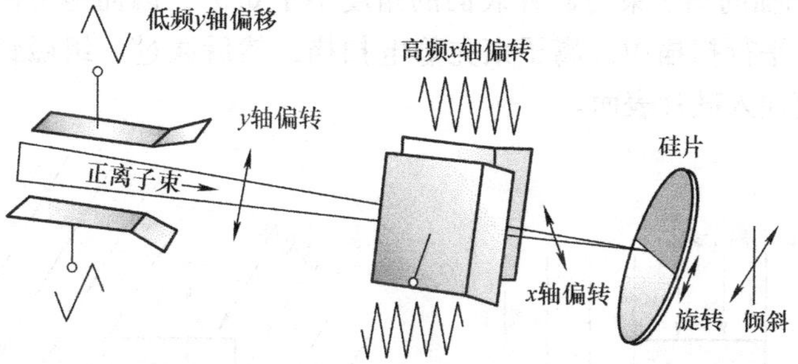

图 7.14　静电扫描

机械扫描则是束流固定，硅片载盘机械运动达到扫描的目的。一般多用于大束流、高能注入机，因为静电很难使大电流的离子束发生偏转。在机械扫描过程中，多个硅片（一般为 13 ~ 17 片）固定在一个大轮盘的外沿，以 1000 ~ 1500r/min 的转速旋转，同时大轮盘可以上下（或左右）移动，使硅片的内沿和外沿都能够被离子束扫描覆盖（见图 7.15）。轮盘也能够实现倾斜一定的角度，以防止发生沟道效应。机械扫描每次可以作业一批硅片，在面积上平摊

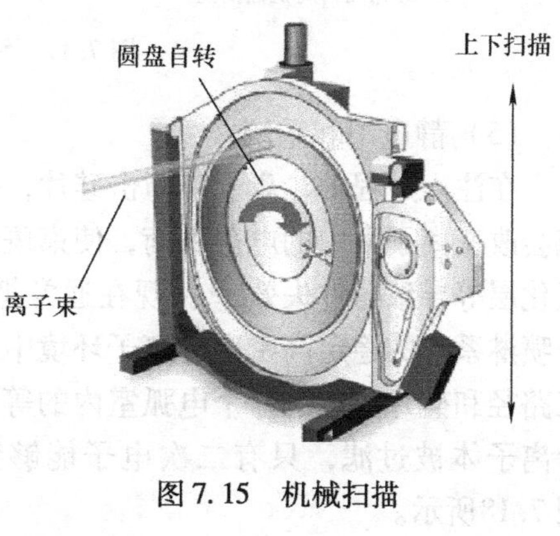

图 7.15　机械扫描

了离子束带来的热量[4]。但是，机械装置可能产生较多的颗粒。

目前，8 寸晶圆厂大多使用的是美国应用材料公司 Quantum 系列的大束流注入机和亚舍力（Axcelis）公司 GSD 系列的大束流和高能注入机，这些设备都采用的是机械扫描的方式，前者是左右移动扫描，后者是上下移动扫描。

混合扫描中，离子束在水平方向上扫描，机械载盘在垂直方向上扫描。多用于中、大束流注入机。也是目前最常用的单片注入扫描方式（见图 7.16）。

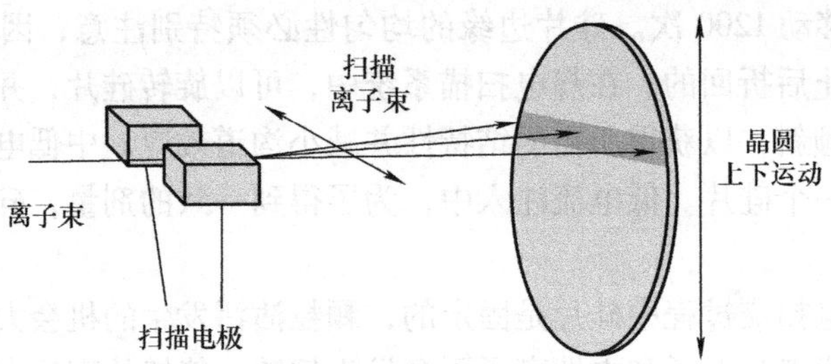

图 7.16　混合扫描

静电扫描的离子束与硅片表面不垂直，容易导致阴影效应，如图 7.17 所示[3]。平行扫描的离子束与硅片表面的角度小于 0.5°，因而能够减小阴影效应和沟道效应。平行扫描中，离子束先静电扫描，然后通过一组磁铁调整它的角度，使其垂直注入硅片表面。

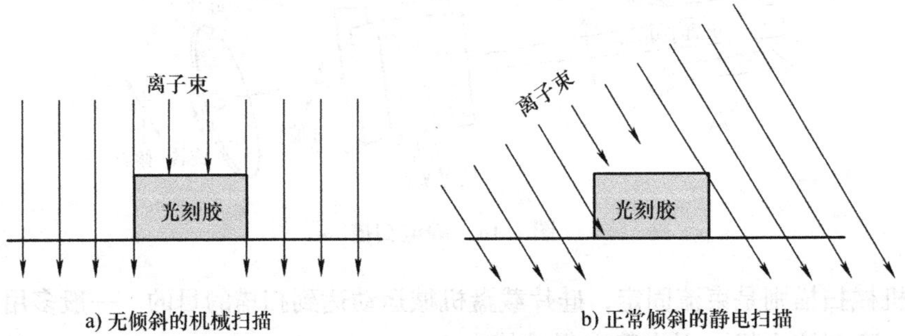

图 7.17　注入阴影效应

(5) 静电中和系统

在注入过程中，离子束撞击硅片，并使电荷在掩膜表面积累。形成的电荷累积会改变离子束中的电荷平衡，使束斑变大，剂量分布不均匀。甚至会击穿表面氧化层等导致器件失效[3]。现在通常把硅片和离子束置于一种被称为等离子电子喷淋系统的稳定高密度等离子环境中，能够控制硅片充电。此方法从位于离子束路径和硅片附近的一个电弧室内的等离子体（通常为氩气或氙气）提取电子，等离子体被过滤，只有二次电子能够到达硅片表面，中和正电荷，其结构如图 7.18所示。

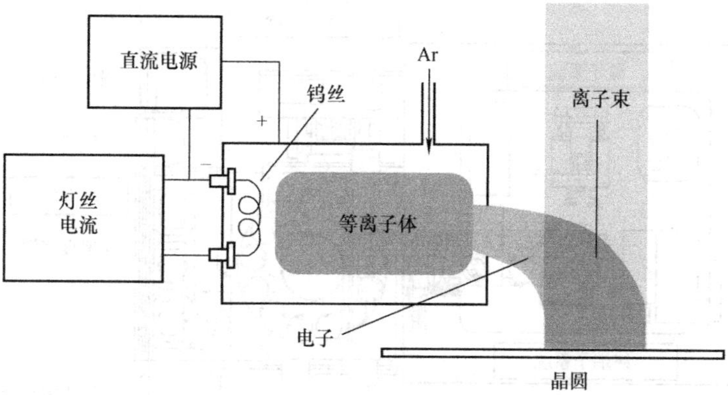

图 7.18　等离子体电子喷淋系统

（6）工艺腔

离子束向硅片的注入发生在工艺腔中。工艺腔是注入机的重要组成部分，包括扫描系统、具有真空锁的装卸硅片的终端台、硅片传输系统和计算机控制系统。另外还有一些监测剂量和控制沟道效应的装置。如果用机械扫描的话，终端台会比较大。工艺腔的真空靠多级机械泵、涡轮分子泵、冷凝泵把真空抽到工艺要求的底压，一般约为 1×10^{-6}Torr 以下。工艺腔内部如图 7.19 所示。

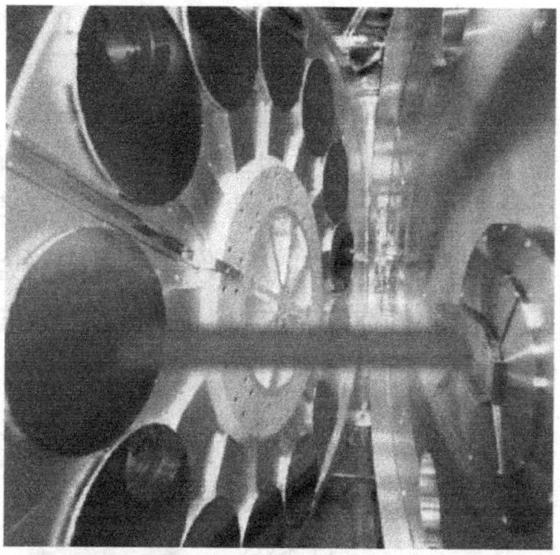

图 7.19　工艺腔内部

在终端台上装卸系统时，用机械手在进样室和靶室的扫描盘间传送硅片（见图 7.20），硅片架放在输入架上，然后进样室密封。机械泵工作时，降低硅片架附近的气压。当气压足够低的时候，开启涡轮泵，抽气至高真空。此时，隔离阀打开，机械手把硅片架送入主靶室。硅片架进入工艺腔后，机械手把硅片从架子中拿出，并放置在扫描盘上，通常硅片的顺序不变。利用定位边能够确定硅片在扫描盘上有一个合适的方向。技术人员能够通过中央计算机系统进入所有的子系统，并获得系统的状态和信息。

（7）剂量控制系统

离子注入机中的实时剂量监控通过测量到达硅片的离子束完成。用一种称为法拉第杯的传感器测量离子束电流，如图 7.21 所示。简单的法拉第系统中，离

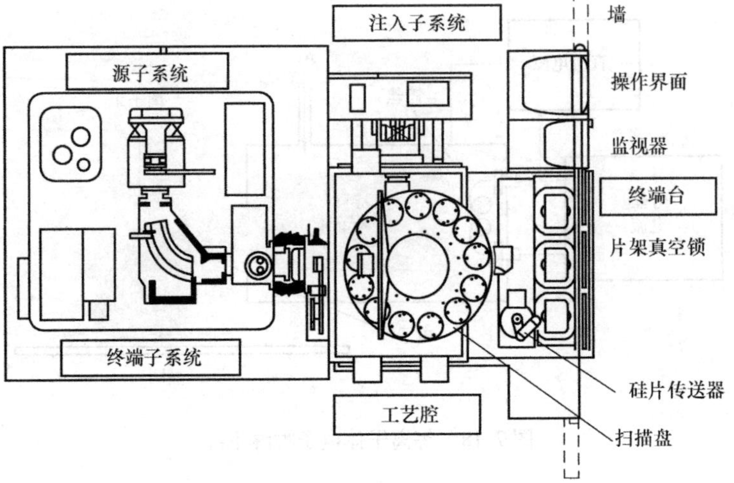

图 7.20　工艺腔的硅片传送器

子束路径上有一个电流感应器测量电流。但是这就出现一个问题，离子束会与感应器发生反应，产生的二次电子将导致错误的电流读数。法拉第系统可以用电场或磁场抑制二次电子，获得真正的离子束电流读数。法拉第系统测量的电流被输入电子剂量控制器，它的作用相当于电流累加器（能连续累加测量的离子束电流），利用控制器把总的电流与相应的注入时间联系起来，计算出一定剂量所需时间。

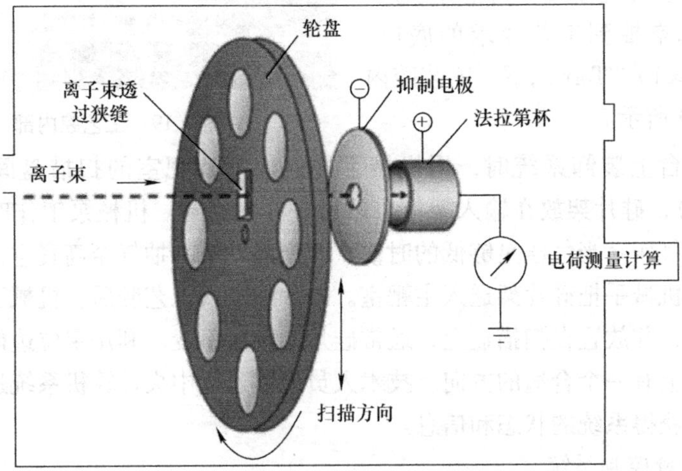

图 7.21　法拉第杯束流测量

7.3.2　设备技术指标 ★★★

离子注入机是极大规模集成电路制造工艺中最主要的掺杂设备。在工艺允许的范围内，离子注入机的生产效率主要取决于可提供的束流大小。因此，根据不同的工艺对束流大小需求的不同，离子注入机分为小束流离子注入机、中束流离子注入机和大束流离子注入机（含强流离子注入机和超强流离子注入机）。中束流离子注入机的离子能量范围从数 keV 至约 1MeV，其中，单电荷最大离子能量约为 300keV，更高能量可通过加速多电荷态离子（二价离子或三价离子）实现。中束流离子注入机可应用于半导体制造中的沟道、阱和源漏等多种工艺，在半导体制造领域有着广泛的应用。中束流离子注入机的基本技术指标见表 7.1。

表 7.1　中束流离子注入机的基本技术指标（以中科信中束流离子注入机为例）

参数	技术指标
晶圆片直径	300mm
适用工艺	90 ~ 28nm
注入能量	2 ~ 900keV
注入角度	±45°
注入角度精度	±0.1°
束流平行度误差	±0.1°
注入剂量重复性	$\sigma \leqslant 1\%$（能量≤5keV），$\sigma \leqslant 0.5\%$（能量 >5keV）
注入剂量均匀性	$\sigma \leqslant 1\%$（能量≤5keV），$\sigma \leqslant 0.5\%$（能量 >5keV）

相对于中束流离子注入机，大束流离子注入机具有较高的束流和较低的能量，离子能量范围为 100eV 至数十 keV，能量较低时束流为 mA 量级，能量较高时束流可达 30mA 以上。常用的大束流离子注入机为低能大束流离子注入机，适用于大剂量及浅结注入，如源/漏扩展区注入、源/漏注入、栅极掺杂，以及预非晶化注入等多种工艺。大束流离子注入机是目前半导体制造行业中市场占有率最高的离子注入机。大束流离子注入机的束流状态可分为宽带束或斑点束两种。其中，宽带束可分为水平宽带束或垂直宽带束，目前主流机型为水平宽带束。相对于扩散工艺，均匀性好是离子注入的主要优势之一。均匀性是通过测量注入衬底上不同点的薄层电阻得到的标准偏差来描述的，其计算公式为

$$\sigma = \sqrt{\frac{\sum_{i=1}^{n}(R_i - \overline{R})^2}{(n-1)}} \tag{7-4}$$

式中，R_i和 $\overline{R}$ 分别为不同点的薄层电阻和平均薄层电阻；n 为测量点数。

离子注入机对束流的均匀性有很高的要求。大束流、强束流的传输/控制及

注入的均匀性是大束流离子注入机的主要技术难点。当束流较高时，空间电荷效应导致束流扩散严重，传输中的损耗增加，此类问题在低能情况下尤为严重。采用宽带束流和减速结构可以有效地提高束流强度，改善束流均匀性。大束流离子注入机技术指标见表7.2。

表7.2 大束流离子注入机技术指标（以中科信中束流离子注入机为例）

参数	技术指标
晶圆片直径	300mm
适用工艺	22 ~45nm
注入能量	0.1 ~60keV
注入剂量	$2\times10^{12}\sim2\times10^{17}$ ion/cm^2
能量精度	<0.1%
能量污染	<0.05%
注入剂量重复性	$\sigma\leqslant1\%$（能量≤10keV） $\sigma\leqslant0.7\%$（能量>10keV）
注入剂量均匀性	$\sigma\leqslant1.5\%$（能量≤10keV） $\sigma\leqslant1\%$（能量>10keV）
束流平行度误差	≤ ±0.1°（能量≤1keV） ≤ ±0.5°（能量>1keV）

高能离子注入机中的单电荷离子能量可达1MeV以上，更高能量可以通过多电荷态离子加速来实现。在高能离子注入机中，离子的加速可通过射频加速和直流加速来实现。直流加速是指在大束流离子注入机和中束流离子注入机中采用的离子加速方式，它具有能量散度较小的优点，但很难实现较高的束流能量。相比于直流加速，射频加速的稳定性和可靠性比较高，因此目前采用射频加速的高能离子注入机在市场中占主导地位。

高能离子注入机在高能加速段多采用射频加速。图7.22所示为高能离子注入机射频加速单元示意图。它主要由射频桶、电感线圈、电极和四极透镜组成。在电极两端分别有四极透镜（主要作用是聚束，其外壳接地），与电极、电感线圈等构成一个*RLC*工作回路。电极上加有13.56MHz的正弦信号，当离子在电极前端时，使电极上的电压为负，可将离子加速拉入电极内；当离子运动到电极右侧时，使电极上的电压为正，可将离子进一步加速推出；通过不同加速单元的加速或减速控制，最后得到预期的离子能量。

高能离子注入机在逻辑/存储器件、成像器件、功率器件等集成电路制造领域有着广泛的应用。除了完成其他机型不能完成的高能离子注入工艺以外，它还可以作为中束流离子注入机的备份机，或者在某些工艺中替代中束流离子注入机。高能离子注入机的技术指标见表7.3。

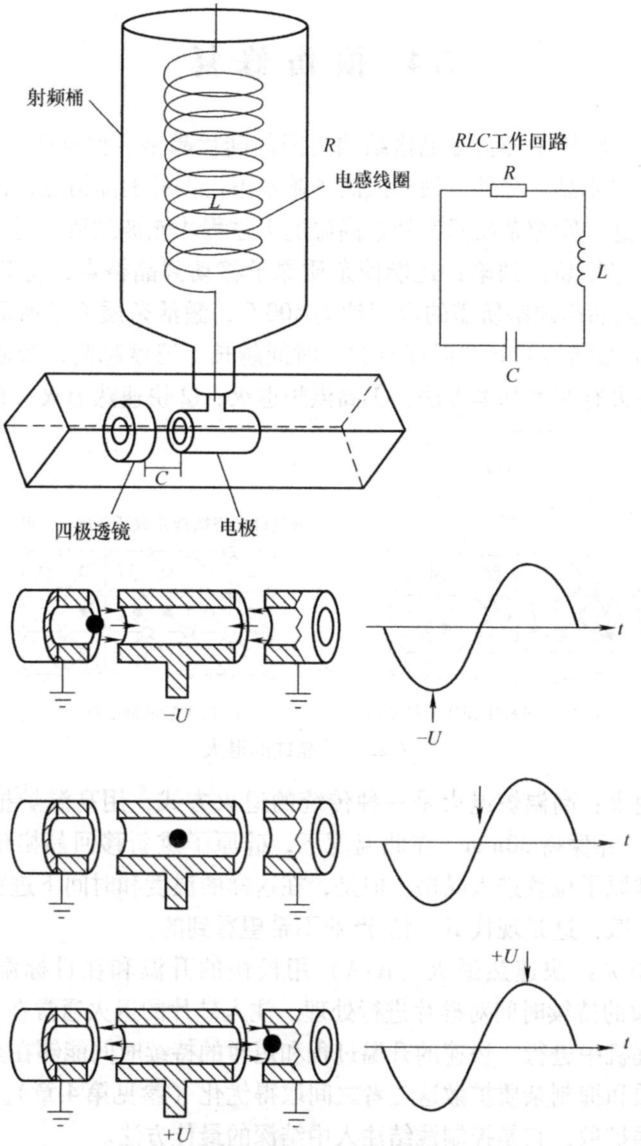

图 7.22　高能离子注入机射频加速单元示意图

表 7.3　高能离子注入机的技术指标（以中科信中束流离子注入机为例）

参数	技术指标
晶圆片直径	300mm
注入能量	20keV ~ 3MeV
注入剂量	$1\times10^{11}\sim1\times10^{14}$ ion/cm^2
注入剂量重复性与均匀性	$\sigma\leqslant1\%$（剂量：$1\times10^{11}\sim5\times10^{11}$ ion/cm^2） $\sigma\leqslant0.5\%$（剂量：$5\times10^{11}\sim1\times10^{14}$ ion/cm^2）

7.4 损伤修复

离子注入会将原子撞击出晶格结构而损伤硅片晶格。如果注入的剂量很大，被注入层将变成非晶。另外，被注入离子基本不占据硅的晶格点，而是停留在晶格间隙位置。这些间隙杂质只有经过高温退火过程才能被激活。退火能够加热被注入的硅片，修复晶格缺陷；还能使杂质原子移动到晶格点，将其激活（见图7.23）[3]。修复晶格缺陷所需的温度约为500℃，激活杂质原子所需的温度约为950℃。杂质的激活与时间和温度有关：时间越长、温度越高，杂质的激活越充分。硅片的退火有两种基本方法：①高温炉退火；②快速热退火（RTA）。

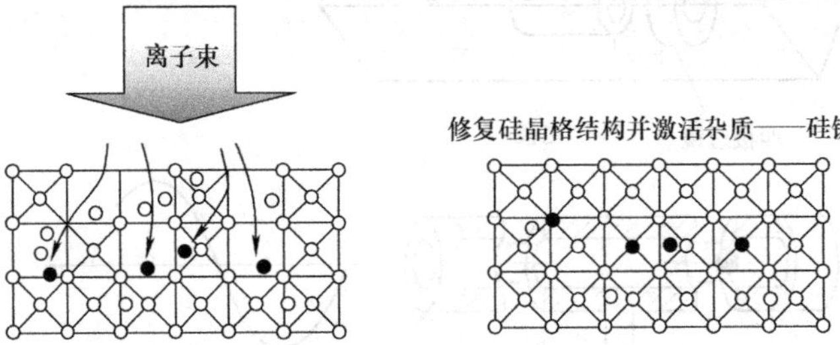

a) 注入过程中损伤的硅晶格　　b) 退火后的硅晶格

图 7.23　单晶硅的退火

高温炉退火：高温炉退火是一种传统的退火方式，用高温炉把硅片加热至800～1000℃，并保持30min。在此温度下，硅原子重新移回晶格位置，杂质原子也能替代硅原子位置进入晶格。但是，在这样的温度和时间下进行热处理，会导致杂质的扩散，这是现代IC制造产业不希望看到的。

快速热退火：快速热退火（RTA）用极快的升温和在目标温度（一般是1000°C）短暂的持续时间对硅片进行处理。注入硅片的退火通常在通入Ar或N_2的快速热处理机中进行。快速的升温过程和短暂的持续时间能够在晶格缺陷的修复、激活杂质和抑制杂质扩散这三者之间取得优化（参见第4章）。RTA还能够减小瞬时增强扩散，它是控制浅结注入中结深的最佳方法。

参 考 文 献

[1] XIAO H. 半导体制造技术导论［M］. 杨银堂，段宝兴，译．北京：电子工业出版社，2013.

[2] 施敏，李明逵，王明湘，等．半导体器件物理与工艺［M］. 苏州：苏州大学出版社，2010.

[3] QUIRK M，SERDA J. 半导体制造技术［M］. 韩郑生，等译．北京：电子工业出版社，2015.

第8章 薄膜生长工艺及设备

8.1 简　　介

采用物理或化学方法使物质（原材料）附着于衬底材料表面的过程为薄膜生长。薄膜生长兴起于20世纪60年代，是现代信息技术的关键要素之一，也是电子、信息、传感器、光学、太阳能等技术的重要基础。

根据工作原理的不同，集成电路薄膜沉积可分为物理气相沉积（Physical Vapor Deposition，PVD）、化学气相沉积（Chemical Vapor Deposition，CVD）和外延三大类。表8.1所示为薄膜制备方法的分类。

表8.1　薄膜制备方法的分类

物理工艺		化学工艺		外延工艺
溅射	蒸镀	化学气相沉积	原子层沉积	分子束外延
直流物理气相沉积	真空蒸镀	常压化学气相沉积	原子层沉积	气相外延
射频物理气相沉积	电子束蒸镀	低压化学气相沉积		液相外延
磁控溅射		等离子体增强化学气相沉积		化学束外延
离子化物理气相沉积		金属化学气相沉积		离子团束外延
		光化学气相沉积		低能离子束外延
		激光化学气相沉积		

在微米技术代，化学气相沉积均采取多片式的常压化学气相沉积设备（Atmospheric Pressure CVD，APCVD），其结构比较简单，腔室工作压力约为1atm，晶圆片的传输和工艺是连续的。随着晶圆片尺寸的增加，单片单腔室工艺占据了主导地位。在晶圆片尺寸增加的同时，IC技术代也在不断地更新。到了亚微米技术代，低压化学气相沉积设备（Low Pressure CVD，LPCVD）成为主流设备，其工作压力大大降低，从而改善了沉积薄膜的均匀性和沟槽覆盖填充能力。在

IC 技术代发展到 90nm 的过程中，等离子体增强化学气相沉积设备（Plasma Enhanced CVD，PECVD）扮演了重要的角色。由于等离子体的作用，化学反应温度明显降低，薄膜纯度得到提高，薄膜密度得以加强。化学气相沉积不仅用于沉积介质绝缘层和半导体材料，还用于沉积金属薄膜。在硅外延应用的基础上，从 65nm 技术代开始，在器件的源区、漏区采用选择性 SiGe 外延工艺，提高了 PMOS 的空穴迁移率。从 45nm 技术代开始，为了减小器件的漏电流，新的高介电材料及金属栅工艺被应用到集成电路工艺中，由于膜层非常薄，通常在数纳米量级内，所以不得不引入原子层沉积（Atomic Layer Deposition，ALD）的工艺设备，以满足对薄膜沉积的控制和薄膜均匀性的需求。

在 150nm 晶圆片时代，物理气相沉积（PVD）以单片单腔室的形式为主。从 IC 技术发展的角度来看，因制备的薄膜更加均匀、致密，对衬底的附着性强纯度更高，溅射设备逐渐取代了真空蒸镀设备。随着 IC 技术代的发展，要求 PVD 设备从能够制备单一均匀的平面薄膜，到覆盖具有一定深宽比的孔隙沟槽，这种发展需求使 PVD 腔室工作压力从数个毫托发展到亚毫托（减小），或者到数十个毫托（增大），靶材到晶圆片的距离也显著增加。这种发展需求也伴随着磁控溅射设备、射频 PVD 设备和离子化 PVD 设备的逐步发展。磁控溅射源除了采用直流电源，也引入射频源来降低入射粒子能量，以减少对晶圆片上器件的损伤，这类离子化 PVD 腔室在铜互连和金属栅的沉积中应用广泛。除此之外，还引入了辅助磁场、辅助射频电源或准直器。承载晶圆片的基座除了具有加热或冷却的功能，还引入了射频电源所产生的负偏压及反溅射的功能。此类离子化 PVD 腔室和金属化学气相沉积及原子层沉积也有着结合在同一系统中的趋势。

集成电路工艺技术的发展，对薄膜生长提出了许多新的挑战。未来薄膜生长设备的发展方向主要有如下 4 个：

1）越来越多新材料的涌现要求研发新的设备及工艺。

2）更严格的热预算限制要求更低温的薄膜生长工艺。

3）更复杂的三维器件结构要求薄膜生长具有更好的台阶覆盖率、更强的沟槽填充能力，以及更精准的膜厚控制。

4）更好的薄膜界面性能控制要求设备具备更高的设备集成整合度，可以完成一个应用模块的工艺。

新的器件结构也对薄膜的工艺提出了更严峻的挑战。为了更好地控制不同薄膜之间的生长，薄膜制备平台的系统集成度会更高，如金属互连阻挡层的制备需要将多个不同的工艺腔室集成在一个平台上，这就对设备平台的自动化控制提出了更高、更严峻的挑战。

8.2　薄膜生长工艺

8.2.1　物理气相沉积及溅射工艺 ★★★

物理气相沉积（PVD）工艺是指采用物理方法，如真空蒸发、溅射镀膜、离子体镀膜和分子束外延等，在晶圆片表面形成薄膜。在超大规模集成电路产业中，使用最广泛的 PVD 技术是溅射镀膜，主要应用于集成电路的电极和金属互连。溅射镀膜是在高度真空条件下，稀有气体［如氩气（Ar）］在外加电场的作用下电离成离子（如 Ar^{+}），并在高电压环境下轰击材料靶源，撞击出靶材的原子或分子，经过无碰撞飞行过程抵达晶圆片表面形成薄膜，其工艺示意图如图 8.1所示。Ar 的化学性质稳定，其离子不会与靶材和薄膜产生化学反应。随着集成电路芯片进入 0.13μm 铜互连时代，铜的阻挡材料层采用了氮化钛（TiN）或氮化钽（TaN）薄膜，产业技术的需求推动了对化学反应溅射技术的研发，即在溅射腔里，除了 Ar，还有反应气体氮气（N_2），这样从靶材 Ti 或 Ta 轰击出来的 Ti 或 Ta 与 N_2 反应，生成所需的 TiN 或 TaN 薄膜[1]。常用的溅射方式有 3 种，即直流溅射、射频溅射和磁控溅射。由于集成电路的集成度不断提高，多层金属布线的层数越来越多，PVD 工艺的应用也更为广泛。PVD 材料包括 Al-Si、Al-Cu、Al-Si-Cu、Ti、Ta、Co、TiN、TaN、Ni、WSi_2 等。

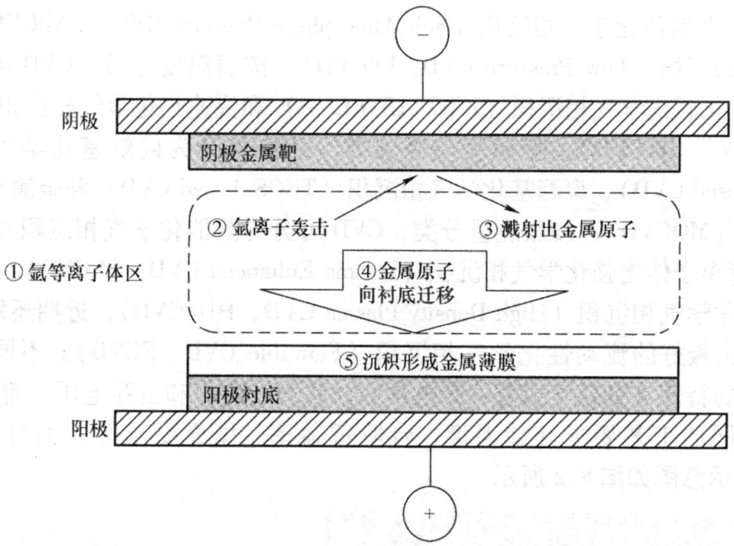

图 8.1　PVD 工艺示意图

PVD 和溅射工艺通常是在一个高度密闭的反应腔室里完成的，其真空度达到 $1\times10^{-7}\sim9\times10^{-9}$Torr，可保证反应过程中气体的纯度；同时，还需要外接一个高电压，使稀有气体离子化以产生足够高的电压轰击靶材。评价 PVD 和溅射工艺的主要参数有尘埃数量，以及形成薄膜的电阻值、均匀性、反射率厚度和应力等。

8.2.2 化学气相沉积工艺 ★★★

化学气相沉积（CVD）是指不同分压的多种气相状态反应物在一定温度和气压下发生化学反应，生成的固态物质沉积在衬底材料表面，从而获得所需薄膜的工艺技术。在传统集成电路制造工艺中，所获得的薄膜材料一般为氧化物、氮化物、碳化物等化合物或多晶硅、非晶硅等材料。45nm 节点后比较常用的选择性外延技术，如源漏 SiGe 或 Si 选择性外延生长，也是一种 CVD 技术，这种技术可在硅或其他材料单晶衬底上顺着原有晶格继续形成同种类或与原有晶格相近的单晶材料。CVD 广泛用于绝缘介质薄膜（如 SiO_2、Si_3N_4 和 SiON 等）及金属薄膜（如钨等）的生长[2]。在一定温度下，基本的化学反应为

$$SiH_4+O_2\rightarrow SiO_2+2H_2$$

$$SiH_4+2PH_3+O_2\rightarrow SiO_2+2P+5H_2$$

$$SiH_4+B_2H_6+O_2\rightarrow SiO_2+2B+5H_2$$

$$3SiH_4+4NH_3\rightarrow Si_3N_4+12H_2$$

用来作为反应的气体还有 N_2O、$Si(C_2H_5O)_4$、$SiCl_2H_2$、WF_6等。通常，按照压力分类，CVD 可分为常压化学气相沉积（Atmosphere Pressure CVD，APCVD）、亚常压化学气相沉积（Sub Atmosphere Pressure CVD，SAPCVD）和低压化学气相沉积（Low Pressure CVD，LPCVD）；按照温度分类，CVD 可分为高温/低温氧化膜化学气相沉积（HTO/ LTO CVD）和快速热化学气相沉积（Rapid Thermal CVD，RTCVD）；按照反应源分类，CVD 可分为硅烷基化学气相沉积（Silane-based CVD）、聚酯基化学气相沉积（TEOS-based CVD）和金属有机化学气相沉积（MOCVD）；按照能量分类，CVD 可分为热能化学气相沉积（Thermal CVD）、等离子体增强化学气相沉积（Plasma Enhanced CVD，PECVD）和高密度等离子体化学气相沉积（High Density Plasma CVD，HDPCVD），近期还发展出缝隙填充能力极好的流动性化学气相沉积（Flowable CVD，FCVD）。不同的 CVD 生长的膜的特性（如化学成分、介电常数、张力、应力和击穿电压）都有差别，可根据不同的工艺要求（如温度、台阶覆盖率、填充要求等）而分别使用。CVD 工艺示意图如图 8.2 所示。

8.2.3 原子层沉积工艺 ★★★

原子层沉积（Atomic Layer Deposition，ALD）是指通过单原子膜逐层生长的

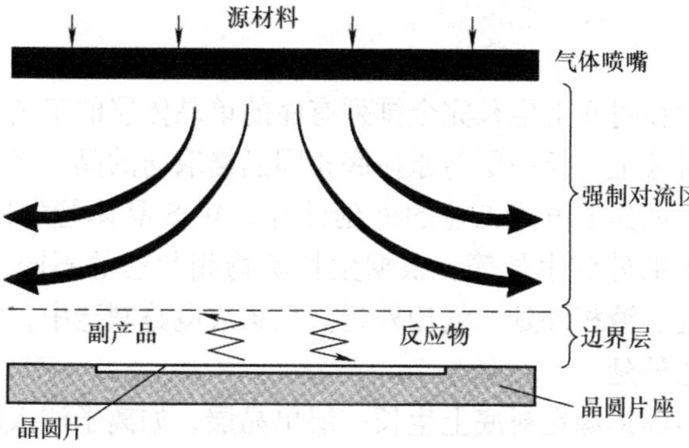

图 8.2　CVD 工艺示意图

方式，将原子逐层沉淀在衬底材料上。典型的 ALD 采用的是将气相前驱物交替脉冲式地输入反应器内的方式。例如，首先将反应前驱物 1 通入衬底表面，并经过化学吸附，在衬底表面形成一层单原子层；接着通过气泵抽走残留在衬底表面和反应腔室内的前驱物 1；然后通入反应前驱物 2 到衬底表面，并与被吸附在衬底表面的前驱物 1 发生化学反应，在衬底表面生成相应的薄膜材料和相应的副产物；当前驱物 1 完全反应后，反应将自动终止，这就是 ALD 的自限制特性，再抽离残留的反应物和副产物，准备下一阶段的生长；通过不断地重复上述过程，就可以实现沉积逐层单原子生长的薄膜材料。ALD 与 CVD 都是通入气相化学反应源在衬底表面发生化学反应的方式，不同的是 CVD 的气相反应源不具有自限制生长的特性[3]。由此可见，开发 ALD 技术的关键是寻找具有反应自限制特性的前驱物。

由于 ALD 技术逐层生长薄膜的特点，因此 ALD 薄膜具有极佳的台阶覆盖能力，以及极高的沉积均匀性和一致性，同时可以较好地控制其制备薄膜的厚度、成分和结构，所以被广泛地应用在微电子领域。尤其是 ALD 具有的极佳的台阶覆盖能力和沟槽填充均匀性，十分适用于栅极侧墙介质的制备，以及在较大高宽比的通孔和沟槽中的薄膜制备。ALD 技术在产业中的主要应用领域为栅极侧墙生长、高 k 栅介质和金属栅、铜互连工艺中的阻挡层、MEMS、光电子材料和器件、有机发光二极管材料、DRAM 及 MRAM 的介电层、嵌入式电容、电磁记录磁头等各类薄膜。随着集成电路产业的发展，器件的尺寸越来越小，生长的薄膜厚度不断缩小且深槽深宽比不断增加，使得 ALD 技术在先进技术节点的应用越来越多，如从平面器件转到 FinFET 器件后，自对准两次曝光技术的侧墙采用 ALD 技术生长；从多晶硅栅转向高 k 介质金属栅技术，高 k 介质和金属栅叠层生长过程也采用了 ALD 技术。

8.2.4 外延工艺 ★★★

外延工艺是指在衬底上生长完全排列有序的单晶体层的工艺。一般来讲，外延工艺是在单晶衬底上生长一层与原衬底相同晶格取向的晶体层。外延工艺广泛用于半导体制造，如集成电路工业的外延硅片，MOS 晶体管的嵌入式源漏外延生长，LED 衬底上的外延生长等。根据生长源物相状态的不同，外延生长方式可以分为固相外延、液相外延、气相外延。在集成电路制造中，常用的外延方式是固相外延和气相外延。

固相外延是指固体源在衬底上生长一层单晶层，如离子注入后的热退火实际上就是一种固相外延过程。离子注入加工时，硅片的硅原子受到高能注入离子的轰击，脱离原有晶格位置，发生非晶化，形成一层表面非晶硅层；再经过高温热退火，非晶原子重新回到晶格位置，并与衬底内部原子晶向保持一致。

气相外延的生长方法包括化学气相外延生长、分子束外延生长、原子层外延生长等。在集成电路制造中，最常用的是化学气相外延生长。化学气相外延生长与化学气相沉积原理基本相同，都是利用气体混合后在晶圆片表面发生化学反应，从而沉积薄膜的工艺；不同的是，因为化学气相外延生长的是单晶层，所以对设备内的杂质含量和晶圆片表面的洁净度要求都更高。早期的化学气相外延硅工艺需要在高温条件下（大于 1000℃）进行。随着工艺设备的改进，尤其是真空交换腔体技术的采用，设备腔内和硅片表面的洁净度都得到大大改进，硅的外延也已经可以在较低温度（600～700℃）下进行。外延硅片工艺是在硅片表面外延一层单晶硅，与原来的硅衬底相比，外延硅层的纯度更高，晶格缺陷更少，从而提高了半导体制造的成品率。另外，硅片上生长的外延硅层的生长厚度和掺杂浓度可以灵活设计，这给器件的设计带来了灵活性，如可以用于减小衬底电阻、增强衬底隔离等。嵌入式源漏外延工艺是在逻辑先进技术节点广泛采用的技术，是指在 MOS 晶体管的源漏区域外延生长掺杂的锗硅或硅的工艺。引入嵌入式源漏外延工艺的主要优点包括：可以生长因晶格适配而包含应力的赝晶层，提升沟道载流子迁移率；可以原位掺杂源漏，降低源漏结寄生电阻，减少高能离子注入的缺陷。

8.3 薄膜生长设备

8.3.1 真空蒸镀设备 ★★★

真空蒸镀是一种通过在真空室内加热固体材料，使其蒸发汽化或升华后凝结沉积到一定温度的衬底材料表面的镀膜方式。图 8.3 所示为典型的真空蒸镀设备示意图，通常它由 3 个部分构成，即真空系统、蒸发系统和加热系统。真空系统由真空管路和真空泵组成，其主要作用是为蒸镀提供合格的真空环境。蒸发系统由蒸发台、加热组件和测温组件构成，蒸发台上放置所要蒸发的目标材料（如 Ag、Al 等）；加热和测温组件是一个闭环系统，用于控制蒸发的温度，保证蒸发顺利进行。加热系统由载片台和加热组件构成，载片台用于放置需要蒸镀薄膜的衬底，加热组件用于实现基板加热和测温反馈控制。

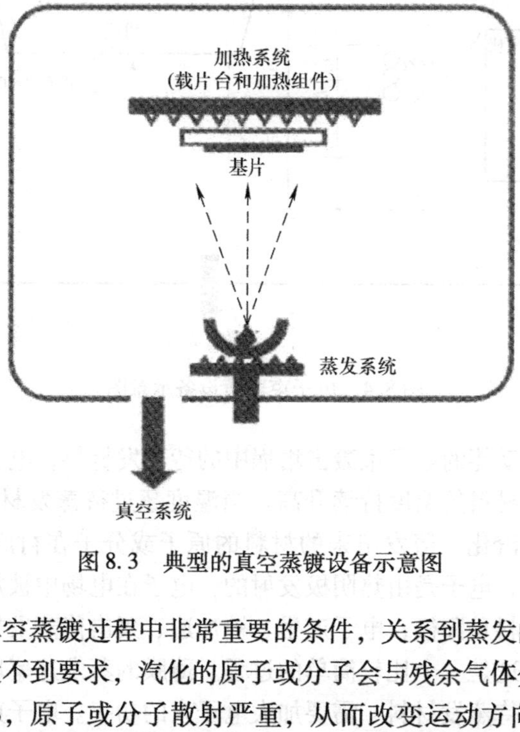

图 8.3　典型的真空蒸镀设备示意图

真空环境是真空蒸镀过程中非常重要的条件，关系到蒸发的速率和成膜的质量。如果真空度达不到要求，汽化的原子或分子会与残余气体分子频繁碰撞，使其平均自由程变小，原子或分子散射严重，从而改变运动方向，降低了成膜速率。另外，因为残余的杂质气体分子的存在，使得沉积的薄膜受到严重污染，质量不佳，尤其是在腔室的压升率不达标而存在外漏的情况下，空气会漏入真空腔室中，对成膜质量产生严重的影响，真空蒸镀设备的结构特点决定了其在大尺寸衬底上镀膜的均匀性较差。为了改善其均匀性，一般采取增加源基距和旋转衬底的方法，但增加源基距会牺牲薄膜的生长速率和纯度，同时由于真空空间的增加，导致蒸发材料的利用率降低。

虽然真空蒸镀设备具有操作方便等优点，但它不能满足蒸发某些难熔金属和氧化物材料的需要，于是发展了以电子束作为加热源的蒸发方法——电子束蒸发，它是指利用电子束（通常由电子枪产生）轰击待蒸发材料，使之受热蒸发，并经电子加速后沉积到衬底材料表面。电子束蒸镀设备示意图如图 8.4 所示。

在电场的作用下，电子枪产生的电子束受电场力的作用加速，从而具有较大

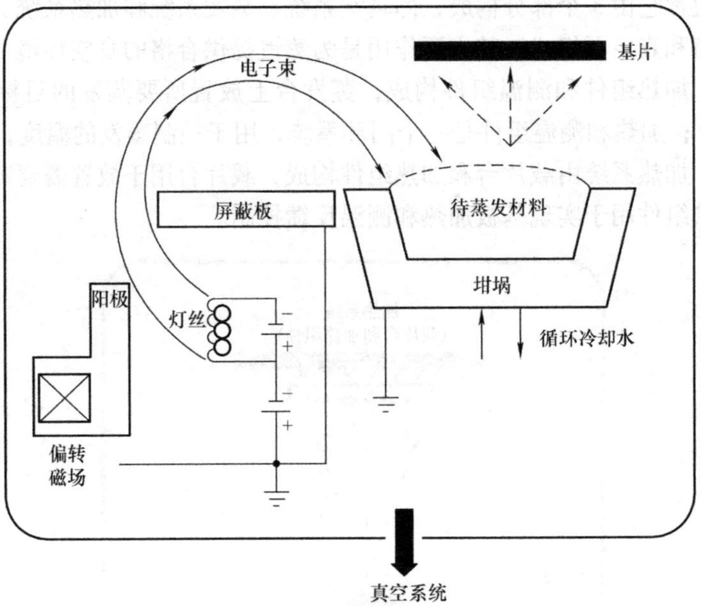

图 8.4　电子束蒸镀设备示意图

的动能。具有较大动能的电子束轰击坩埚中的待蒸发材料，电子的动能转化为热能，从而使待蒸发材料的温度持续升高。当温度超过待蒸发材料的蒸发温度时，待蒸发材料便发生汽化，蒸发出来的材料的原子或分子在衬底表面凝结形成薄膜。在这个过程中，电子是由热阴极发射的，电子在电场中被加速，具备足够的动能；而待蒸发材料是阳极，电子产生、被加速、轰击待蒸发材料，从而使待蒸发材料温度升高，这是一个比较简单的过程。薄膜的蒸发速率取决于电子束的功率。对于高熔点的待蒸发材料，需要加大电子束的功率。电子束加热蒸镀的优点是可以获得极高的能量密度，加热温度可达 3000～6000℃，可以蒸发难熔金属或化合物，可以蒸镀 W、Mo、Ge、SiO_2、Al_2O_3等材料，可实现高纯度薄膜的制备；其缺点是高能离子的轰击会引起衬底损伤，也不太适合化合物的制备，所产生的 X 射线对人体有一定的伤害。

目前电子束蒸镀主要应用在 LED 的电极制作上，而主流 IC 制作领域已经较少采用此类设备进行薄膜制备。

8.3.2　直流物理气相沉积设备 ★★★

直流物理气相沉积（DCPVD）又称为阴极溅射或真空直流二级溅射，真空直流溅射的靶材作为阴极，衬底作为阳极。真空溅射是通过将工艺气体电离后，形成等离子体，等离子体中的带电粒子在电场中加速从而获得一定的能量，能量足够大的粒子轰击靶材表面，使靶原子被溅射出来；被溅射出来的带有一定动能的原子向衬底运动，在衬底表面形成薄膜。溅射所用的气体一般是稀有气体，如氩气（Ar），所以由溅射形成的薄膜不会受到污染；另外，氩的原子半径比较适合溅射，溅射粒子尺寸要与靶材原子的尺寸相近才能进行溅射，若粒子太大或太小，都不能形成有效的溅射。除了原子的尺寸因素，原子的质量因素也会影响溅射质量，如果溅射的粒子源太轻，靶材原子不会被溅射；如果溅射的粒子太重，靶材会被“撞弯”，靶材也不会被溅射。图 8.5 所示为 DCPVD 设备示意图。

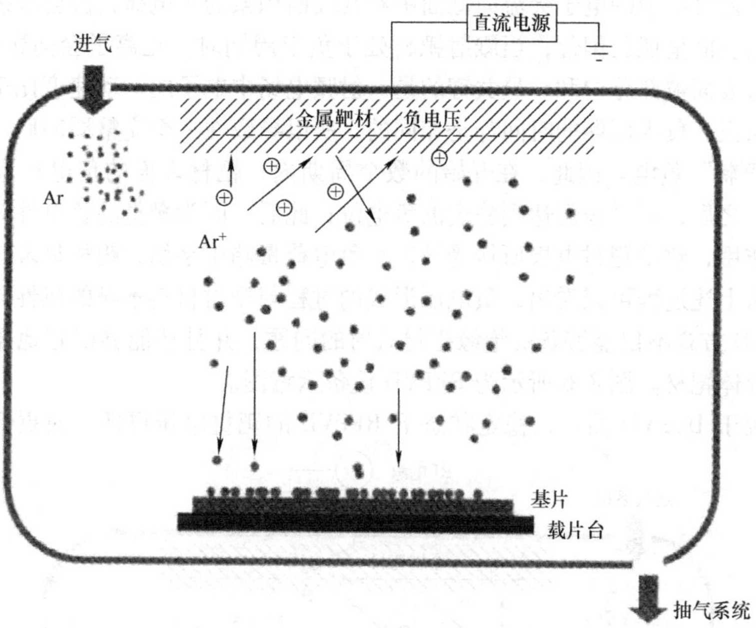

图 8.5　DCPVD 设备示意图

DCPVD 所使用的靶材必须是导体，这是因为当工艺气体中的氩离子轰击靶材时，会与靶材表面的电子复合；当靶材是金属等导体时，这种复合所消耗的电子较容易由电源和靶材其他地方的自由电子通过电传导的方式获得补充，从而使得靶材表面整体保持负电性，维持溅射。反之，如果靶材是绝缘体，靶材表面被复合掉电子后，靶材其他地方的自由电子不能通过电传导的方式来补充，甚至正电荷会在靶材表面累积，造成靶材电位上升，靶材的负电性因此减弱直至消失，最终导致溅射终止。因此，为了使绝缘材料同样能够用于溅射，就需要寻找另外一种溅射方法，射频溅射就是一种既适用于导体靶材又适用于非导体靶材的溅射方法。

DCPVD 的另一个缺点是启辉电压高，电子对衬底的轰击强。解决该问题的有效方法是采用磁控溅射，所以在集成电路领域中真正有实用价值的是磁控溅射。

8.3.3 射频物理气相沉积设备 ★★★

射频物理气相沉积（RFPVD）使用射频电源作为激励源，是一种适用于各种金属和非金属材料的 PVD 方法。

RFPVD 使用的射频电源的常用频率为 13.56MHz、20MHz、60MHz。射频电源的正、负周期交替出现，当 PVD 靶材处于正半周期时，因为靶材表面处于正电位，工艺气氛中的电子会流向靶面中和其表面积累的正电荷，甚至继续积累电子，使其表面呈现负偏位；当溅射靶材处于负半周期时，正离子会向靶材移动，并在靶材表面被部分中和。最关键的是，射频电场中电子的运动速度比正离子快得多，而正、负半周期的时间却是相同的，所以导致在一个完整周期后，靶材表面会“净剩”负电。因此，在开始的数个周期内，靶材表面的负电性呈现增加的趋势；之后，靶材表面达到稳定的负电位；此后，因为靶材的负电性对电子具有排斥作用，致使靶材电极所接受的正、负电荷量趋于平衡，靶材呈现稳定的负电性。从上述过程可以看出，负电压形成的过程与靶材材料本身的属性无关，所以 RFPVD 方式不仅能够解决绝缘靶材溅射的问题，并且还能够很好地兼容常规的金属导体靶材。图 8.6 所示为 RFPVD 设备示意图。

相较于 DCPVD 而言，稳定状态下 RFPVD 的靶材电压更低，而更低的靶材

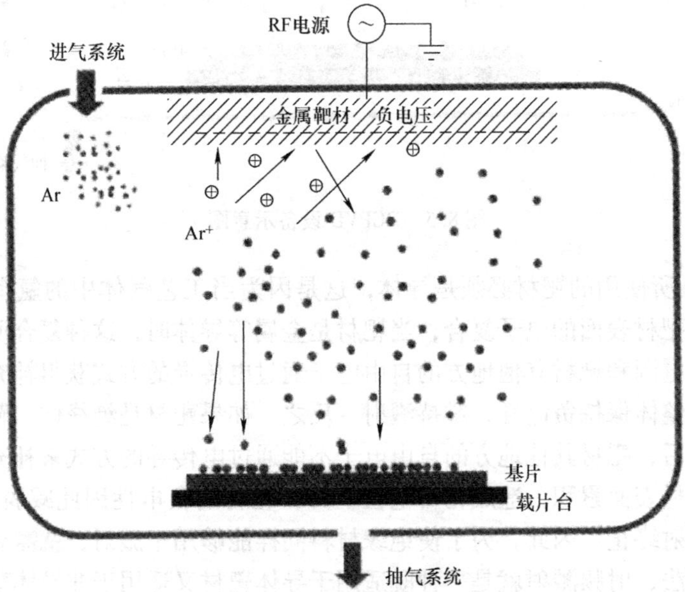

图 8.6 RFPVD 设备示意图

电压意味着轰击到靶材上的正离子（Ar^+）被加速的动能更小，进而轰击出的靶材原子动能也更小；而薄膜沉积时，沉积粒子的动能会直接影响薄膜的成膜结构和特性。利用这个特点，RFPVD 在改变薄膜特性和控制沉积粒子对衬底的损伤方面具有独特的优势。不过靶材电压低会造成溅射产额降低，从而导致薄膜的沉积速率降低；在相同的输入功率条件下，DCPVD 的沉积速率通常会高于 RFPVD 数倍。为了弥补这个不足，另一种 PVD 方式是直流和射频同时加载，两种电源通过耦合器同时加载于靶材上且不会相互干扰，而射频电源使工艺气体中的等离子的产生更为容易，所以这种直流和射频同时加载的方式既有较低的靶材电压，又能够保持可接受的薄膜沉积速率。

与 RFPVD 相比较，CVD 具有更好的台阶覆盖能力，因此 IC 制造工艺中大多采用 CVD 方法制备介质绝缘材料。RFPVD 主要通过与直流磁控 PVD 相结合来降低 DCPVD 对晶圆片上的器件的损伤。同时，RFPVD 的加入会导致沉积速率的下降，以便更好地对沉积超薄膜厚度进行控制。因此，对金属栅的沉积大多采用磁控 DCPVD/RFPVD 方法。

8.3.4　磁控溅射设备 ★★★

磁控溅射是一种在靶材背面添加磁体的 PVD 方式，添加的磁体与直流电源（或交流电源）系统形成磁控溅射源，利用该溅射源在腔室内形成交互的电磁场，俘获并限制腔室内部等离子体中电子的运动范围，延长电子的运动路径，进而提高等离子体的浓度，最终实现更多的沉积。另外，因为更多的电子被束缚于靶材表面附近，从而减少了电子对衬底的轰击，降低了衬底的温度。与平板式 DCPVD 技术相比，磁控物理气相沉积技术的一个最明显的特点是启辉放电电压更低、更稳定。因其等离子体浓度更高，溅射产额更大，可以实现极佳的沉积效率、大尺寸范围的沉积厚度控制、精确的成分控制及较低的启辉电压等优势，所以磁控溅射在当前的金属薄膜 PVD 中处于主导地位，最简单的磁控溅射源设计是在平面靶材背面（真空系统以外）放置一组磁体，以在靶材表面局部区域内产生平行于靶材表面的磁场，如图 8.7 所示。

如果放置的是永磁体，因其磁场相对固定，导致腔室内靶材表面的磁场分布相对固定，只有靶材的特定区域的材料被溅射，靶材利用率低，制备的薄膜均匀性较差，溅射出的金属或其他材料的粒子有一定概率沉积回靶材表面，从而聚集成颗粒，形成缺陷污染。因此，商用的磁控溅射源多采用旋转磁体设计方式，以提高薄膜均匀性、靶材利用率及全靶溅射。平衡这 3 个因素至关重要，如果平衡处理得不好，可能导致获得了很好的薄膜均匀性的同时，却大幅度降低了靶材利用率（缩短了靶材寿命），或者达不到全靶溅射或全靶腐蚀，会在溅射过程中产生颗粒问题。图 8.8 所示为一种典型的磁控溅射源设计方案。

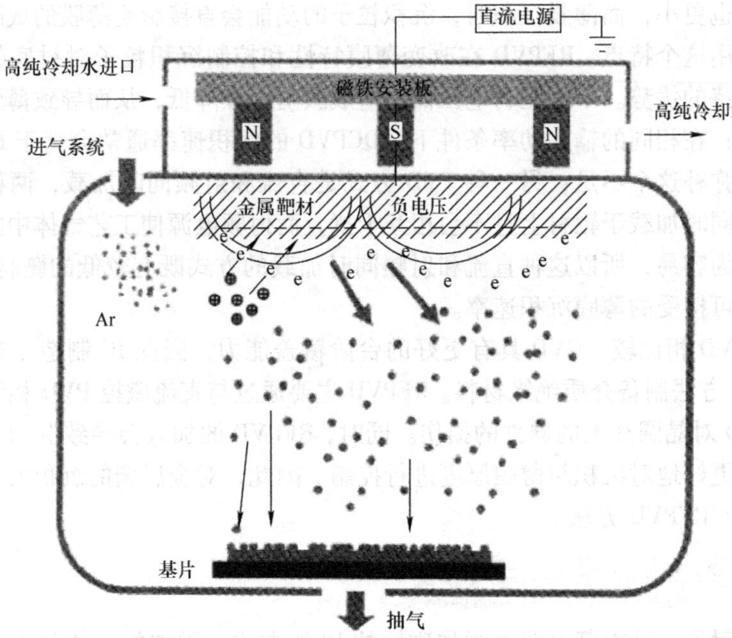

图 8.7 磁控溅射设备示意图

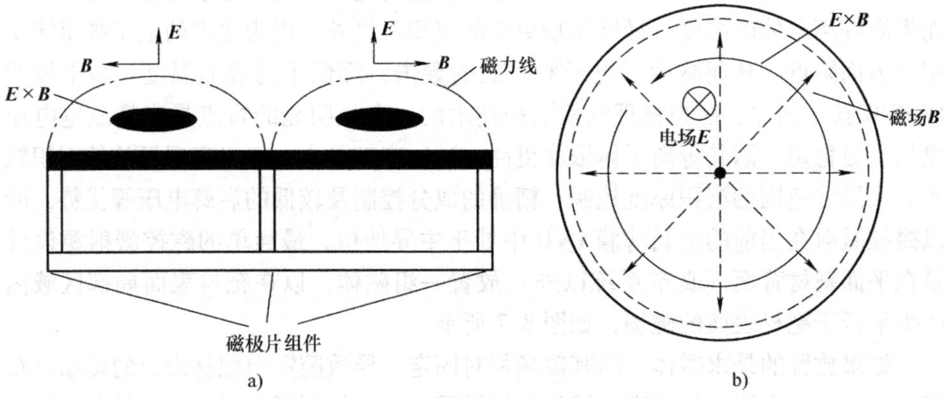

图 8.8 典型的磁控溅射源设计方案

在磁控 PVD 技术中，需要考虑旋转磁体运动机构、靶材形状、靶材冷却系统及磁控溅射源，同时还需要考虑对承载晶圆片的基座的功能配备，如对晶圆片的吸附和温度控制等。在 PVD 过程中，对晶圆片进行温度控制是为了获得所需要的晶体结构、晶粒尺寸和取向，以及性能的稳定性。由于晶圆片背面和基座表面的热传导需要一定的压力，通常为数 Torr 数量级，而腔室的工作压力通常为数 mTorr 数量级，这就导致晶圆片背面的压力远比晶圆片上表面的压力大，因此需要用机械卡盘或静电卡盘对晶圆片进行定位限制。机械卡盘是靠自重和扣压晶圆片的边缘来实现此功能的，虽然它有结构简单和对晶圆片的材料不敏感的优点，但晶圆片的边缘效应明显，也不利于对颗粒的严格控制，因此在 IC 制造工艺中已经逐渐被静电卡盘所取代。对温度不是特别敏感的工艺，也可以选用无吸附、无边缘接触的搁置式方法（晶圆片的上表面与下表面之间没有压力差）。在 PVD 过程中，腔体内衬和与等离子体接触的零部件表面都会被沉积和覆盖。当沉积的膜厚超过了极限值，膜就会开裂剥落而造成颗粒问题，因此内衬等零部件的表面处理是延长该极限值的关键。表面喷沙和铝溶射是两种常用的方法，其目的是增加表面的粗糙度，以加强膜与内衬表面的结合力。

8.3.5　离子化物理气相沉积设备 ★★★

随着微电子技术的不断发展，特征尺寸变得越来越小。由于 PVD 技术无法控制粒子的沉积方向，所以 PVD 进入具有高深宽比的通孔和狭窄沟道的能力受到限制，使得传统 PVD 技术的扩展应用受到越来越多的挑战。在 PVD 工艺中，随着孔隙沟槽的深宽比增加，底部的覆盖率降低，在顶部的拐角处形成屋檐式的悬垂结构，并在底部拐角处形成最薄弱的覆盖，如图 8.9 所示。

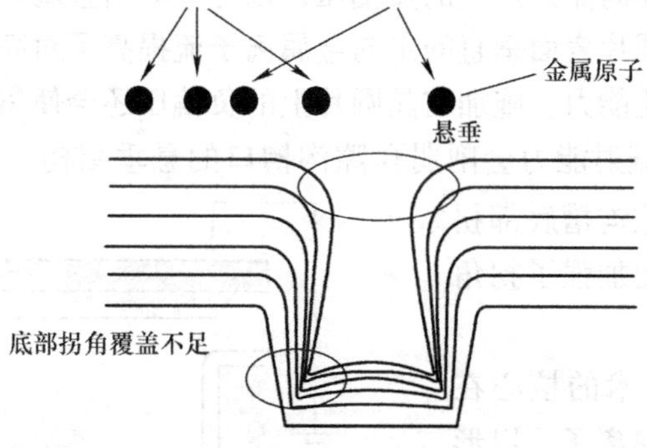

图 8.9　在高深宽比的接触孔处，典型的台阶覆盖随时间增加而变化的截面图

离子化物理气相沉积技术就是为了解决这一问题而开发的。它先将从靶上溅射出来的金属原子通过不同的方式使之等离子化，再通过调整加载在晶圆片上的偏压，控制金属离子的方向与能量，以获得稳定的定向金属离子流来制备薄膜，从而提高对高深宽比通孔和狭窄沟道的台阶底部的覆盖能力。离子化金属等离子体技术的典型特征是在腔室中加入一个射频线圈，如图 8.10 所示。进行工艺加工时，腔室的工作压力维持在比较高的状态（为正常工作气压的 5 ~ 10 倍）。在进行 PVD 时，利用射频线圈产生第 2 个等离子体区域，该区域中的氩等离子浓度随着射频功率和气压的增加而升高。当靶材溅射出的金属原子经过该区域时，

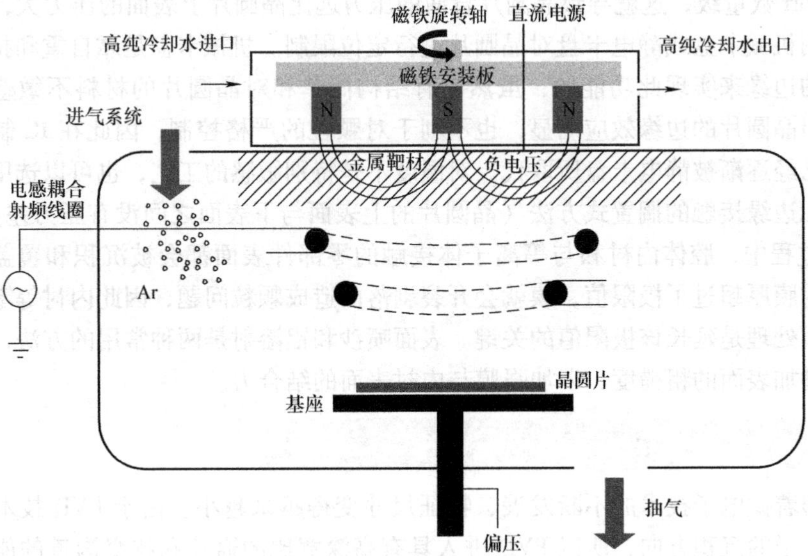

图 8.10　离子化金属等离子体技术示意图

与高密度氩等离子体相互作用而形成金属离子。在晶圆片的载盘（如静电卡盘）处施加射频源可以提高晶圆片上的负偏压，以此来吸引金属正离子到达孔隙沟槽的底部。这种与晶圆片表面垂直的定向金属离子流提高了对高深宽比孔隙和狭窄沟道的台阶底部覆盖能力。施加在晶圆片上的负偏压还会使离子轰击晶圆片表面（反溅射），这种反溅射能力会削弱孔隙沟槽口的悬垂结构，并且将已沉积在底部的薄膜溅射到孔隙沟槽底部拐角处的侧壁上，从而加强了拐角处的台阶覆盖率。

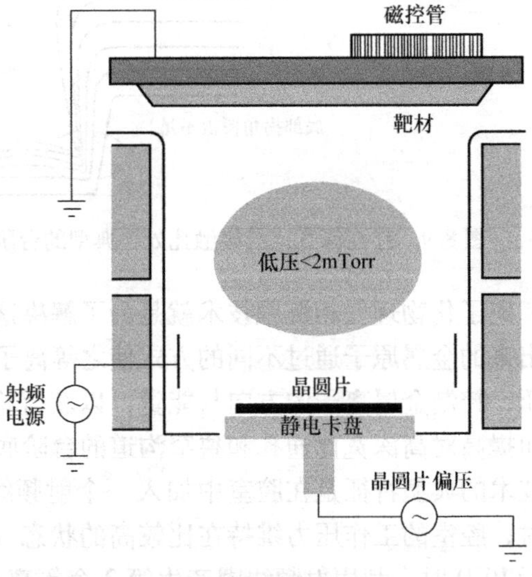

图 8.11　自离子化等离子体技术的腔室布局示意图

离子化 PVD 技术的核心在于获得高比例的金属离子，以形成定向的金属粒子流。除了在腔室内加入射频线圈，也可以采用提高磁控管的磁场强度，加大 DCPVD 功率和降低工作气压的方法，具有代表性的这种离子化 PVD 技术为自离子化等离子体技术，如图 8.11 所示。其典型特征是采用更高磁场强度的磁控溅射源（以提高金属原子的离子化率），增加靶材到晶圆片的距离，在 PVD 过程中采用低压甚至零氩气溅射工艺（如铜的自溅射）。低压 PVD 减少了金属离子、氩离子和原子被散射的概率，从而保证对高深宽比通孔和狭窄沟道的台阶覆盖能力。

离子化 PVD 属于磁控 DCPVD 中的一种新技术。近代铝互连的隔离层、钨栓塞的黏附层，以及铜互连中的隔离层和籽晶层，就是利用离子化 PVD 完成的。对于有高深宽比的孔隙沟槽的集成电路工艺，离子化 PVD 的应用已经占据了主导地位。同时，这类离子化 PVD 腔室已经和金属 CVD 腔室结合在一个系统中，各自发挥其特长。

8.3.6　常压化学气相沉积设备 ★★★

常压化学气相沉积（APCVD）设备是指在压力接近大气压力的环境下，将气态反应源匀速喷射至加热的固体衬底表面，使反应源在衬底表面发生化学反应，反应产物在衬底表面沉积形成薄膜的设备。APCVD 设备是最早出现的 CVD 设备，至今仍被广泛应用于工业生产和科学研究中。APCVD 设备可用于制备单晶硅、多晶硅、二氧化硅、氧化锌、二氧化钛、磷硅玻璃、硼磷硅玻璃等薄膜。图 8.12 所示为 APCVD 系统工作原理示意图。

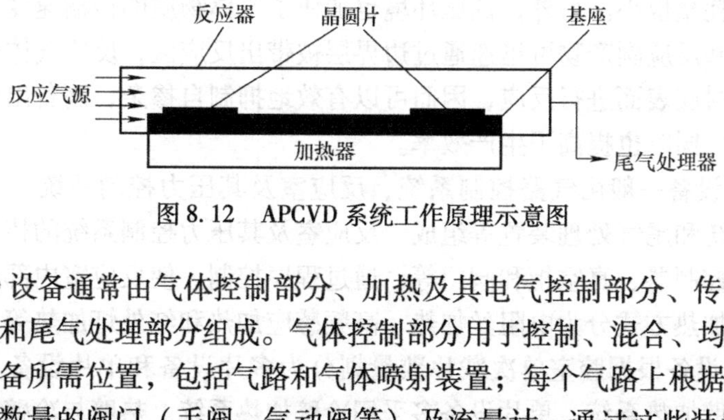

图 8.12　APCVD 系统工作原理示意图

APCVD 设备通常由气体控制部分、加热及其电气控制部分、传动部分、反应腔室部分和尾气处理部分组成。气体控制部分用于控制、混合、均匀输送所需气体进入设备所需位置，包括气路和气体喷射装置；每个气路上根据需求设计了不同类型和数量的阀门（手阀、气动阀等）及流量计，通过这些装置控制气路的通/断和气体的流量。气体喷射装置位于气路尽头进入反应腔室的地方，其作用是保证气体均匀地流入反应腔室，是影响薄膜质量的关键部件。加热部分提供化学反应所需要的热源，有电磁感应线圈加热和红外灯加热等方式。常见的 APCVD 设备可以根据每炉的载片数量划分为多片设备和单片设备，其中多片设备主要有立式反应炉、水平式反应炉和桶式反应炉 3 种类型。

APCVD 设备工作时，需要先将衬底加热至一定的温度，再将控制、调节好的反应气体匀速通过衬底表面，通过气体间的化学反应，使反应物在衬底表面沉积，废气则经由特定的管路进入尾气处理部分。APCVD 设备的反应环境与大气环境近似，反应气体的分子平均自由程较小，分子之间发生碰撞的频率很高，容易发生同质成核的化学反应，从而导致生产的薄膜内部及其表面可能含有颗粒，因此对腔室设计与维护提出了较高的要求。由于 APCVD 设备不需要真空环境，因此它具有结构简单、成本较低、沉积速率高、生产效率高、工艺重复性好等优点，易于实现大面积连续镀膜，适合大批量工业生产。

8.3.7 低压化学气相沉积设备 ★★★

低压化学气相沉积（LPCVD）设备是指在加热（350～1100℃）和低压（10～100mTorr）环境下，利用气态原料在固体衬底表面发生化学反应，反应物在衬底表面沉积形成薄膜的设备。LPCVD 设备是在 APCVD 的基础上，为了提高薄膜质量，改善膜厚和电阻率等特性参数的分布均匀性，以及提高生产效率而发展起来的，其主要特征是在低压热场环境下，工艺气体在晶圆片衬底表面发生化学反应，反应产物在衬底表面沉积形成薄膜。LPCVD 设备在优质薄膜的制备方面具有优势，可用于制备氧化硅、氮化硅、多晶硅、碳化硅、氮化镓和石墨烯等薄膜。

与 APCVD 相比，LPCVD 设备的低压反应环境增大了反应室内气体的平均自由程和扩散系数，反应腔内的反应气体和载带气体分子可在短暂的时间内达到均匀分布，因而极大地提高了薄膜的膜厚均匀性、电阻率均匀性和阶梯覆盖性，反应气体的消耗量也小。另外，低压环境也加快了气体物质的传输速度，衬底中扩散出的杂质和反应副产物可迅速通过边界层被带出反应区，反应气体则迅速通过边界层到达衬底表面进行反应，因而可以有效地抑制自掺杂，制备出过渡区陡峭的优质薄膜，同时也提高了生产效率。

LPCVD 设备一般由气路控制系统、反应室及其压力控制系统、电气控制系统、传送系统和尾气处理装置等组成。反应室及其压力控制系统的核心装置是真空泵、真空控制器、真空柜和阀门等，通过程序控制，使反应室内部达到所需的低压环境。加热方式分为电阻丝加热、高频感应加热和红外灯加热等。

LPCVD 设备根据腔室单次载片数量划分为多片设备和单片设备，多片设备主要采用热壁加热系统，单片设备多采用冷壁加热系统。热壁与冷壁的最大区别在于加热对象的不同，热壁加热系统是经由热源提供热量，对整个反应腔室系统（包括晶圆片、石英舟和反应腔室）进行加热，反应室处于热壁状态；冷壁加热系统仅对晶圆片进行加热，反应腔室则保持冷壁状态。热壁系统中的化学反应发生在反应腔室内的所有部位，因此反应腔室内壁上也会有反应物沉积，需要定期对其进行清洁处理；冷壁系统内的化学反应仅发生在被加热的衬底及衬底托盘处。现阶段，LPCVD 设备越来越向高产能、低温化和新反应源方向发展。

8.3.8 等离子体增强化学气相沉积设备 ★★★

等离子体增强化学气相沉积（PECVD）是一种应用广泛的薄膜沉积技术。

在等离子体工艺过程中，气态前驱物在等离子体作用下发生离子化，形成激发态的活性基团，这些活性基团通过扩散到达衬底表面，进而发生化学反应，完成薄膜生长。

按照等离子体发生的频率来分，PECVD 中所用的等离子体可以分为射频等离子体（Radio Frequency Plasma）和微波等离子体（Microwave Plasma）两种。目前，工业界所用的射频频率一般为 13.56MHz。射频等离子体的引入通常分为电容耦合方式（CCP）和电感耦合方式（ICP）两种。电容耦合方式通常为直接等离子体反应方式；而电感耦合方式可以为直接等离子体方式，也可以为远程等离子体方式。图 8.13 所示为平板电容耦合式 PECVD 设备的示意图。

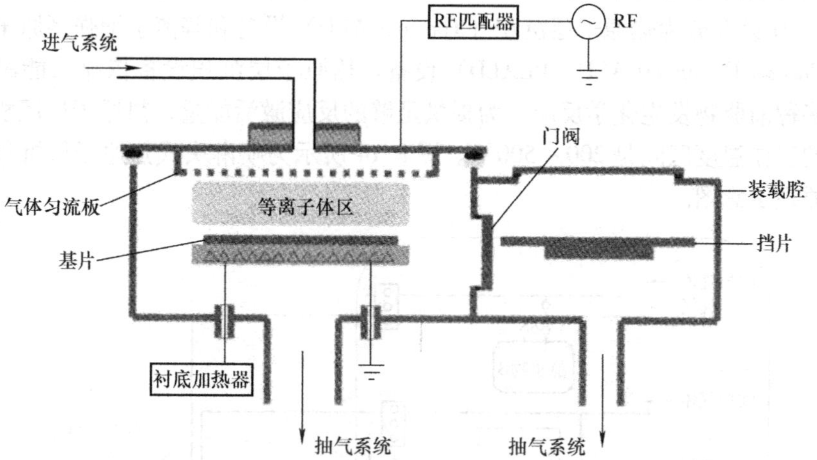

图 8.13 平板电容耦合式 PECVD 设备的示意图

通常，使用电容耦合生成的等离子体的电离率较低，因此导致反应前驱物的离解有限，沉积速率也相对较低。使用电感耦合可以产生更高密度的等离子体。当电感线圈上施加高频信号时，在电感线圈内部感应出电场，使等离子体中的电子加速直至获取更高的能量，这样就可以产生更高密度的等离子体。

在半导体制造工艺中，PECVD 通常用于在含有金属或其他对温度比较敏感的结构的衬底上生长薄膜。例如，在集成电路后道金属互连领域，由于在前道工艺中，器件的源、栅与漏等结构已经形成，因而金属互连领域的薄膜生长受到很严格的热预算限制，所以通常是由等离子体辅助完成的。通过调整等离子体工艺参数，PECVD 生长的薄膜的密度、化学组分、杂质含量、机械韧性和应力等参数都可以在一定范围内得到调节和优化。

8.3.9 原子层沉积设备 ★★★

原子层沉积（ALD）是一种以准单原子层形式周期性生长的薄膜沉积技术。

其特点是通过控制生长周期的数目可以精确调节沉积薄膜的厚度。与化学气相沉积（CVD）工艺不同，ALD 工艺中的两种（或多种）前驱物交替通过衬底表面，并通过稀有气体的吹扫有效实现隔离。两种前驱物在气相中不会混合相遇而发生化学反应，仅在衬底表面通过化学吸附而发生反应。在每个 ALD 周期中，吸附在衬底表面的前驱物的量与衬底表面活性基的密度有关。当衬底表面的反应活性基耗尽后，即使再通入过量的前驱物在衬底表面也不会发生化学吸附，这个反应过程称为表面自限制反应。这种工艺机制使得 ALD 工艺在每个周期生长的薄膜厚度是一定的，因此 ALD 工艺具有厚度控制精确、薄膜台阶覆盖率好等优点。

ALD 设备的工作温度一般低于 500℃。虽然 ALD 设备可以工作在常压条件下，但更主要的是工作在低压（0.1 ~ 10Torr）条件下。根据供能方式的不同，可将 ALD 设备分为热原子层沉积（Thermal ALD）设备和等离子增强型原子层沉积（Plasma Enhanced ALD，PEALD）设备。热原子层沉积设备依靠热能激发两种或多种前驱物发生化学反应。为提供足够的反应激活能量，热原子层沉积设备一般的工作温度区间是 200 ~ 500℃。图 8.14 所示为喷淋头式热原子层沉积设备工作原理示意图。

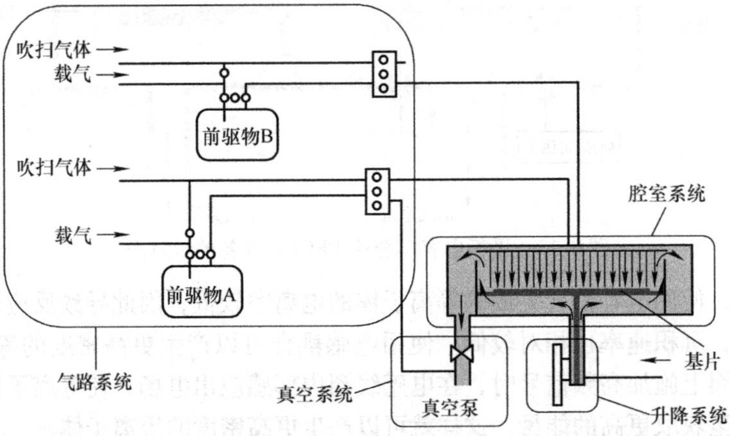

图 8.14　喷淋头式热原子层沉积设备工作原理示意图

在热原子层沉积设备的基础上，通过在工艺腔室中引入等离子体，可以有效地降低工艺温度，满足低热预算的工艺要求。另外，等离子体的引入可以使更多的前驱物满足 ALD 工艺化学吸附反应所要求的反应激活能，从而可以使 ALD 工艺制备更多的薄膜。

PEALD 设备一般工作在室温至 400℃的温度范围。根据等离子体引入方式的不同，可将 PEALD 设备分为电容耦合型和电感耦合型两类。电容耦合型 PEALD 设备原理示意图如图 8.15 所示。除了降低工艺温度，PEALD 工艺在提高薄膜致密度、降低薄膜杂质含量等方面也具有一定的优势。

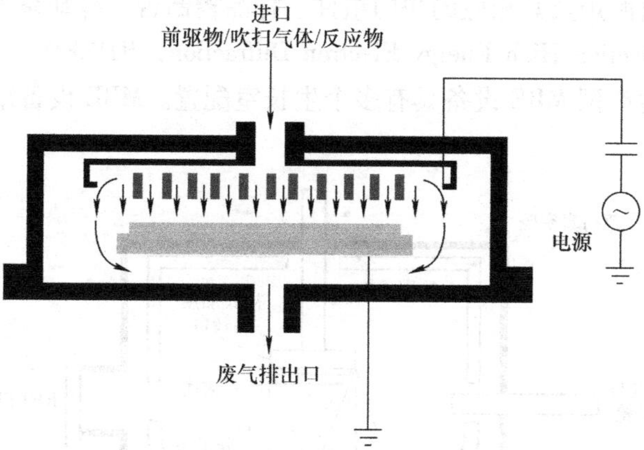

图 8.15 电容耦合型 PEALD 设备原理示意图

ALD 工艺具有生长温度相对低、膜厚控制精准、薄膜均匀性好、致密度高及台阶覆盖率好等特点，因此在许多领域得到应用，如集成电路、光伏、平板显示、光学、传感器、催化剂、生物医药等领域，特别是一些对生长温度及热预算有限制，以及对薄膜质量及台阶覆盖率有较高要求的领域。

8.3.10 分子束外延系统 ★★★

分子束外延（Molecular Beam Epitaxy，MBE）系统是指在超高真空条件下，由一束或多束热能原子束或分子束，以一定速度喷射到加热的衬底表面上，并在衬底表面进行吸附、迁移而沿着衬底材料的晶轴方向外延生长单晶薄膜的一种外延设备。一般在具有热挡板的喷射炉加热的条件下，束流源形成原子束或分子束，沿衬底材料晶轴方向逐层生长薄膜，其特点是外延生长温度低，厚度、界面、化学组分和杂质浓度可实现原子级别的精确控制。虽然 MBE 起源于半导体超薄单晶薄膜的制备，但其应用如今已经扩展到金属、绝缘介质等多种材料体系，可制备Ⅲ-Ⅴ族、Ⅱ-Ⅵ族、硅、硅锗（SiGe）、石墨烯、氧化物和有机薄膜。

分子束外延（MBE）系统主要由超高真空系统、分子束源、衬底固定和加热系统、样品传输系统、原位监测系统、控制系统、测试系统组成。真空系统包括真空泵（机械泵、分子泵、离子泵和冷凝泵等）和各种各样的阀门，它可以创造超高真空生长环境，一般可实现的真空度为 $10^{-8} \sim 10^{-11}$ Torr。真空系统主要有 3 个真空工作室，即进样室、预处理和表面分析室、生长室。进样室用于实现与外界传递样品，从而保证其他腔室的高真空条件；预处理和表面分析室连接着进样室与生长室，其主要功能是样品前期处理（高温除气，保证衬底表面的完全清洁）和对清洁过的样品进行初步的表面分析；生长室是 MBE 系统最核心的部分，主要由源炉及其相应的快门组件、样品控制台、冷却系统、反射高能电子衍射仪（Reflection High Energy Electron Diffraction，RHEED）、原位监测系统等组成。部分生产型 MBE 设备具有多个生长室配置。MBE 设备结构示意图如图 8.16 所示。

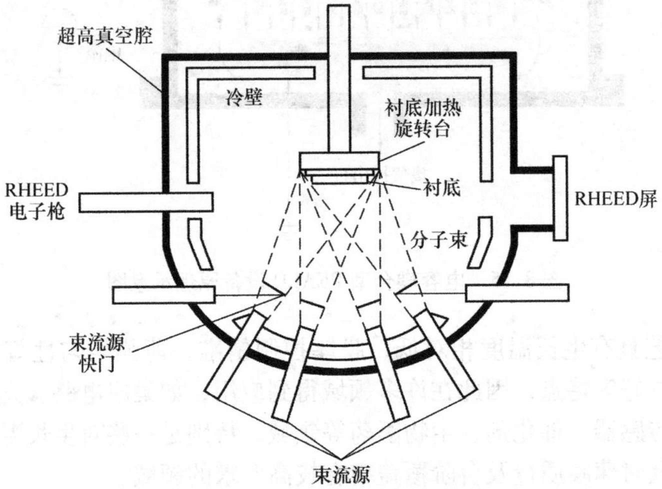

图 8.16　MBE 设备结构示意图

硅材料的 MBE 是以高纯硅为原料，在超高真空（$10^{-10} \sim 10^{-11}$ Torr）条件下生长，生长温度为 600 ~ 900℃，以 Ga（P 型）、Sb（N 型）为掺杂源。通常使用的 P、As 和 B 等掺杂源，因其难于蒸发而较少作为束流源使用。MBE 的反应室具有超高真空环境，增加了分子的平均自由程，减少了生长材料表面的沾污和氧化，其制备出的外延材料表面形貌好，均匀性好，并可以制成不同掺杂或不同材料组分的多层结构。

MBE 技术实现了重复生长厚度为单个原子层的超薄外延层，且外延层之间的分界面陡峭。对Ⅲ-Ⅴ族半导体及其他多元异质材料的生长起到了促进作用。目前，MBE 系统已成为生产新一代微波器件、光电器件的先进工艺设备。MBE 技术的缺点是薄膜生长速率慢，真空要求高，设备本身和设备使用成本较高。

8.3.11　气相外延系统 ★★★

气相外延（VPE）系统是指将气态化合物输运到衬底上，通过化学反应而获得一层与衬底具有相同晶格排列的单晶材料层的外延生长设备。外延层可以是同质外延层（Si/Si），也可以是异质外延层（SiGe/Si、SiC/Si、GaN/Al_2O_3 等）。目前，VPE 技术已广泛应用于纳米材料制备、功率器件、半导体光电器件、太阳能光伏与集成电路等领域。

典型的 VPE 有常压外延及减压外延、超高真空化学气相沉积、金属有机化学气相沉积等。VPE 技术中的关键点为反应腔室设计、气流方式及均匀性、温度均匀性和精度控制、压力控制与稳定性、颗粒和缺陷控制等。目前，主流的商业 VPE 系统的发展方向均为大载片量、全自动控制，以及实现温度与生长过程的实时监控等。VPE 系统有立式、水平式和圆筒式 3 种结构，其加热方式有电阻加热、高频感应加热和红外辐射加热等。目前，VPE 系统多采用水平圆盘式结构，它具有生长外延膜均匀性好、载片量大等特点。VPE 系统通常由反应器、加热系统、气路系统和控制系统 4 部分组成。因 GaAs 和 GaN 外延膜生长时间较长，所以大多采用感应加热和电阻加热方式。而在硅的 VPE 中，厚外延膜生长则多采用感应加热方式；薄外延膜生长则多采用红外加热方式，以达到快速升/降温的目的。VPE 设备结构示意图如图 8.17 所示。

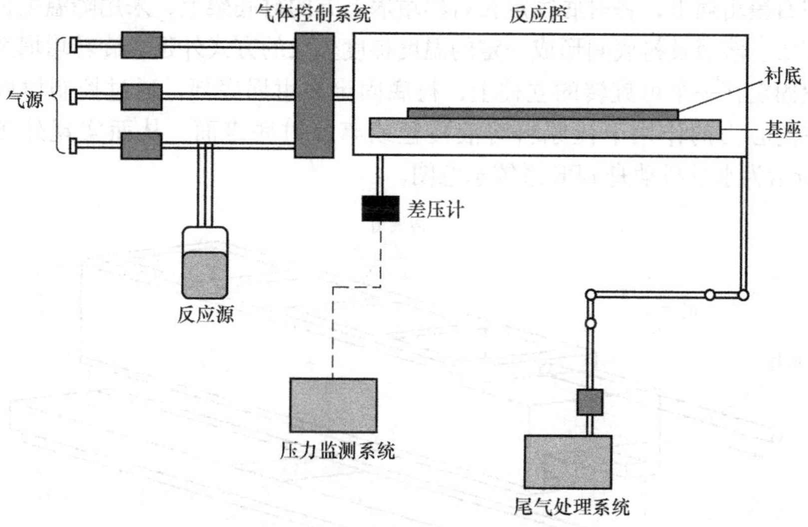

图 8.17　VPE 设备结构示意图

以硅材料的硅（Si）和锗硅（SiGe）VPE 为例，工艺气体中常用 3 种含硅气体源，即硅烷（SiH_4）、二氯硅烷（SiH_2Cl_2）和三氯硅烷（$SiHCl_3$），某些特殊外延工艺中还要用到含 Ge 和 C 的气体锗烷（GeH_4）和甲基硅烷（SiH_3CH_3）。反应中的载气一般选用氢气（H_2）。硅和锗硅的 VPE 工艺广泛应用于现代集成电路制造中。

8.3.12　液相外延系统 ★★★

液相外延（LPE）系统是指将待生长材料（如 Si、Ga、As、Al 等）及掺杂剂（如Zn、Te、Sn等）溶化于熔点较低的金属（如Ga、In等）中，使溶质在溶剂中呈现饱和或过饱和状态，然后将单晶衬底与溶液接触，通过逐渐降温冷却的方式使溶质从溶剂中析出，在衬底表面生长出一层晶体结构及晶格常数均与衬底相似的晶体材料的外延生长设备。LPE方法于1963年由Nelson等人提出，用于生长Si薄膜和单晶材料，以及Ⅲ-Ⅳ族、碲镉汞等半导体材料，可制作各种光电器件、微波器件、半导体器件和太阳电池等。

LPE系统一般由气体控制部分、加热部分、控制部分、装料室、反应腔室部分和真空系统组成。根据反应系统类型的不同，LPE系统大致可分为水平滑动舟系统、垂直浸渍系统和旋转坩埚系统（离心系统）3种类型。水平滑动舟系统是水平式反应器，在衬底上放置具有多个槽室的滑动石墨舟，在槽室中放入原料溶液，滑动石墨舟至载有溶液的槽室与衬底接触，外延结束后，推动石墨舟将剩余溶液刮走。垂直浸渍系统采用立式生长管及立式加热系统，将配置好的原料溶液放置在石墨坩埚里，将衬底固定在石墨坩埚上方的衬底架上，采用降温生长，或者在溶质、溶液及衬底间形成一定的温度梯度生长的方式外延。旋转坩埚系统是将坩埚固定在一个可旋转的立柱上，衬底固定在坩埚底部，通过控制坩埚的转速，在离心力的作用下让原料溶液覆盖或离开衬底表面，从而实现外延。图8.18所示为水平滑动舟LPE系统示意图。

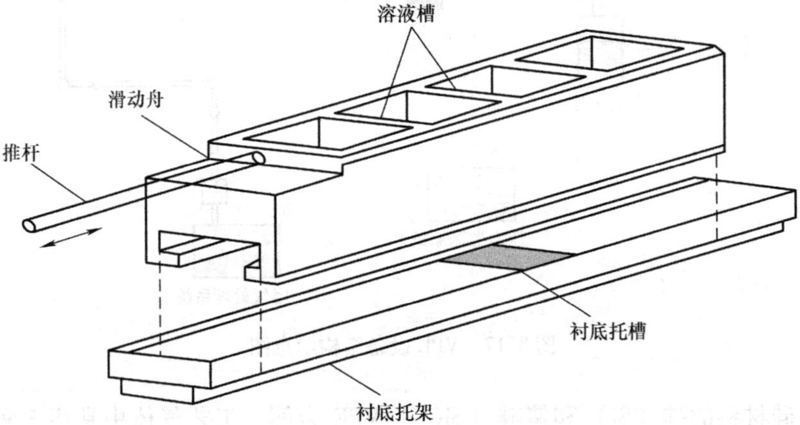

图8.18　水平滑动舟LPE系统示意图

LPE与MBE和VPE的不同之处在于，LPE技术是一种在近热动力学平衡时才能进行薄膜生长的技术。LPE系统具有很多优点，如生长设备结构较为简单；生长速率较快；可外延厚度较大；可高温熔融外延；可选择的掺杂剂范围较为广泛，可以制备出具有各种粒子掺杂的单晶薄膜；生长过程中无剧毒及强腐蚀性原料及反应产物；操作简单安全。但LPE系统也存在一定的不足，其主要缺点是：

对于大尺寸外延及多元化合物组合的均匀性控制较难；对衬底及原料要求高，导致制备成本极高；当外延层与衬底间的晶格大于 1% 时，难以发生外延生长；生长速率快，导致难以制备纳米级厚度的外延层；外延层的表面质量也不如一般的 VPE 产品的表面质量。

现在，LPE 设备基本为各厂家及实验室根据需求，自己设计、组装的自制设备。LPE 系统对温度控制要求较高，通过配备具有高稳定度的电压源和电流源，可以保证温度的均匀性及稳定性。

参考文献

[1] QUIRK M, SERDA J. 半导体制造技术 [M]. 韩郑生，等译. 北京：电子工业出版社，2015.

[2] XIAO H. 半导体制造技术导论 [M]. 杨银堂，段宝兴，译. 北京：电子工业出版社，2013.

[3] AHADI K, CADIEN K. Ultra low density of interfacial traps with mixed thermal and plasma enhanced ALD of high - K gate dielectrics. [J] RSC Adv, 2016 (6): 16301 - 16307.

第9章 »

封装工艺及设备

9.1 简　介

电子产品制造过程包括半导体器件制造和整机系统组装，以圆片切割成芯片为界，通常分为前道工序和后道工序，如图9.1所示。后道工序包括芯片封装和器件组装过程。

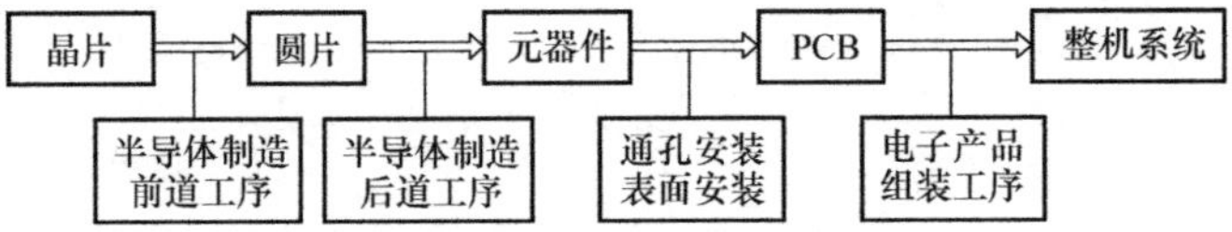

图9.1　电子产品物理实现过程

封装和组装可分为4级，即芯片级封装（0级封装）、元器件级封装（1级封装）、板卡级组装（2级封装）和整机组装（3级封装）[1]。通常将0级和1级封装称为电子封装，而将2级和3级封装称为电子组装。电子封装是对芯片进行安放、固定、密封、保护并增强电热性能，将芯片内部I/O通过引线或凸点与封装外壳的引脚连接，或者将多个芯片有效、可靠地互连。从20世纪50年代起，电子封装经历了从晶体管封装（Transister Outline，TO）、双列直插式封装（Dual In-line Package，DIP）、小引出线封装（Small Outline Package，SOP）、四面扁平封装（Quad Flat Package，QFP）、引脚阵列封装（Pin Grid Array，PGA）、球阵列封装（Ball Grid Array Package，BGA）、多芯片封装（Muli-chip Package，MCP）到系统级封装（System in Package，SiP）的变迁。随着集成电路性能越来越先进，其技术指标也越来越高，芯片面积与封装面积的比率越来越趋近于1，适用概率和耐温性能也越来越高，引脚数增加，引脚间距缩小，重量减轻，可靠性提高，使用更加方便[2]。2级封装将这些引脚又通过PCB上的导线与其他器件建立连接，此过程主要涉及通孔插装技术（Through Hole Technology，THT）和表面贴装技术（Surface Mount Technology，SMT）。由于SMT优点突出，现已成为电子生产领域的主流技术。先进电子封装的发展强调系统设计，各封装阶段已由独立分散型走向集中统一型，由单纯的生产制造型向设计主导型发展，即 3 级封装正逐渐走向融合。

集成电路的芯片制造和封装技术及其性能水平与相关设备的能力紧密相连，只有先进的设备才能成就先进的芯片和封装[3]。在芯片生产线和封装线中，设备、工艺、材料和环境这 4 大要素，形成了互相依存、互相促进、共同发展的关系。要发展芯片和封装，设备必须先行。正是深刻理解了这一关系，在此领域比较发达的国家均投入巨资大力发展相关设备[4]。电子封装工艺设备是指在研究、开发和封装各种电子产品过程中专门用于基板制备、元器件封装、板级组装、整机系统组装、工艺环境保证、生产过程监控和产品质量保证的设备。电子封装工艺设备领域里最具基础与规模，与工艺结合最密切，并对封装性能影响最大的有如下 3 个方面：

1）在 0 级封装阶段，为了实现圆片的测试、减薄、划切工艺，与之对应的主要封装设备有圆片探针台、圆片减薄机、砂轮和激光切割机等。

2）在 1 级封装阶段，为了实现芯片的互连与封装工艺，与之对应的主要封装设备有粘片机、引线键合机、芯片倒装机、塑封机、切筋成型机、引线电镀机和激光打标机等。在此阶段，为了实现圆片级芯片尺寸封装（Wafer Level Chip Size Package，WLCSP）工艺，相应的主要封装设备还有植球机、圆片凸点制造设备、圆片级封装的金属沉积设备及光刻设备等。

3）在 2 级封装阶段，为了实现 PCB 组装工艺，与之对应的主要封装设备有焊膏涂覆设备、丝网印刷机、点胶机、贴片机、回流炉、波峰焊机、清洗机、自动光学检测设备等。为了提供电路组装的基板，与之对应的主要基板工艺设备有真空层压机、钻孔机、通孔电镀系统、涂胶机、光刻机、显影机、刻蚀机、丝网印刷机、电镀铜系统、自动光学检测仪、印字打标机等。

随着技术的发展，插装型封装（如 DIP）所占的市场份额逐渐萎缩，而倒装芯片封装（Flip Chip）、扇出型封装（Fan-out）、圆片级封装（Wafer Level Package，WLP）、系统级封装（System in Package，SiP）和三维（3D）封装等先进封装技术逐渐成为主流。与此同时，先进封装设备也在不断涌现和升级，如用于超薄圆片处理的临时键合/拆键合机、圆片键合机等[5]。

9.2　芯片级封装

9.2.1　圆片减薄机 ★★★

圆片减薄机是一种利用安装在空气静压电主轴上的金刚石磨轮，对圆片、蓝宝石、陶瓷等被加工物进行减薄，高速旋转的磨轮以极低的速度进给，磨削吸附在吸盘上的圆片，从而达到圆片厚度变薄的设备。根据设备工艺需求的不同，圆片减薄机分为减薄机和减薄抛光一体机两种。

减薄机主要由粗磨系统、精磨系统、承片台、承片台清洗系统、上片机械手、下片机械手、中心机械手、料篮、定位盘、圆片清洗台、回转工作台等组成，如图 9.2 所示。粗/精磨系统配有空气静压电主轴，由内装式高频电动机直接驱动主轴，带动金刚石磨轮高速旋转；承片台可以吸附圆片，并可以进行旋转；承片台清洗系统主要用于清洗承片台，保证承片台的洁净；上/下片机械手主要用于圆片在承片台、定位盘、圆片清洗台之间的装载与卸载；中心机械手用于圆片在圆片清洗台、料篮、定位盘之间的传输；料篮主要用于圆片的装载；定位盘用于圆片的位置识别与固定；圆片清洗台主要用于磨削后的圆片的清洗及干燥，去除影响传输的水渍和粉尘；回转工作台主要通过回转运动，实现圆片在粗磨系统、精磨系统及装片位置之间的变换。

减薄抛光一体机可以实现从上片、定位、装片、粗磨、精磨、抛光、清洗/干燥、保护膜处理到卸片的全部工序的自动化操作，其工艺流程如图 9.3 所示。减薄抛光一体机的工作流程分为如下 9 个步骤：

1）机械手将圆片从料篮内取出，送至定位盘。

2）在定位盘进行中心定位后，平移机械手臂将工作物移到装片台。

3）回转工作台进行工位变换，圆片从装片位 A 运转到粗磨位置 D，进行粗磨。

4）回转工作台进行工位变换，圆片从粗磨位置运转到精磨位置 C，进行精磨。

5）工位变换，圆片从精磨位置 C 运转到抛光位置 B，进行抛光。

6）工位变换，圆片从抛光位置 B 运转到下片位置 A。

7）下片机械手将圆片从下片位置搬运到圆片清洗台，进行清洗。

8）传输机械手将清洗后的圆片搬到膜处理系统。

9）膜处理系统完成划片膜的粘贴及减薄膜的撕除工艺，并将带框架的圆片传输到料篮。

目前，研制减薄机的主要生产厂家有日本 Disco 公司和日本的东京精密。减薄机除了应用于集成电路行业，还广泛应用于 LED、红外器件、指纹识别、光通信等行业。

9.2.2 砂轮划片机 ★★★

砂轮划片机是一种利用安装在空气静压电主轴上的金刚石砂轮，对圆片、玻璃、陶瓷等被加工物进行切割或开槽的设备。图 9.4 所示为圆片划切前、后对比

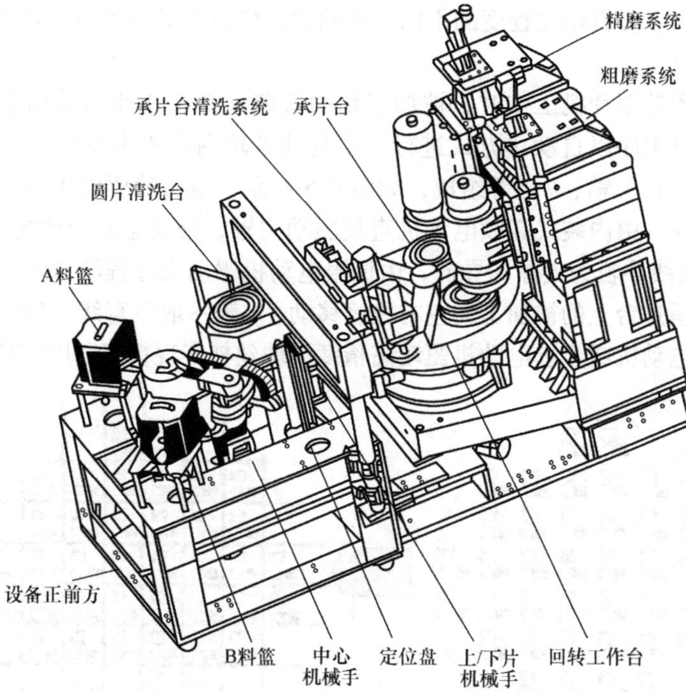

图 9.2　减薄机典型结构

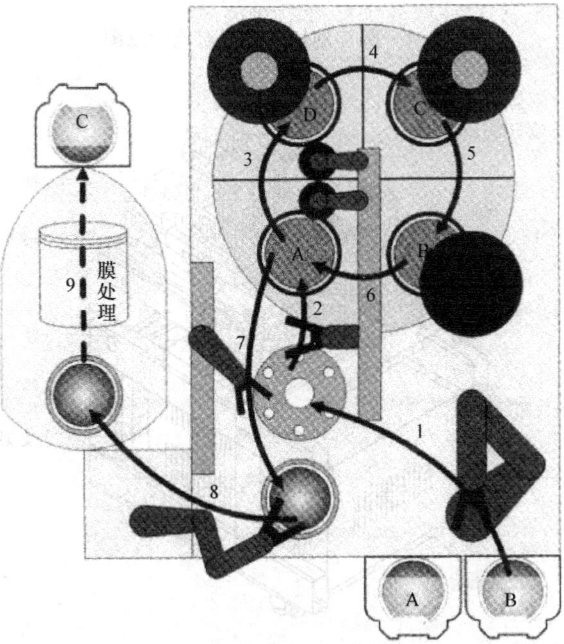

图 9.3　减薄抛光一体机工艺流程

示意图。根据设备自动化程度的不同，砂轮划片机分为半自动砂轮划片机和全自动砂轮划片机。

半自动砂轮划片机工作时，被加工物的安装与卸载作业均采用手动方式操作，仅有切割工序以自动化方式进行。半自动砂轮划片机主要由空气静压电主轴、x 轴、y 轴、z 轴、θ 轴等组成，如图 9.5 所示。空气静压电主轴以气体静压轴承作为支撑，由内装式高频电动机直接驱动主轴，带动金刚石砂轮高速旋转。x 轴一般以直线导轨为支撑和导向，由伺服电动机驱动大导程滚珠丝杠实现直线运动，带动承片台上的被加工物左右往复移动。y 轴一般以直线导轨为支撑和导向，由伺服电动机或步进电动机驱动高精度滚珠丝杠实现精密分度定位，必要时

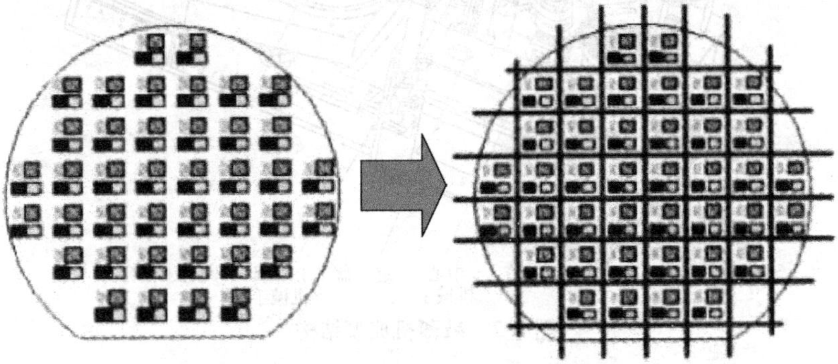

图 9.4　圆片划切前、后对比示意图

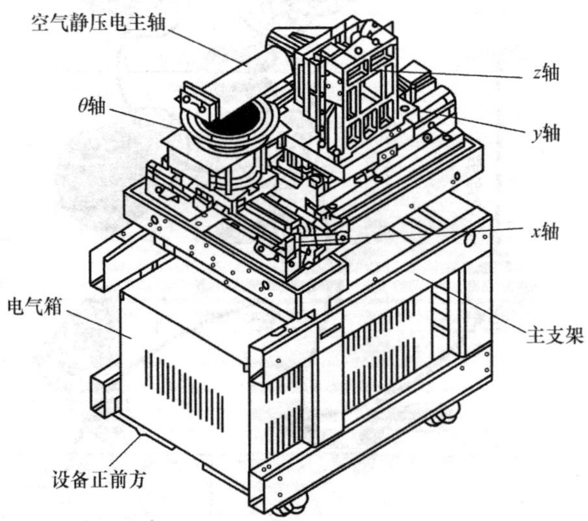

图 9.5　半自动砂轮划片机典型结构

配置光栅尺进行闭环控制，带动空气静压电主轴和显微镜前进和后退。z 轴采用直线导轨导向，由步进电动机驱动高精度滚珠丝杠实现精密高度控制，带动空气静压电主轴上升和下降。θ 轴一般由直驱电动机或步进电动机驱动，带动承片台绕其中心轴线顺时针和逆时针旋转，实现承片台上的被加工物的划切道与 x 轴运动方向平行。

全自动砂轮划片机可以实现从装片、位置校准、切割、清洗/干燥到卸片的全部工序的自动化操作，其工艺流程如图 9.6 所示，其典型结构布局如图 9.7 所示。

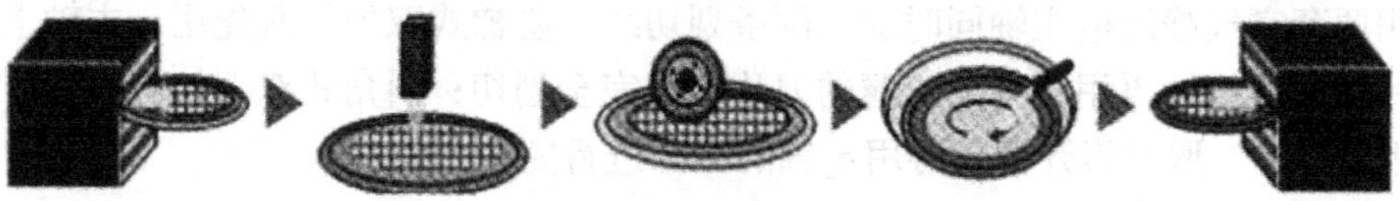

图 9.6　全自动砂轮划片机的工艺流程

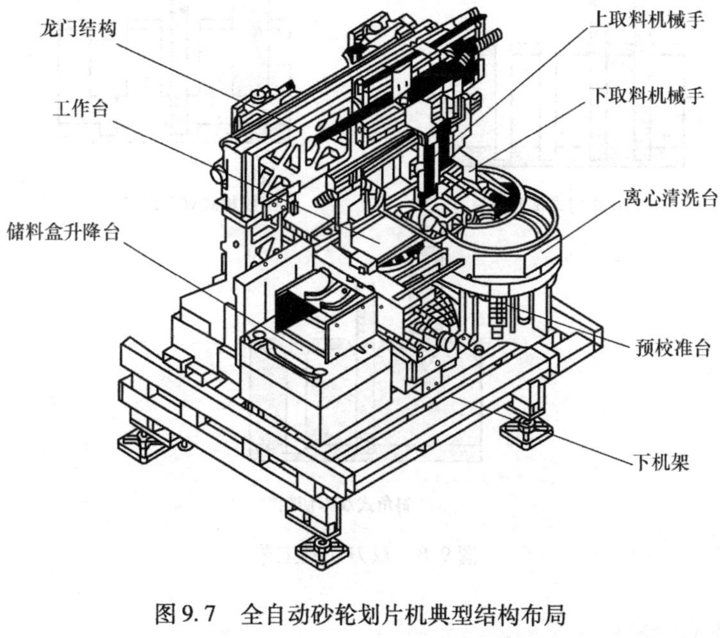

图 9.7　全自动砂轮划片机典型结构布局

砂轮划片机配置有一套或两套空气静压电主轴，其工作机理是强力磨削。进行圆片等被加工物的单元分离作业时，安装于空气静压电主轴上的金刚石砂轮以 30000r/min 以上的高转速在被加工物的划切道内切割，固定着被加工物的承片台以一定的速度沿金刚石砂轮与被加工物接触点的切线方向作往复直线运动，切割过程中产生的碎屑被去离子水冲走。空气静压电主轴的转速、输出功率，金刚石砂轮的金刚砂粒度、结合剂类型、厚度、半径等，冷却液的温度、流量，承载薄膜类型，x 轴速度等因素对被加工物的切割质量具有重要的影响。圆片等被加工物的材料本身固有的脆性和砂轮切割方式，不可避免地对被加工物产生正面和背面机械应力，导致分离单元的边缘出现正面崩裂、背面崩裂等质量缺陷。

随着半导体技术的发展，更多新材料、新工艺应用于圆片制造，这对砂轮切割工艺提出了更大的挑战。砂轮划片机要适应不同材质的被加工物、不同的应用需求，控制质量缺陷是切割工艺的重点和难点。为了提高生产效率和切割质量，双刀切割工艺（见图 9.8）得到了日益广泛的应用[5]。其中，并列式双刀切割采用两套空气静压电主轴同时加工两条划切线；阶梯式双刀切割先用 z_1 主轴上的刀片进行开槽，再用 z_2 轴上较薄的刀片实现完全划切；斜角式双刀切割先用 z_1 主轴上的“V”形刀刃开槽，再用 z_2 轴的刀片进行完全划切。

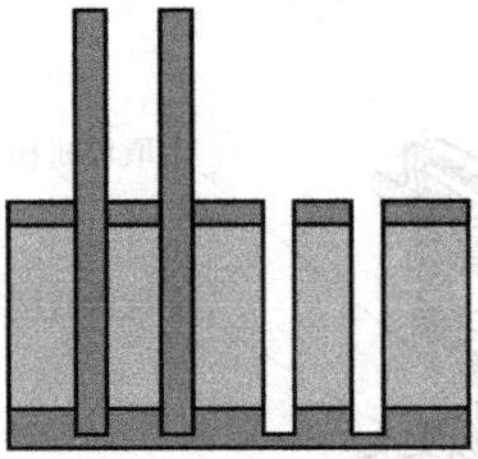
a) 并列式双刀切割

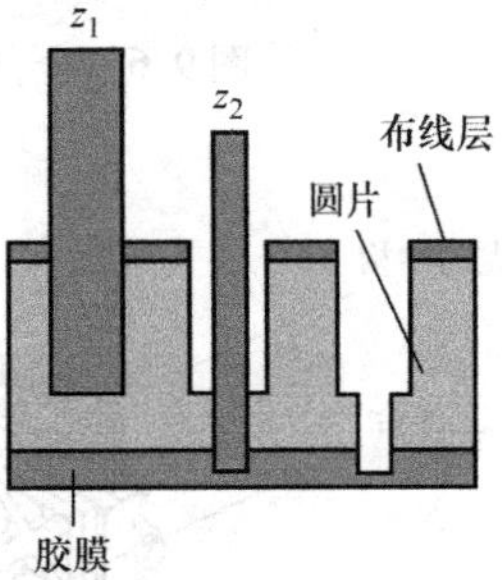

b) 阶梯式双刀切割

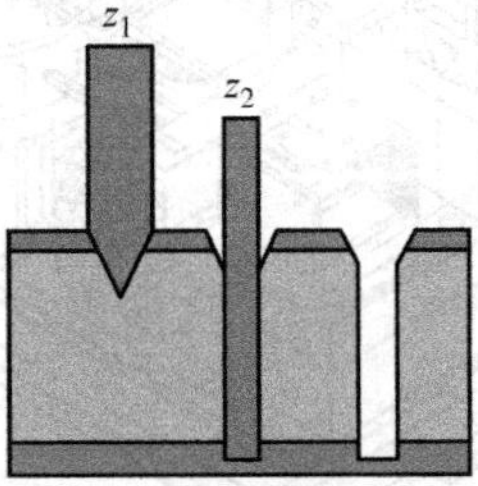

c) 斜角式双刀切割

图 9.8　双刀切割工艺

9.2.3　激光划片机 ★★★

激光划片机是一种利用高能激光束照射在圆片等被加工物表面或内部，通过固体升华或蒸发等方式对被加工物进行切割或开槽的设备。根据激光技术原理的不同，激光划片机分为干式激光划片机和微水导激光划片机。根据设备自动化程度的不同，激光划片机分为半自动激光划片机和全自动激光划片机[6]。

干式激光划片机主要由激光系统、x-y 工作台、θ 向旋转台、z 向调焦系统、除尘及真空系统和电控系统等组成，如图 9.9 所示。激光系统参数根据被加工物材料对激光的吸收特性确定，x-y 工作台进行快速直线往复运动和精密步进运动，θ 向旋转台用于被加工物划切道的精密对位，z 向调焦系统用于激光加工焦点和 CCD 成像焦点的精密调节。

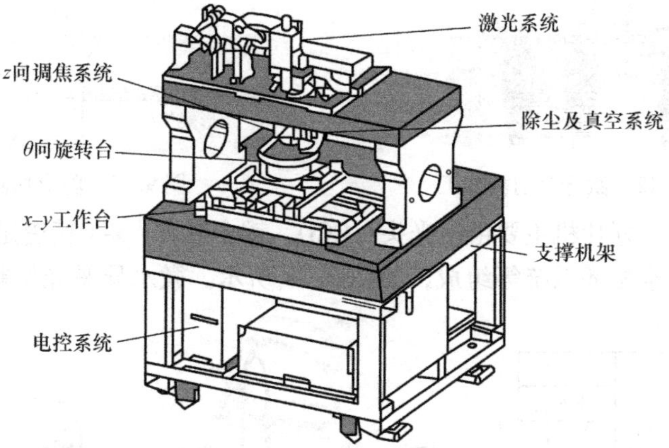

图 9.9　干式激光划片机典型结构

干式激光划片机的激光加工方法主要分为烧蚀加工和隐形切割。烧蚀加工是指将激光能量在极短的时间内集中于圆片等被加工物表面的微小区域内，使划切道内固体熔化、汽化的开槽加工或全切割加工方式。激光开槽加工是在圆片等被加工物表面切割出深度为材料总厚度 1/4～1/3 的凹槽，如图 9.10 所示；然后通过裂片工艺将圆片等被加工物沿划切槽分裂从而获得芯片，如图 9.11 所示。激光全切割加工则是直接切穿圆片等被加工物整个材料厚度并分离获得芯片，如图 9.12 所示。芯片由于热作用不会自动分离，因而需要通过扩晶过程进行分离。

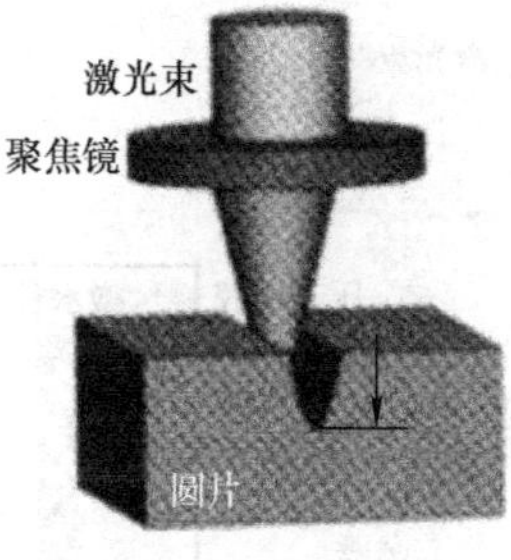

图 9.10　激光开槽加工

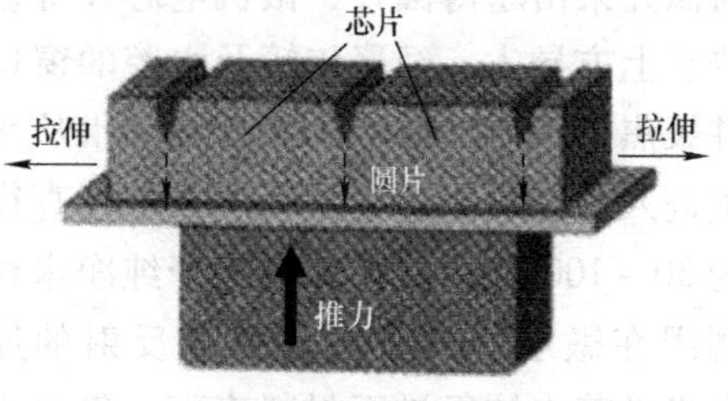

图 9.11　裂片

隐形切割是指将激光能量聚集于圆片等被加工物内部，利用特殊波长控制激光仅打乱硅的原子键，在圆片内部产生变质层，再通过扩展胶膜等方法将被加工物分离成芯片的加工方式，如图 9.13 所示。

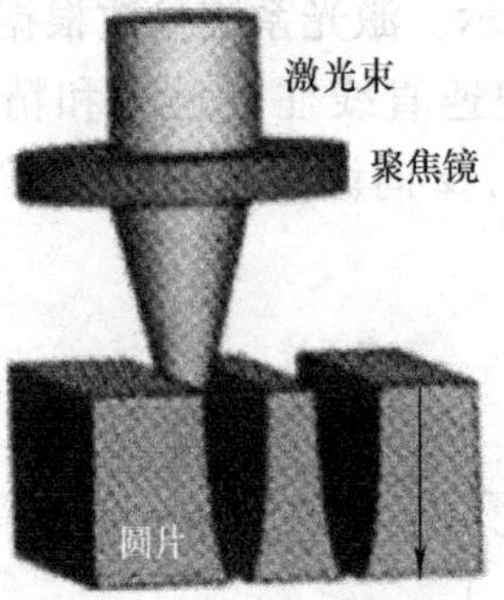

图 9.12　激光全切割加工

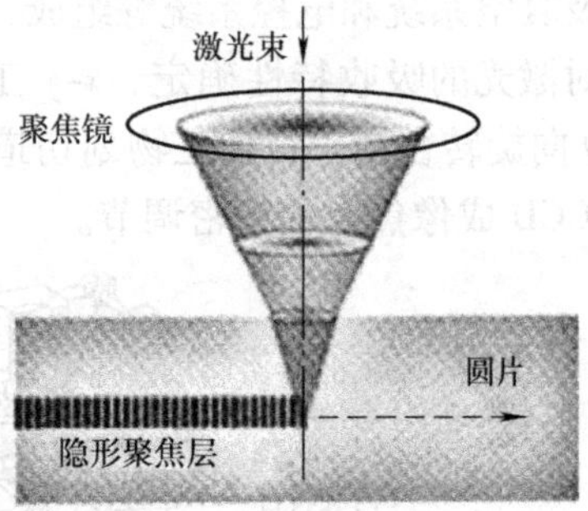

图 9.13　隐形切割

微水导激光划片机主要由激光头、CCD、耦合装置、*x-y* 精密定位工作台、*z* 向调整系统、水循环系统等组成，如图 9.14 所示。微水导激光切割的基本原理

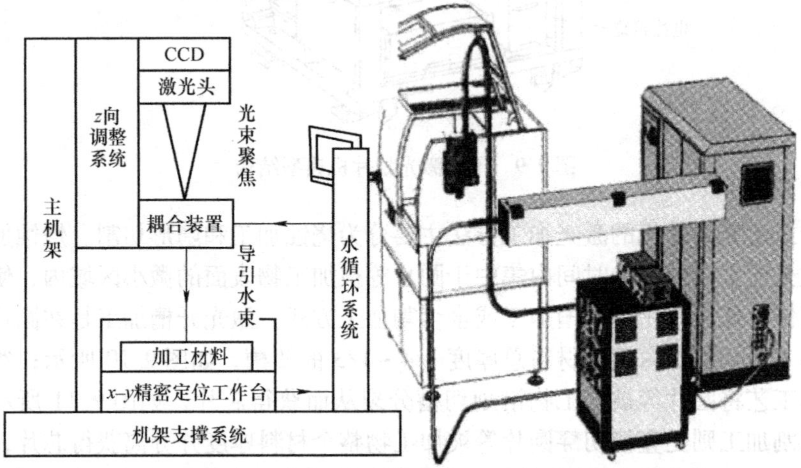

图 9.14　微水导激光划片机典型结构示意图

是：将激光束由超薄圆片、微机电芯片等被加工物正上方导入，经聚焦镜及水腔的窗口进入并聚焦于喷嘴的圆心；高压纯净水从水腔左侧进入，经喷嘴的微孔喷出，水柱直径尺寸为 30 ~ 100μm；激光束耦合于纯净水柱中，利用在微水柱与空气界面全反射的原理，激光沿着水柱行进至材料表面，仅在水柱直径范围内烧蚀并切割圆片，如图 9.15 所示。通常，有效工作距离约为喷嘴直径的 1000 倍。

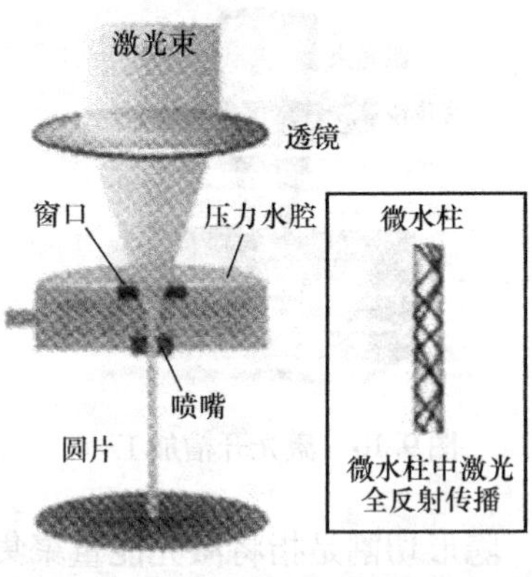

图 9.15　微水导激光切割基本原理

利用干式激光烧蚀加工进行开槽或全切割，具有切割槽窄、非接触、速度快等优点，但存在材料重凝、热影响区、裂纹、晶粒强度等问题；干式激光隐形切割可以抑制加工碎屑的产生，对被加工物正/反面基本无损伤，无须清洗，适用于抗污染性能差、抗负荷能力差的被加工物。微水导激光切割无热影响区，完全不烧伤被加工物，划切道干净、无熔渣、无毛刺、无机械应力、无污染。

9.3　元器件级封装

9.3.1　粘片机 ★★★

粘片是将芯片安装固定在封装基板或外壳上，所用工艺设备为粘片机。芯片通常在圆片工艺线上完成片上测试，并将有缺陷的芯片打上标记，以便在后续封装过程中进行识别。芯片的封装工艺始于将芯片分离成单个的芯片。当单个芯片从整体圆片上被分离出来后，再通过装片工艺将芯片安装到引线框上或芯片载体上。

粘片采用的键合材料有很多种，包括导电环氧树脂、金属焊料等。粘片机也称为芯片键合机、装片机或固晶机。粘片机主要由承片台、点胶系统、键合头、视觉系统、物料传输系统、上/下机箱及基座等部分组成，如图 9.16 所示。键合头完成芯片的拾取和放置，是完成芯片键合工艺的关键。键合头与承片台相互配合，从蓝膜上准确地拾取芯片，然后与物料传输系统相配合，准确地将芯片放置在封装基底涂覆了粘合剂的位置上。接着，对芯片施加压力，在芯片与封装基底之间形成厚度均匀的粘合剂层。在承载台和物料传输系统的进给/夹持机构上，分别需要一套视觉系统来完成芯片和封装基底的定位，将芯片位置的精确信息传递给运动控制模块，使运动控制模块能够在实时状态下调整控制参数，完成粘片

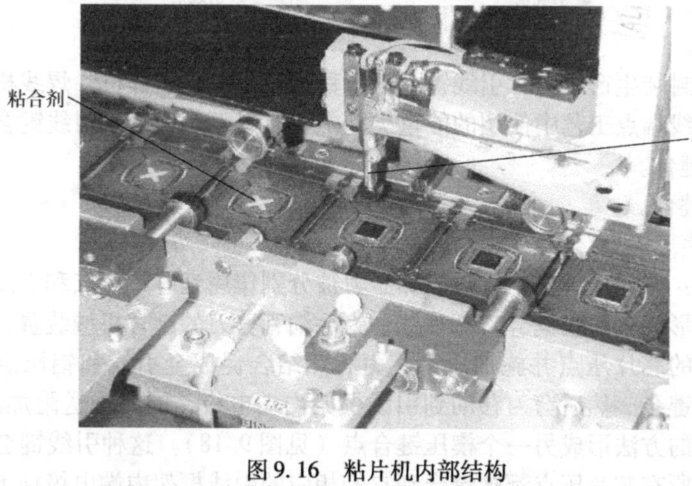

图 9.16　粘片机内部结构

动作。物料传输系统负责芯片键合工艺中料条的自动操作，主要包括上料机构、进给/夹持机构、下料机构。芯片传输机构作为粘片机的主要机构，要求结构精密紧凑。由于圆片的运动是在 x-y 平面进行的光栅扫描式运动，所以圆片/芯片供送系统的主要部件是 x-y 工作台。在进行芯片粘片时，圆片运动的步距为两个相邻芯片的距离，x-y 工作台的行程必须大于圆片自身的直径，这样才能保证圆片上的每个芯片均能移动到顶针上方被顶针顶起至吸头。圆片的直径大小有 150mm、200mm 及 300mm，国际上主流机型为 300mm。粘片机的关键技术是整机运动控制、芯片拾放和图像识别[7]。对于芯片拾放机构，要求速度快、精度高。

9.3.2 引线键合机 ★★★

引线键合工艺是以导电引线连接封装内部芯片焊区和引脚的焊接工艺，它是保证集成电路最终电气、光学、热学和力学性能的关键环节。引线键合工艺因其实现简单灵活，成本低廉，可使用多种封装形式，而在封装互连方式中占据着主导地位[8]。为了形成各种满足不同封装形式需要的特殊线弧形状，引线键合利用陶瓷细管引导金属引线在三维空间中做复杂的高速运动，将已粘结于引线框架上的内部芯片与引线框架上的外部引脚进行物理连接，如图 9.17 所示。

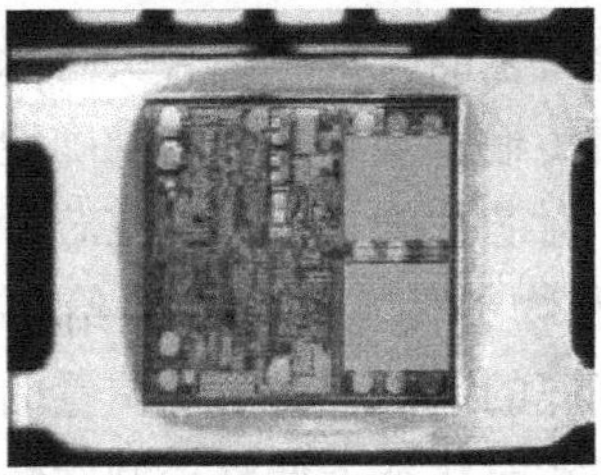
a) 引线前

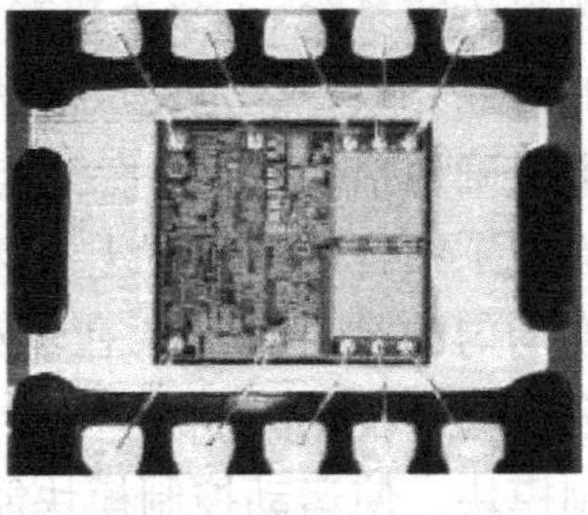
b) 引线后

图 9.17 引线示意图

在半导体封装生产线上，引线键合机也称为球焊机、压焊机、焊线机或邦定机。根据在引线端点工艺中使用的能量类型主要有以下 3 种基本引线键合法[9]：

1）热压键合。

2）超声键合。

3）热超声球键合。

热压键合：在热压键合中，热能和压力被分别作用到芯片压点和引线框内端的电极上，以形成金引线键合。一种被称为毛细管劈刀的键合机械装置，将引线定位在被加热的芯片压点并施加压力。力和热结合促成金引线和铝压点形成键合，称为楔压键合。然后劈刀移动到引线框架内端电极，同时输送附加的引线，在那里用同样的方法形成另一个楔压键合点（见图 9.18）。这种引线键合工艺重复进行，直到所有芯片压点都被键合到它们相应的引线框架内端电极柱上。

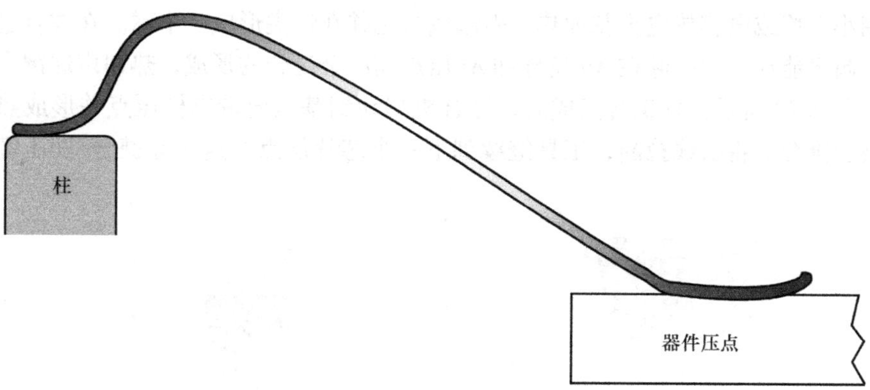

图 9.18　热压键合

超声键合：超声键合以超声能和压力作为构成引线和压点间锲压的方式为基础。它能在相同和不同的金属间形成键合，例如，Al 引线/Al 压点或 Au 引线/Al 压点。通过在毛细管劈刀底部的孔（类似热压键合）输送引线并定位到芯片压点上方。细管针尖施加压力并快速机械振动摩擦，通常超声频率是 60kHz（最高达到 100kHz），以形成冶金键合。在这种技术中不加热基座。一旦键合形成，工具移动到引线框架内端电极压点，形成键合，并将引线扯断（见图 9.19）。这种过程重复进行，直到所有芯片压点被引线键合到相近的引线框架内端电极。

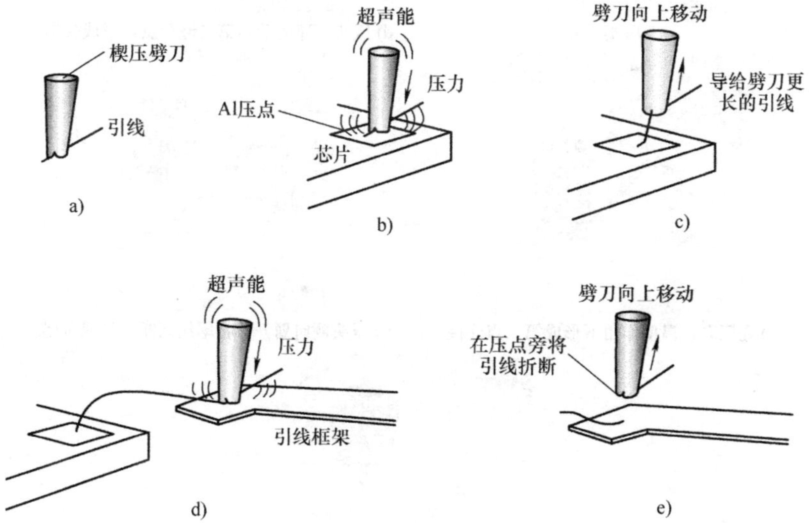

图 9.19　超声键合步骤（a→b→c→d→e）

热超声球键合：热超声球键合是一种结合超声振动、热和压力形成键合的技术，被称为球键合。基座维持在约 150℃的温度。热超声球键合也有一个毛细管劈刀，由碳化钨或陶瓷材料制成，它通过中心的孔竖直输送细 Au 丝。伸出的细丝用小火焰或电容放电火花加热，引起线熔化并在针尖形成一个球。在键合过程中，超声能和压力引起在 Au 丝球和 Al 压点间冶金键合的形成，热超声球键合步骤如图 9.20 所示。球键合完成后，键合机移动到基座内端电极压点并形成热压的楔压键合。将引线拉断，工具继续到下一个芯片压点。这种球键合/楔压键合

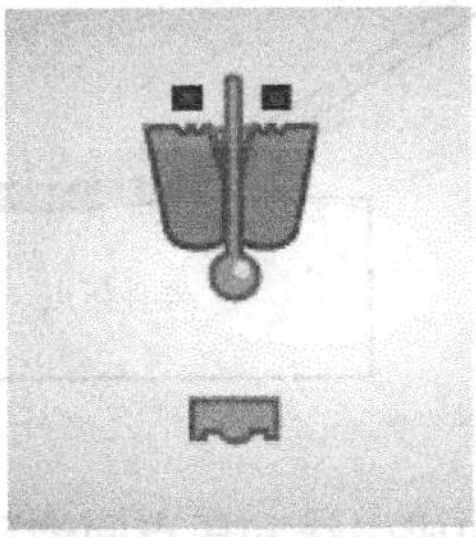

a) 压头下降，焊球被锁定在端部中央

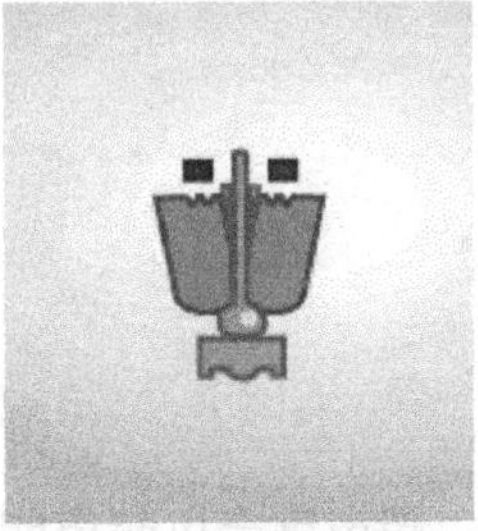

b) 在压力、温度的作用下形成连接

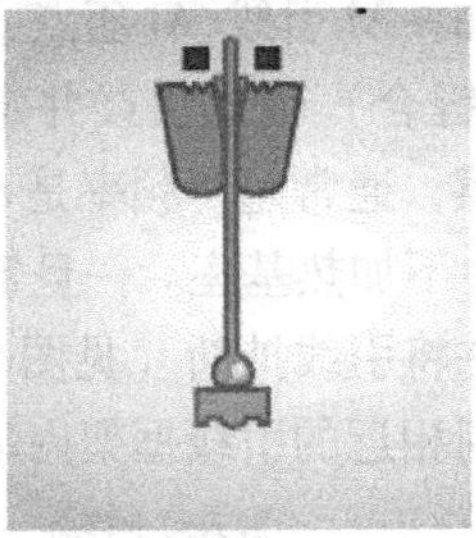

c) 压头上升

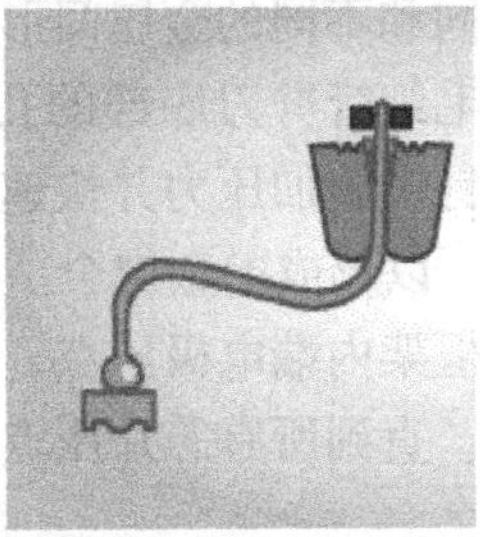

d) 压头高速运动到第二键合点，形成弧形

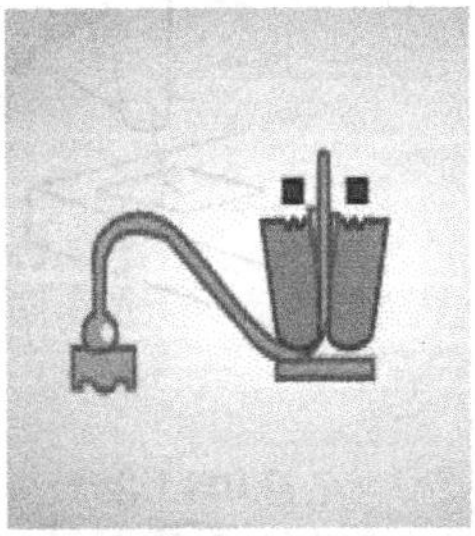

e) 在压力、温度作用下形成第二点连接

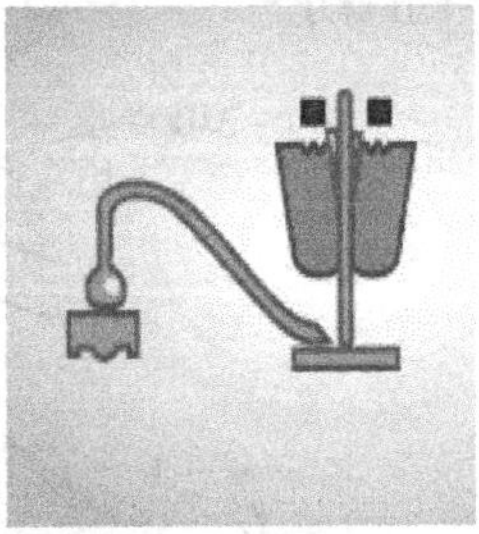

f) 压头侧向划开，将尾线切断，形成鱼尾

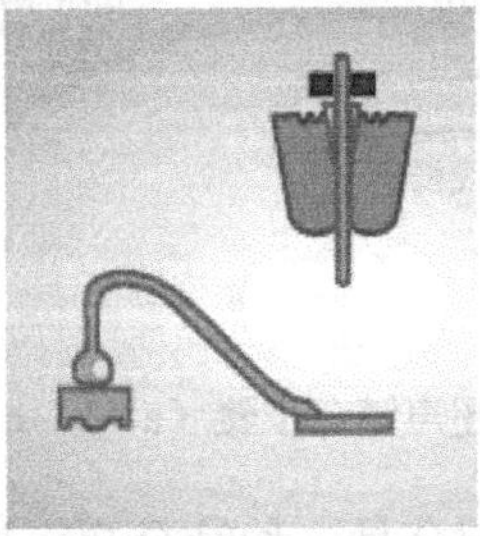

g) 压头上提，完成一次动作

图 9.20　热超声球键合步骤（a→b→c→d→e→f→g）

顺序在压点和内端电极压点间的引线连接尺寸有极佳的控制，这对于更薄的集成电路来讲很重要。

引线键合拉力试验提供了引线键合质量的定量评价（见图 9.21）。拉线测试测量单个键合点的强度并标出键合失效的地方，例如跟部（引线和平坦区之间的界面处）。这些数字化测量能用统计过程控制监视以评估工艺的稳定性和趋势。

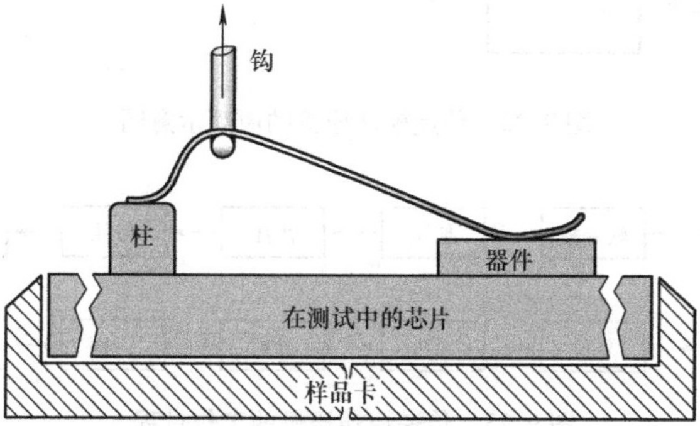

图 9.21　引线键合拉力试验

9.4　板卡级封装

9.4.1　塑封机 ★★★

塑封机主要用于集成电路产品后道工序的自动化塑封。塑封工艺过程主要包括排片、预热、模压和固化等。目前，模塑技术的自动化程度越来越高，自动塑封系统集排片、上料、预热、装料、模压、清模、去胶和收料于一体，大大提高了工作效率和封装质量。对塑封而言，传递模塑工艺是集成电路封装最普遍的方法。传递模塑是指通过加压，将加料室中热的黏稠状态的热固性材料，通过料道、浇口进入闭合模腔内制造塑封元件的过程。图 9.22 所示为传递模塑压机的原理示意图，其工作过程如图 9.23 所示[5]。

塑封压机主要利用可编程逻辑控制器（Programmable Logic Controller，PLC）来控制液压系统中的各个阀件，通过各个阀件的动作控制塑封压机核心部分——液压模块的运行，其合模和注射的速度、流量与压力是通过控制电磁比例阀来实现的。塑封压机的工作过程主要有合模和注塑两个阶段，其工作过程如下所述。

1）合模：活动工作台快速上升→慢速上升→一次加压→二次加压→合模保

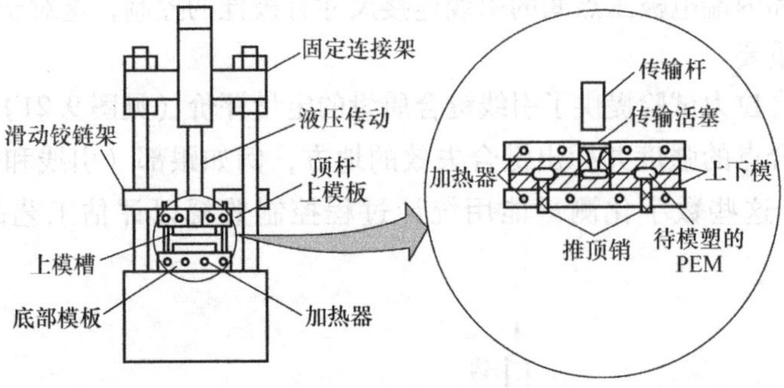

图 9.22　传递模塑压机的原理示意图

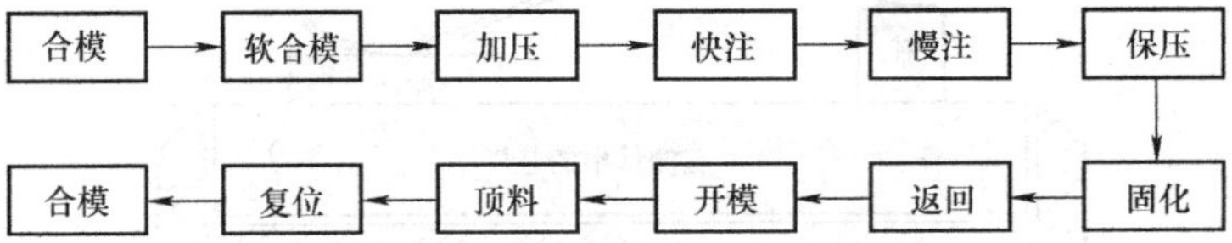

图 9.23　传递模塑压机的工作过程

持→活动工作台卸压→慢速下降→快速下降→慢速下降→活动工作台维持→升降工作台卸压→慢速上升。

2）注塑：上柱塞杆快速下降→一次慢速下降→二次慢速下降→三次慢速下降→ 卸压→慢速上升→快速上升→慢速上升。

塑封压机的关键部件包括液压系统、锁模系统、模具、变速/变压控制系统、注塑头、PLC 控制系统等。液压系统关键技术要求包括合模压力、开模/合模速度可调、注塑压力/注塑速度可调、保压、顶出产品时速度要平稳。主要控制的工艺参数包括模具合模压力、传递压力、料室温度、模具的温度、填充模腔需要的传递时间等。

9.4.2　电镀及浸焊生产线 ★★★

电镀生产线用于对封装后的 IC 引线框架、接插件进行电镀或对金属零件进行表面处理。此工序是对封装后的 IC 引线框架引脚进行保护性镀层处理，以增加引脚的可焊性。封装后框架引脚的后处理可采用电镀或浸锡工艺来实现。电镀槽呈流水线式，其工艺过程是：首先进行清洗，清洗后的引线框架在不同浓度的电镀槽中进行电镀；然后对完成电镀的引线框架再次进行冲洗、吹干；最后放入烘箱中烘干[5]。

浸锡工艺首先也是进行清洗；然后将清洗后的产品在助焊剂中浸泡；再浸入熔融锡合金熔液中进行浸锡，对浸锡后的产品再次进行清洗、烘干。其工艺流程为：去毛边→去油污→去氧化物→浸助焊剂→浸锡→清洗→烘干。

电镀会造成周围厚中间薄的所谓的“狗骨头”问题，主要原因是电镀时容易造成电荷聚集效应，另外电镀液也容易造成离子污染。浸锡容易引起镀层不均匀，主要原因是熔融焊料表面张力的作用使得浸锡部分中间厚、边缘薄。

目前主流的电镀生产线是高速环形垂直升降式电镀生产线，与普通的电镀生产线在结构上有很大的不同，工件的横移和升降不再是针对单一的槽进行的，而是整条线的挂具和工件同时动作，单槽的工件在上升→横移→下降后进入下个槽，镀槽和多位的药水槽的工件则在槽内做连续移动，不做升降移动。高速环形垂直升降式电镀生产线除人工上/下料外，其他操作均采用自动控制，工作效率高、适用范围广。

9.4.3　切筋成型机 ★★★

切筋成型机主要用于引线框架后封装的切筋、成型和分离工艺。它集自动上料、自动传递、自动成型、自动检测、自动装管、自动收料于一体，可以实现整个生产过程的自动化。切筋成型机主要由上料系统、模具系统、导料机构、收料机构、除尘系统 5 部分组成[5]。

剪切是将整条引线框架上已封装好的芯片分开，同时切除多余的连接材料及凸出的树脂。剪切后的独立封装芯片具有坚固的树脂硬壳，其侧面伸出许多个外引脚。成型则是将这些外引脚压成便于 PCB 组装的设计好的形状。剪切和成型是两道工序，但由于定位及动作的连续性，通常在同一个设备中完成，但也有分开完成的。切筋成型后的芯片被置入用以运送的塑料管或承载盘里。

成型工艺的主要问题是引脚的变形。对于 DIP 封装，由于其引脚数少，且引脚较粗，问题不大；但对于 SMT 贴装，由于是微细间距框架，且引脚数多，在引脚成型时易造成引脚的非共面性。原因之一是人为因素，随着设备自动化程度的提高，这个因素已大大减少；原因之二是成型过程中产生的热收缩应力[10]。由于塑封料和框架材料的热膨胀系数不同，在成型后的降温过程中会引起各自在收缩程度上的差异，造成框架翘曲，从而引起非共面问题。随着框架引脚越来越细，封装模块越来越薄，这一问题越来越具有挑战性，克服的途径在于材料的选择、框架带长度及框架形状的设计优化等。

9.4.4　激光打印设备 ★★★

打标（又称打印）是指在已封装好的集成电路模块顶面“印上”字母和标识，包括制造商的信息、产地、芯片代码等，主要作用是为了识别和跟踪。打标方法有多种，其中最常用的方法是油墨打标和激光打标。油墨打标对模块表面要求比较高，不能有沾污现象。油墨通常是高分子化合物，需要进行热固化或使用紫外光进行固化。随着技术的发展，油墨打标已逐渐被激光打标所替代，目前集成电路生产线上使用的打标设备基本都是激光打标机。

按其工作方式的不同，激光打标机分为光纤激光打标机、CO_2激光打标机、半导体侧泵激光打标机、半导体端泵激光打标机等。激光打标是指用激光束使表层物质发生化学物理变化而刻出痕迹，或者使器件表层物质产生蒸发而露出深层物质，或者通过光能烧掉部分物质，显示出所需的图形和文字[5]。

激光打标的显著优点是：非接触式加工、污染小、标记速度快、字迹清晰、无磨损、可长久使用、操作方便、防伪功能强。目前，激光标记的主要方法有3种，即掩模式标记法、线性扫描式标记法和点阵式标记法。通用的激光打标机包含激光器、激光器冷却系统、光学系统、自动上料/卸料系统、高速精密导轨、多功能视觉检测系统、精密定位标刻系统、跟踪偏移补偿打标系统等。

参考文献

[1] 陈明辉，吴懿平．电子制造与封装［J］．电子工业专用设备，2006（2）：49－52.

[2] 梅万余．半导体封装形式介绍［J］．电子工业专用设备，2005（5）：14－21.

[3] 李燕玲，于高洋，童志义．应对“后摩尔定律”的封装设备［J］．电子工业专用设备，2010（12）：1－8，43.

[4] 高尚通．微电子封装与设备［J］．电子与封装，2002（6）：1－5.

[5] 中国电子学会电子制造与封装技术分会，电子封装技术丛书编辑委员会．电子封装工艺设备［M］．北京：化学工业出版社，2012.

[6] 黄福民，谢小柱，魏昕，等．半导体晶圆激光切割新技术［J］．激光技术，2012（5）：293－297.

[7] 刘洋，邴守东．粘片机布局及关键机构技术研究［J］．电子工业专用设备，2009（7）：29－32.

[8] 王晓奎．倒装焊接设备精密对位系统的精度设计［D］．西安：西安电子科技大学，2013.

[9] QUIRK M，SERDA J．半导体制造技术［M］．韩郑生，等译．北京：电子工业出版社，2015.

[10] 赵军毅．低介电常数工艺集成电路的封装技术研究［D］．上海：复旦大学，2009.